An Introduction to the Theory of Stellar Structure and Evolution

항성내부구조 및 진화

저자 | Dina Prialnik
역자 | 김용기

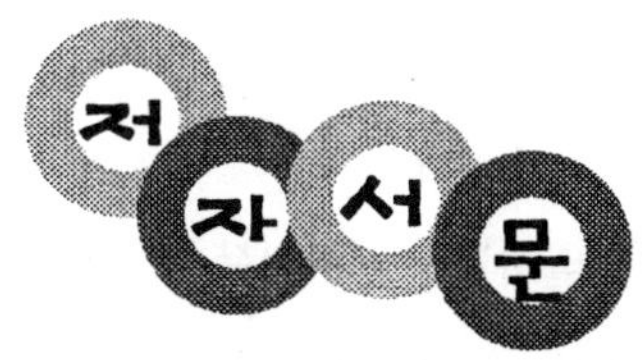

10년 이상이 넘게 나는 물리나 행성과학을 전공하는 학부 2학년이나 3학년학생들에게 천체물리학 개론강의를 하고 있다. 매번 강의 때마다, 나는 학기 시작에서부터 끝나갈 때 까지 점차적으로 관심들이 커지게 되고 열의를 가지고 강의에 임하는 학생들을 목격하곤 한다.

천체물리학이 관심을 받고 있는 것은 놀랄만한 일이 아니다 : 이 분야는 계속적으로 대중의 관심을 끌어오고 있으며, 아주 복잡한 망원경의 개발과 잦은 우주망원경 발사들로 인해 많은 환호를 받아왔는데, 이런 신기술들은 우주를 인간에게 더 가깝게 만들어 주고, 우주를 더 잘 이해하게 해 주는 것 같다. 그러나 물리를 공부하는 학생들은 그들 나름대로의 관심을 가지는 추가적인 이유가 있다. 학부의 첫 1년은 물리가 여러개의 서로 다른 분야들로 구성되었다는 감동을 야기시켜 주는데, 이들 분야들은 서로 공통점이 많지 않아 보인다: 역학, 전자기학, 열역학, 그리고 원자물리 같은 각 분야들은 아주 차이가 나는 현상들을 다루고 있다. 자연은 아주 복잡한 구조로 구성되었고, 복잡한 물리 과정들이 현재 진행되고 있다. 천체물리 (좀 더 좁게 표현해보면 항성물리)는 선생님들에게 이 사실을 설명해주는 유일한 기회를 제공해줄 뿐만 아니라, 학생들에게는 이 사실을 발견할 수 있는 유일한 기회를 제공해 준다. 자연을 이해하기 위해서는 물리의 서로 다른 모든 분야들이 동원되어서 연합되어져야 하기 때문에 이렇게 말할 수 있는 것이다. 그래서, 항성물리를 다루는 강좌는 물리를 배우는 학부과정의 2학년이나 3학년 때에 선택이 아니라 아마 필수과목으로 개설되어 져야 한다. 이 책은 그런 강좌를 위한 안내서 또는 교재로 사용되어질 수 있다.

천체물리학 책들은 주로 두 가지 부류로 분류 된다 : 한 부류는 행성에서 시작하여, 은하들과 우주론, 때로는 물리학의 주 분야에 대한 개론까지도 포함하는 거의 모든 분야를 다 다루는 광대한 개론서이고, 다른 하나는 특별한 분야의 책으로, 현재 연구되고 있는 최근의 결과들을 포함하고 있다. 전자는 물리학 교육을 전혀 받지 않은 독자들을 대상으로 쓰여진 책이다. 후자는 천문학 또는 천체물리학을 전공하는 대학원생들을 위한 책이다. 본 교과서는 이들 극한의 경우 사이에 놓인 학생들을 위한 책으로, 기본적인 수학적 배경을 습득하고 처음 두 학기 또는 3학기동안 기본적인 물리법칙을 배웠지만, 천문학적 선 지식이 없는 학부생들을 위한 책이다.

이 교과서의 목적은 기본적인 원리들에 초점을 맞추어서 항성이란 분야를 이해하고

저 하는 열정을 만족시키는 것이다. 학생들은 항성들의 서로 다른 부류나 그들의 진화 경향들과 익숙해지기 보다는 오히려 이해할 수 있게 될 것이다. 가능한 나는 독자들이 천문학적 개념과 더 자세한 부분을 공부하게 하는 부담을 피하면서, 천체물리학을 더 이상 자세하게 공부해야 하는 시도를 할 필요가 없는 물리학 전공학생들에 적합한 교과서를 쓰려 노력하였다. 그래서, 이상하게 보일지도 모르지만, 천문학자들에게 아주 친밀한 개념들, 즉 등급, 색지수, 분광형등과 같은 개념들에 대한 언급을 하지 않았다. 천문학자들에게는 아직 이색적이겠지만, 물리학연구에서는 일반적이면서, 사실 필수적인 SI단위를 사용하는 것도 이상하게 보일지 모른다. 천체물리학자들은 (놀랍게도)아직도 cgs단위로 생각한다는 확신이 있음에도 불구하고, 나는 위의 관점을 가지고 이 책을 집필하였다(사람들은 항성의 불투명도를 m^2/kg으로 표현하거나, 밀도를 kg/m^3으로 표현해서 이해하지는 않는다). 교과서에서 통례적이듯이, 연습문제들이 책 전체에 걸쳐 골고루 제시되어 있고, 그 해답도 부록에 수록하였다.

항성진화이론은 조직적인 방법으로 발전되었다. 학생들은 문제의 구성에서 풀이에 이르기 까지, 때로는 비록 분명할지라도 아주 자연스럽게 보이는 경로를 따라 단계적으로 인도된다. 나는 항성 고유의 물리적 관점을 지닌 여러 단계들을 나열하면서, 항성진화의 과정을 추적하는 잘 받아들어진 한쪽 이론만을 소개하는 것을 피해보려 노력했다. 나는 이 이론을 보여주는 가장 훌륭한 방법으로, 역사적인 방법보다는 오히려 논리적인 방법이 적당하다는 것을 발견하였는데, 이는 이미 잘 받아들여진 이론을 잘 설명하는 길이다. 과학교과서의 각 장이 그 전 장을 언급하면서 또한 다음 장을 설명해간다면, 독자들에게 계속 읽고 싶은 충분한 호기심을 야기시킬 수 있다는 희망을 불러일으킨다. 항성 구조와 진화 이론에 대한 흥미진진한 역사들이 때로 "노트"나 인용에서 언급되었다.

1장은 관측으로부터 야기되는 것과 같은 항성진화의 주제를 소개한다 : 문제가 정의되고, 기본 가정들(공리들)이 규정된다. 2장에서 7장까지는 주로 이론적인 면이 강하다: 2장은 항성진화 방정식을 도입하면서 수학적으로 물제를 정리한다 ; 3장은 간단하게 항성구조연구에 포함된 기본적인 물리법칙들을 요약하는데, 이는 나중에 참고자료로 인용된다. 4장, 5장, 그리고 6장은(항성의 핵합성, 간단한 항성모델, 그리고 안정성을 다루는데), 7장의 준비과정으로 7장이 이 교과서의 심장부이다. 3장에서 6장까지 다루었던 결과들을 조합하여, 거의 모든 관점에서 항성진화를 개략적이며 일반적인 묘사를 제시해준다. 나의 경험으로 보면, 이런 묘사는 자세한 부분들이 기억 속에서 멀어지고 난후에 오랫동안 학생들의 뇌리에 각인되어 남아있게 된다. 8장은, 이전 장을 다양한 각도에서 요약해놓았다 : 항성진화 이야기가 다시 거론되면서, 수리적 계산으로부터 나타나는 것들처럼, 많은 자세한 것들이 다루어진다. 이제 관측과의 비교를 강조하면서, 1장에서 시작하였던 순환여행을 마무리하게 된다. 다음 장은 초신성과 그 잔해, 펄서, 블랙홀(아주 간단하게), 그리고 다른 복사원들 같은 특별한 천체들을 다루게 된다. 마지막으로 10장은 항성진화 순환과정의 일반적 묘사를 은하관점에서 다루었다.

나는 마땅히 해야 될 때 바람직한 인용을 하려고 노력하였지만, 때론 실수도 하고 오류도 범했다. 나는 그런 실수나 오류에 대해 사과한다. 그런데 그런 실수를 의도적으로는 하지 않았다고 언급하는 것이 내가 할 수 있는 유일한 방어책이다. 본문에서는 흐름을 방해하지 않기 위해, 원래 논문을 인용하는 것을 자제하였다. 선택된 참고문헌(완전하지는 않지만)을 책 뒤의 참고문헌에 제시하였다.

연구 주제에 관한 열정은 그 주제자체에 의해서 뿐만 아니라 강의를 하는 사람에 의해서도 북돋아진다. 이런 관점에서 나는 Giora Shaviv가 나에게 천문학을 소개해 준 것을 행운으로 여기며, 강의하면서 학생들에게 보여주었던 그의 열정의 일부라도 소유하기를 희망하고 있다. 이 교과서의 주된 주제들이 의존하고 있는 컴퓨터 계산과 수리적 모델링은 기술일 뿐만 아니라 독특한 아름다움과 고상함을 보여주는 순수 예술이다. 오래전에 나에게 이런 예술을 소개해주고, 이 교과서를 집필하는 동안 끊임없는 격려와 충고를 아끼지 않았던 나의 옛날 선생님이자 남편인 Attay Kovetz에게 감사드린다. Leon Mestel은 이 교과서의 초고를 주의 깊게 끝까지 잘 읽어주어서 감사한다. 이 책은 그의 셀 수 없는 관측, 지적들과 제안들에 힘입어 만들어졌다. Tel Aviv대학 소형출판팀의 Michal Semo와 그녀의 팀원들은 정교하고 정성을 들여 일해주었음에 특별한 감사를 표하는데, 그들의 끊임없는 인내와 유쾌함은 언급할 것도 없을 정도로 대단했다. 무엇보다도, 나의 아들 Ely에게 감사함을 전하고 싶은데, 그는 청년기의 요구사항이 많은 기간동안 집필에 바쁜 엄마를 잘 참아주었다.

Dina Prialnik

Tel Aviv, June 1999

천체물리는 모든 물리분야를 총망라하여 사용하는 일종의 종합학문이다. 특히 항성 내부 구조 및 진화를 연구하려면 핵물리에서 유체역학, 통계역학, 그리고 원자물리 등을 이해하여야 하기 때문에 상당히 이해하기 어려운 분야에 속한다. 현대물리학이 발전되면서 더욱 발전에 박차를 기하게 된 천체물리학의 시작은 바로 항성내부구조의 이해에 관한 연구에서 시작되었다.

천체물리학 중에서 아주 중요한 분야이지만, 아직 우리말로 번역되거나 집필된 교과서가 없기 때문에 지금까지 대학에서 강의를 하면서 옛날 공부할 때의 강의록과 최근 논문 및 인터넷 자료들에만 의존하여왔음을 고백해본다. 그런 고민 속에 처해있던 중 우연히 Dina Prialnik이 펴낸 An Introduction to the Theory of Stellar Structure and Evolution이란 책을 접하게 되었고, 지난 2년 동안 매년 이 책을 교과서로 삼아 충북대학교 3학년 학생들에게 항성내부구조 및 진화라는 강의를 하게 되었다. 상당히 깔끔하게 이론과 논리들을 정리하고, 관측적인 사실들과 비교하여 항성내부구조와 진화에 대한 전반적인 내용들을 설명하고 있는 좋은 교과서라도 판단되었다.

이런 와중에 독일에서 유학시절, 천체물리학 공부를 시작하기 전 독일어로 일반물리, 이론물리, 그리고 천체물리에 대한 시험을 치르던 때가 생각났다. 무더운 여름날 도서관에서 500여 쪽 분량의 전공서적과 씨름하고 있던 중, 진도가 나가지 않고 잘 이해되지 않아 고민에 빠진 적이 있었다. 독일어 능력이 부족한 것일까 생각해다가, 그렇다면 이 개념들을 내가 우리말로 잘 기술할 수 있는가? 자문하게 되었다. 그런데 나는 내가 이해하고 있지 못하는 물리개념들을 우리말로도 제대로 설명할 수 없는 한심스런 모습을 발견하게 된 것이다. 대학 4년을 열심히 공부한다고 하였지만, 우리말로 조차 설명할 수 없는 그런 실력으로 과연 나는 해낼 수 있을까? 염려하면서 한가지 다짐하였다: 내가 공부마치고 귀국하면 적어도 우리 후배들이 대학 졸업할 때까지는 원서 보지 않고 우리말로 기술된 물리와 천문학 책을 가지고 우리말로 잘 개념을 정립하면서 공부할 수 있도록 도와주겠다고 말이다. 그런데 내가 귀국한지 15년째인데 아직 제대로 된 전공서적하나 우리말로 옮겨놓거나 집필해놓지 못한 나를 발견하면서 깜짝 놀랐다. 수년전, 국내 여러 대학에 계신 교수님들과 함께 우주로의 여행이란 교양천문학 책의 번역에 참여하기는 했지만, 내가 공부하면서 힘들어 했던 전공서적을 아직 한권도 우리말로 옮겨놓지 못한 자책감이 들었다. 이 자책감이 Dina Prialnik의 책을 번역하게 하는 동기부여를 하였다.

비 영어권 유학을 한 천문학자가 영어로 쓰여진 전공서적을 우리말로 옮기는데는 어려움이 많았다. 제대로 옮겨질지 걱정도 되었다. 그러나 이제 시작하는 마음으로 한 발을 내딛게 되었다. 제대로 저자의 의도를 살리지 못한 부분도 있을 테고, 영어의 원 뜻을 잘못 해석한 부분도 분명 있을 것이다. 앞으로 이런 어색하거나 잘못된 부분들이 있을 때 잘 수정해 나갈 것을 다짐해 본다. 특히 용어문제는 어려움이 많았다. 한 가지 예를 들자면, 번역을 하면서 항성과 별이란 용어를 혼용하였다. 문장의 어감이 별이란 용어를 써도 될 때는 순수 우리말표현을 쓰려고 노력하였다. 앞으로 이런 용어문제도 한번 정리될 날을 기다려 본다.

번역본의 출판을 맡아주신 청범출판사의 연규산 사장님, 그리고 빠른 시일 내에 번역본의 편집에 힘써주신 청범출판사의 여러 직원여러분께 감사드린다. 아무쪼록 이번 항성내부구조 교과서가 이제 학부에서 천체물리를 공부하는 학생들과, 대학에서 물리학을 전공학생들 중 천체물리에 관심이 있는 학생들 모두들에게 우리말로 접해보는 천체물리학 교과서로 귀하게 쓰임받기를 기대하여 본다.

2007년 2월
청주 개신골에서
김용기 교수

01 관측적 배경과 기본 가정들

02 항성진화 방정식들

03 항성내부에서 가스와 복사의 기본물리

04 항성에서 일어나는 핵반응들

05 평형의 항성구조 - 간단한 모델들

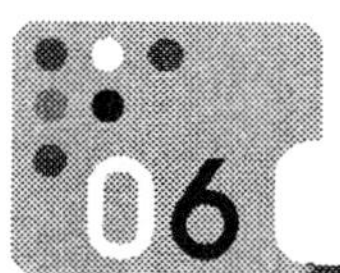

항성의 안정성

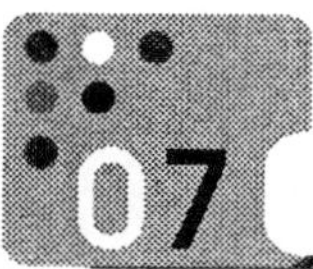

항성의 진화 – 개요적 설명

항성의 진화 – 자세한 설명

09 이색 항성들 – 초신성, 펄서, 블랙홀

10 항성 삶의 순환

01 관측적 배경과 기본 가정들

1.1 항성이란 무엇인가?

항성은 다음과 같은 2개의 조건을 만족시키는 천체로 정의 될 수 있다 : (a) 자체중력으로 뭉쳐져 있다 ; (b) 내부 에너지 원에 의해 공급되는 에너지를 복사하고 있다. 중력장이 구형대칭이기 때문에 첫 번째 조건으로부터 그런 천체의 형태는 구라는 것을 알 수 있다. 또는 축대칭의 중력장이 존재한다면 구면체도 가능할 것이다. 복사원은 일반적으로 항성내부에서 일어나는 핵융합에 의해 방출되는 핵에너지이고, 때로는 수축 또는 폭축이 일어날 때 방출되는 중력위치에너지가 되기도 한다. 이런 정의에 의하면 예를 들어 행성은 항성이 아닌데, 왜냐면 행성은 항성처럼 보이기는 하지만 주로 태양복사의 반사에 의해 빛을 내기 때문이다. 혜성 또한, 비록 고대 중국과 일본의 천문기록에서 객성으로 분류되었다할지라도, 항성으로 간주될 수 없다. - 객성은 이전에 아무 것도 관측되지 않은 하늘에서 갑자기 나타난 천체들을 말한다. 행성과 같이 혜성들도 태양복사의 반사에 의해 빛을 내며, 더욱이 혜성의 질량은 너무 작아서 자체중력이 중요하게 되지 않는다.

이런 정의에서 직접적으로 얻어지는 결과는 항성들이 분명 진화를 하고 있다는 것이다 : 그들이 내부에서 생성된 에너지를 방출하면서 그 결과로 그들 구조나 화학적 성분비 또는 2가지 모두가 변하게 된다. 이것이 바로 진화란 단어가 뜻하는 바이다. 위의 정의로부터 우리는 또한 항성의 죽음이 2가지로 일어날 수 있음을 알아낼 수 있다 : 첫 번째 조건인 자체중력조건이 위반될 때(곧 항성이 깨져서 그 물질들이 성간공간으로 퍼져지는 것을 의미함)와 두 번째 조건인 내부에서 공급된 에너지의 복사조건이 위반될 때(핵연료가 소진 되었을 때 나타남)이다. 후자의 경우, 항성은 서서히 빛을 잃게 되는 반면 점차적으로 차가워지면서 이전 진화단계동안 축적된 에너지를 복사하게 된다. 결국에는 빛을 잃게 되어 아주 좋은 망원경의 시야에도 잡히지 않게 되어버린다. 이런 항성이 소위 죽은 별이다. 대부분의 항성들은 그들의 생애를 이들 2 과정들이 섞여지는 상태로 마치게 된다는 것을 보게 될 것이다 : 부분적으로 깨져서(또는 물질의 흩어짐) 빛을 잃게 된다. 항성의 탄생에 관하여서는 아주 복잡한 물리과정이라고 말할 수 있는데, 이는 아직도 집중적으로 연구되어지고 있는 많은 문제들을 내포하고 있다. 이런 상태에 대해서 일어나고 있을 것으로 기대되는 상황들만 주로 지적하면서 아주 간단하게 살펴 볼 것이다.

그래서 우리는 항성을 정의하는데 필요한 2개 조건이 만족되는 초기상태에서 시작하여 항성의 진화를 추적하는 것을 시작하여 적어도 한 개의 조건이 완전히 그리고 뒤집을 수 없을 정도로 위반될 때 그 추적을 마치게 될 것이다. 마지막으로 항성종족들의 삶 주기와 항성들이 위치해있는 은하의 진화에 항성진화가 어떤 영향을 미치는가하는 것들을 고려하게 될 것이다. 은하들은 항성들이 엄청나게 많이 모여 있는 시스템으로(10^{11}정도까지) 성간 가스구름과 티끌들을 포함하고 있다. 한 은하에 있는 많은 항성들은 성단에 모여 있는데, 그중 가장 큰 성단은 10만개 보다 더 많은 항성을 지니고 있다. 항성물리에서의 기준이 되는 천체는 태양이고, 은하물리에서는 우리가 속해있는 우리은하(은하수라 알려진)가 기준이 된다.

1.2 관측들로부터 우리는 무엇을 배울 수 있는가?

천체물리학(항성물리)은 다른 물리학 영역에서와 마찬가지로 실험적 연구에 적합하지는 않다. 우리는 어떤 이론들이나 가정들을 점검하고 검증하기 위한 실험장치들을 새롭게 고안해 내거나 수행할 수 없다. 이론의 검증은 그 이론과 그 이론이 예견하는 것들 또는 영향들을 지지해주는 관측적인 확증들이 모아지면서 이루어진다. 확증은 과거에 일어난 사건들로서 이미 우리가 영향을 전혀 미칠 수 없는 사건들로부터 유도된다. 이런 작업은 탐정이 하는 일과 오히려 비슷하다. 경험적으로 어떤 이론이 2개의 아주 다르면서 독립적인 관측적 실험에 견디어 내고, 또한 이 이론에 대한 반대되는 확증이 발견되지 않는 한 타당하다고(또는 적어도 아주 그럴듯하다고) 인정된다.

개별 항성으로부터 모은 정보는 아주 제한적이다. 측정될 수 있는 근본적 물리량하나는 겉보기 밝기인데 이는 항성으로부터 나오는 복사가 빛을 모으는 장치(보통 망원경)의 단위면적에 단위시간당 떨어지는 복사량이다. I_{obs}라고 이름 붙여질 이 복사량은 그러나 항성의 고유성질이 아닌데, 왜냐면 이 물리량은 항성이 관측자로부터 떨어진 거리에 따라 달라지기 때문이다. 항성의 실제 성질은 단위시간당 복사되는 에너지양으로 정의되는 광도 L인데 항성엔진의 힘을 나타낸다. L은 또한 항성에서 거리 d만

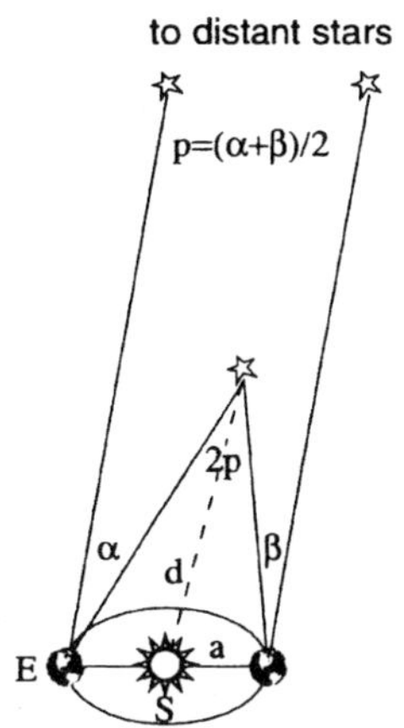

그림1.1 항성까지 거리를 측정하는 항성 시차 방법의 개략도

큼 떨어진 구형 표면적을 단위시간당 가로질러나가는 에너지양이고, 측정된 겉보기 밝기는

$$I_{obs} = \frac{L}{4\pi d^2} \tag{1.1}$$

이며, L은 d가 알려진다면 I_{obs}로부터 유도될 수 있다. 항성의 광도는 일반적으로 태양의 광도 $L_\odot = 3.85 \times 10^{26}\, J/s$에 상대적으로 표기된다. 항성의 광도는 $10^{-5} L_\odot$보다 작은 값에서부터 $10^5 L_\odot$의 큰 값까지의 사이에 놓여 있다.

항성(그리고 다른 천체들)의 거리를 결정하는 유일한 방법은 옛날부터 내려오는 시차(관측자가 서로 다른 2지점에서 항성을 바라볼 때 시선방향의 각도)개념에 기인한다. 시선방향과 관측자의 위치를 연결하는 선은 삼각형을 이루는데 그림 1.1에 보여진바와 같이 항성이 꼭대기에 놓여 있다. 천체까지의 거리가 멀어질수록 감지할만한 시차를 얻기 위해 필요한 기선(baseline)의 길이는 커져야한다 : 태양계내의 천체들에 대해서는 지구 내에서 서로 다른 관측점이면 충분하다; 항성들에 대해서는 훨씬 더 긴 기선이 필요하다. 이런 기선은 태양주위를 돌고 있는 지구궤도에 의해 주어지는데, 최대 가능한 기선 길이는 $\sim 3 \times 10^{11} m$로 지구-태양거리 a(= 1AU)의 2 배가 된다. 그래서 항성의 시차는 6개월의 간격에서 아주 멀리있는 고정된 항성에 상대적인 항성의 위치를 결정함으로서 얻어진다. 그렇다 할지라도 얻어지는 삼각형은 거의 같은 이등변을 지닌 거

의 직각의 밑변각을 이루는 반면, 꼭대기 각의 절반으로 정의되는 시차 p는 1"보다 작게된다(항성시차로 알려진 가장 큰 값은 태양에 가장 가까운 프록시마 센타우리라는 별로 p=0".76이다). 결과적으로 $d \approx \frac{a}{p}$라는 좋은 어림을 얻게 된다. 이 방법에 기초하여 500광년까지의 거리는 직접 측정될 수 있다(1광년은 $9.46 \times 10^{15} m$인데 빛의 속도로 1년 동안 움직인 거리이다). 거리를 측정하는데 일반적으로 사용되는 천문단위는 파아섹(parsec)인데 시차의 방법을 이용한다 : 그 이름이 암시해주듯 파아섹은 1"의 시차에 상응하는 거리로서 약 3광년정도 된다. 최근에 정확한 거리를 추정할 수 있는 항성의 숫자가 100배 이상 늘어났는데 이는 이 목적으로 특별히 제작된 히파르쿠스 (Hipparchus, high precision parallax collecting satellite) 위성의 활동 결과인데, 위성 이름은 거의 천개정도 되는 항성들의 하늘위치와 밝기를 측정하여 최초로 성표를 만들었던 니체아의 히파르쿠스(7세기)의 이름을 본따 붙여졌다. 1989-1993동안 활동한 히파르쿠스 위성은 백만개가 넘는 가까이있는 항성들의 자료를 모았다. 그러나 천문학적 크기로 볼 때 직접 측정될 수 있는 거리들은 아주 작아서, 거리측정을 위한 간접적인 방법들이 고안되었는데, 그중 몇몇은 항성의 구조 및 진화에 대한 이론에 기인하고있는데, 8장에서 우리가 다루게 될 것이다.

항성의 표면온도는 스펙트럼의 일반적인 형태로 결정되는데 이는 흑체복사의 스펙트럼과 아주 비슷한 연속스펙트럼이다. 항성의 유효온도 T_{eff}는 그래서 같은 복사량을 방출하는 흑체복사의 온도로 정의되어진다. 이는 항성의 최고 바깥층의 온도에 좋은 어림을 제공하는데, 복사를 방출하는 체적을 광구라 부른다. R이 항성의 반경이라면 표면 복사량은 $L/4\pi R^2$이 되고, 그래서

$$\sigma T_{eff}^4 = \frac{L}{4\pi R^2} \tag{1.2}$$

이 되는데 여기서 σ는 스테판-볼쯔만 상수이다. 광도는 이제

$$L = 4\pi R^2 \sigma T_{eff}^4 \tag{1.3}$$

이 된다. 항성의 표면온도는 수천도에서 수십만도 K의 영역에 놓여있는데, 최대복사 파장인 λ_{max}는 비인의 법칙

$$\lambda_{max} T = constant \tag{1.4}$$

에 따라 적외선에서 낮은 에너지의 X-선(soft X-ray) 영역에 놓이게 된다. 태양의 유효온도는 5780K이다. 우리는 그러나 내부온도와 관련된 어떤 결론들도 이론이 없이

표면온도로부터는 얻어질 수 없다는 것을 명심하여야 한다.

화학적성분비 역시 스펙트럼으로부터 유추되어질 수 있다. 각각의 화학원소들은 그 나름대로 특성적인 스펙트럼선들을 지니고 있다. 이들 스펙트럼선들은 항성으로부터 관측되는 빛으로 관측되어 질 수 있는데, 연속스펙트럼위에 중첩되어서 빛의 강도가 증가될 때는 방출선으로, 그리고 빛의 강도가 약해질 때는 흡수선으로 나타난다. 관측되는 복사에너지를 방출하는 항성의 광구를 구성하고 있는 원소들은 그래서 항성스펙트럼으로부터 확인되어질 수 있다. 그러나 광구는 아주 얇기 때문에 추론된 화학적 성분비는 항성전체 체적을 나타내는 불투명한 항성내부를 대표하지는 않는다. 대부분의 화학원소들이 태양스펙트럼에 존재하는 것임이 알려졌다. 사실 헬륨원소가 존재한다는 것은 태양으로부터 얻어진 스펙트럼선에 의해 제안되어졌다(1860년대에) ; 그 이름은 태양의 그리스어인 "helios"란 단어에서 파생되었다.

어떤 조건에서는 쌍성계의 구성원인 항성의 질량은 스펙트럼선의 편이에 기초하여 계산되어질 수 있다. 식쌍성계에서 아주 드물게 일어나는 일이지만 항성의 반경도 직접 유도될 수 있다 ; 그러나 독립적으로 유도되는 광도 (가능할 때)와 유효온도의 관계식인 식(1.3)을 이용하여 결정되어질 수 있다. 항성의 질량과 반경은 태양질량과 태양반경, $M_\odot = 1.99 \times 10^{30} kg$, $R_\odot = 6.96 \times 10^8 m$의 단위로 나타내어진다. 질량은 아주 작은 영역 -$\sim 0.1 M_\odot$에서 수십 $M_\odot$영역- 에 놓여있다; 항성의 반경은 $0.01 R_\odot$보다 작은 값에서부터 $1000 R_\odot$보다 큰 값에 이르기 까지 변화한다. 그렇지만 수십km의 반경을 지닌 더 작고 밀한 항성들도 존재한다.

연습문제 1.1

질량중심주위를 원궤도로 돌고 있는 2개 항성이 있다 하자. 이들 항성들의 스펙트럼선들이 분리될 수 있다고 가정한다(분광쌍성계). 도플러효과의 결과로 스펙트럼선은 주기적으로 더 짧은 파장으로 편이되었다가 더 긴파장으로 편이되는 현상을 보이는데 이는 각 별이 관측자로부터 멀어지는가 또는 가까워지는가에 따라 달라진다. 이 편이로부터 궤도주기 P_{orb}과 시선성분속도 $v_{o,1}, v_{o,2}$를 결정할 수 있다. 관측자에 상대적으로 보이는 궤도면의 경사각이 i로 주어졌을 때 두별의 질량 M_1, M_2를 관측량들과 sin i의 함수로 구해보라.

드문 경우를 제외하고는, 관측들이 수시간, 또는 수년 또는 수백년에 걸쳐 수행된다

할때라도, 거기서 얻어질 수 있는 정보는 아주 항성의 생애 중 아주 짧은 순간에 한정된다. 이점을 설명하기 위해 항성의 생애와 인간의 생애를 비교하여보자 : 약 400년전에 망원경이 개발된 이래 한 별을 끊임없이 관측하였다면 인간을 약 3분간 관찰한것과 동일하게 될것이다! 분명 이런 덧없는 관측으로부터 항성의 진화에 대해 (직접적인) 어떤 것을 알아내는 것은 불가능한 일이다. 천체물리학자들에게 얻어질 수 있는 방대한 자료들은 서로 다른 진화단계에 있는 많은 항성들의 찰나적인 상태의 정보로 구성되어 있다. 천체물리학자들에게는 이들 자료들을 가지고 한 항성의 진화를 서술하는 시나리오를 만들어 내는 임무가 주어진다.

비교를 위하여 인간을 한번도 보지 못한 한 탐험가가 단지 임의로 선정된 서로 다른 인간들의 수많은 사진들에만 기초하여 인간이란 창조물의 성질과 진화론적 과정들을 알아내려 한다고 가정해보자. 이 탐험가는 인간들이 키, 피부색깔 등 많은 부분에서 서로 다르다는 것을 발견하게 되어서, 예를 들어 대부분 인간들의 키는 약 1.75m 정도의 평균부근의 좁은 영역에서 변하고 그리고 몇몇의 경우는 평균에서 약간 작다고 지적할 것이다. 이런 발견은 2가지 방법으로 해석되어 질수 있다 : (a) 인간은 본질적으로 다른데, 키큰 사람이 키가 작은 사람들보다 훨씬 많다 ; (b) 인간들은 서로 비슷하다. 그러나 그 성질들이 살아가면서 변화하는데, 그들의 키가 나이에 따라 커지기도 하고 작아지기도 한다(커지는지 또는 작아지는지를 말할 수는 없다). 후자의 경우는 인간이 진화한다는 가정에 기인한 것인데 개개인의 인간들이 키가 짧은 기간보다 키가 큰 기간이 더 길다고 추정할 수 있다. 서로 다른 키의 영역에서 개개인의 상대숫자로부터 인간 키의 변화율을 계산해볼 수 있다.

비슷한 방법으로 만일 우리가 수많은 항성들에 대한 일반적인 성질을 발견한다면, 우리는 진화가정을 이용하여 그런 성질이 항성에서 오랜 기간동안 우세하다고 추론할 수 있다. 그 증거로는 드물게 관측되는 현상이 드물게 존재하는 사건은 아니지만, 단순히 짧은 생애를 지닌 항성이다. 동시에 실제 드물게 나타나는 현상의 가능성이 완전히 배제될 수는 없다. 이는 만일 항성과 항성의 진화에 대한 이해가 완전히 관측에만 의존한다면 우리가 당면하게 될 문제들의 한 예이다.

주어진 항성에 대해 얻어질 수 있는 정보는 한정되어 있기 때문에 항성진화의 이론이 자세한 항성구조와 주어진 항성에서 기대되는 진화과정을 설명해야 한다(태양은 예외로 한다). 그 목적은 아주 다양한 항성형태를 설명할 뿐만 아니라 관측에서 알려진 서로 다른 항성의 물리량들 사이의 관계(광도와 표면온도와의 관계 또는 광도와 질량과의 관계 등)를 설명하는 일반적인 모델을 만들어내는 것이다.

1.3 기본 가정들

관측적인 확증들을 이용하여 우리는 몇 가지 기본적인 가정들(또는 공리들)을 항성의 구조 및 진화이론에 기본을 이루는 항성의 일반적 정의에 추가할 수 있다.

고립성

항성의 구조와 진화에 관하여서는 홑별이 항상 큰 그룹(은하) 또는 은하내의 약간 밀한 그룹(성단)의 구성원이라 할지라도 빈 공간에서 고립되었다고 간주될 수 있다(우리는 현재의 토론에서부터 서로 속박된 시스템을 형성하고 있는 한 쌍의 별들인 쌍성을 열외로 한다). 결과적으로 초기조건들은 오로지 항성진화과정을 결정해줄 것이다. 그래서 항성의 진화과정은(은유적으로 말해 삶은) 생명체들의 삶과 다른데, 후자는 그 주변 환경과의 상호작용에 의해 심한 영향을 받게 된다. 항성의 고립성을 더 잘 파악하기 위해 태양에 가장 가까운 별(프록시마 센타우리)을 생각해보자. 이별은 태양과 4.3광년 떨어져 있다. 이 거리는 태양직경의 3×10^7배가 되는 거리이다. 이런 환경은 지구에서 가장 가까운 이웃이 자기키의 3×10^7배되는 거의 5만 km정도 떨어진 환경과 비슷하다. 이는 지구직경의 4배정도가 되고 또는 달까지의 거리의 1/7정도가 된다. 이런 상황을 우리는 고립되었다고 할 수 있을 것이다. $1/d^2$에 비례하여 변하는 중력장이나 복사량 모두 한별로부터 다른 별까지 갈 때 적어도 $1/(3\times10^7)^2\sim10^{-15}$배 정도 약해지게 된다.

균일한 초기 화학적성분비

항성이 탄생될 때는 질량이 주어지며 또 거의 균질한 화학적성분비가 주어진다. 후자는 형성된 시간과 항성이 형성되는 은하내의 위치에 따라 달라진다. 항성의 화학적성분비는 오랫동안 격렬한 논쟁이 되어왔던 문제 중의 하나이다. 결국에는 새롭게 형성된 항성의 대부분의 물질, 즉 질량의 약 70% 정도가 수소로 구성되어 있다는 것으로 판명되었다. 두 번째로 중요한 화학원소는 질량의 25-30%차지하고 있는 헬륨이다.

더 무거운 원소들의 흔적도 나타나는데 그중 가장 풍부한 원소들은 CNO그룹으로 뭉쳐져 나타나는 산소, 탄소와 질소들이다. 태양에서 예를 들어보면 10,000개 수소원소당 1000개 헬륨이 있고, 8개 산소원자, 거의 4개 탄소원자, 1개의 질소원자, 1개의 네온 그리고 1개도 안되는 다른 원소들이 존재한다. 항성물질의 구성비는 일반적으로 다른원소들의 질량비, 즉 단위물질의 질량당 각원소의 질량으로 기술이 된다. 수소의 질량비를 X로, 헬륨을 Y로 그리고 그보다 더 무거운 원소의 질량비를 Z로 표기하는 것이 보통인데, 이때 X+Y+Z=1이 성립한다.

태양에서 수소, 헬륨, 탄소, 산소, 질소와 네온의 질량비를 계산하여 보라.

몇몇 예외의 경우를 제외하고는 항성스펙트럼에서 유도된 화학원소들의 함량비는 아주 비슷하다. 더군다나 성간물질에서 우세한 성분비와도 아주 비슷하다. 항성들이 성간 구름들에서 탄생이 되고, 또 그들 표면층의 화학적성분이 진화과정에 의해 작은 영향을 받기 때문에 항성의 초기합성비에서의 차이도 아주 작다고 결론지을 수 있다. 가장 큰 차이는 중원소의 함량비에서 나타나는데 전체 항성질량에서 0.001 %보다 작은 경우에서부터 수 %까지 변하게 된다. 그러나 이런 원소들의 초기 함량비에서 차이는 항성진화에서는 2차적인 중요성을 지니고 있다. 간단히 말해 우리는 항성의 초기 함량비의 차이를 무시하게 될 것이다. 수리적인 예들에서 우리는 일반적으로 태양의 함량비를 사용하게 될 것이다. 항성의 운명은 이제 그 초기 질량 M에만 의존하게 된다.

구형대칭

구형대칭과 달라지는 현상은 항성의 자전이나 자체의 자기장에 의해 야기될 수 있다(1차 어림으로 우리는 모든 가능한 외부에서 가해지는 힘들을 배제하였기 때문이다). 대부분의 경우에서 이런 요소와 관계된 에너지는 중력속박에너지보다 아주 작다. 예를 들어 태양의 자전주기는 약 27일이어서 그 각속도는 $\omega \sim 2.5\times10^{-6}\ s^{-1}$이 된다는 것을 알고 있다. 아주 멀리있는 항성의 자전속도는 도플러효과에 의해 야기되는 스펙트럼선의 넓어짐으로부터 추론될 수 있다. 중력속박에너지에 상대적인 자전운동에너지는

$$\frac{M\omega^2R^2}{GM^2/R} = \frac{\omega^2R^2}{GM} \sim 2\times10^{-5}$$

이 되는데 여기서 G는 중력상수 이다(이는 또한 적도에서 원심가속도와 중력가속도의 비가 된다).

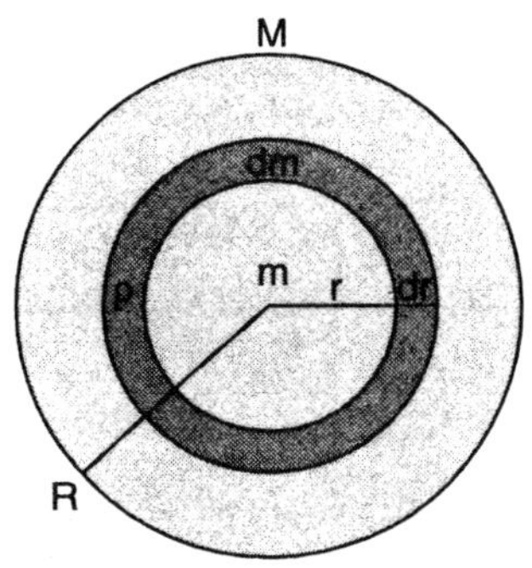

그림1.2 구형대칭에서 공간변수들, r과 m, 사이의 관계

태양과 비슷한 항성들의 자기장은 수천 Tesla에서 수 10분의 1 Tesla까지 관측이 된다. 큰 자기장은 제만효과에 의해 야기된 스펙트럼선의 분리를 관측함으로 직접 측정이 될 수 있다. 자기장 B와 관련된 에너지밀도는 $B^2/2\mu_0$인 반면 중력에너지 밀도는 GM^2/R^4가 된다 ; 태양의 경우 B=0.1T를 취하더라도(태양흑점에 전형적인 수치이지만 평균 자기장보다는 큰 경우이다),

$$\frac{B^2/\mu_0}{GM^2/R^4} = \frac{B^2R^4}{\mu_0 GM^2} \sim 10^{-11}$$

을 얻는다. 밀집성들은 더 큰 자기장을 갖는 경향이 있지만 그들의 작은 반경(큰 속박에너지)이 서로 상쇄현상을 일으키게 된다. 그래서 항성구조에 미치는 자기장효과는 일반적으로 무시될 수 있다.

구형 대칭이 어긋나는 것을 무시하면 항성내의 물리량들은 중심으로부터의 방사거리 r에 따라서만 변하게 되지만, 그들은 반경 r인 구표면적에서는 일정하게 된다. 공간변수 r은 그림 1.2에 보여진바와 같이 반경 r인 구에 포함된 질량 m에 의해 치환되어질 수 있다. 이들 변수사이의 변환은 밀도 ρ의 함수로 주어진다.

$$m(r) = \int_0^r 4\pi r^2 \rho(r) dr$$

또는 미분형태로

$$dm = \rho\, 4\pi r^2\, dr \tag{1.5}$$

로 주어질 수 있다. 항성구조의 변화를 계산할 때 r 대신 m을 이용하는데 있어 편리한 점은 m이 변화되는 영역이 $0 \le m \le M$로 한정되는 반면, 반경은 항성진화를 거치는 동안 상당히 큰 변화를 겪게 될 수 있다는 점이다.

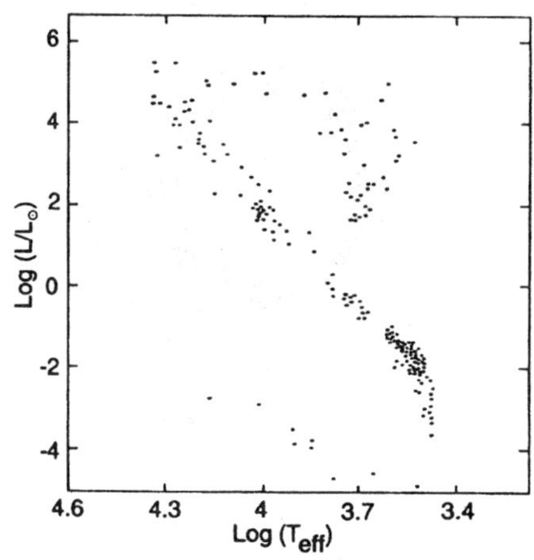

그림1.3 태양 주변에 있는 별들의 H-R 도

항성질량이 M일 때 밀도는 중심으로부터 표면으로 향하면서 방사거리 r의 함수로

$$\rho = \rho_c[1 - (\frac{r}{R})^2]$$

주어지는데 여기서 ρ_c는 주어진 상수이고, R은 항성반경이다. 이때 (a) m(r)을 구하고, (b) M과 R사이의 관계를 유도해보고, (c) 항성의 평균밀도(전체질량을 전체체적으로 나눈 양)가 $0.4\rho_c$임을 보여라.

1.4 H-R 도 : 항성진화를 시험하는 하나의 도구

이미 살펴본 바와 같이 관측으로부터 얻어질 수 있는 항성의 가장 기본적인 물리량 2개는 광도 L과 유효온도 T_{eff}이다. 이들 사이에 어떤 상관관계를 찾아보려는 시도는 당연하게 느껴진다. 이런 시도는 동시대에 2명의 천문학자들에 의해 독립적으로 이루어졌다: 1911년에 Ejnar Hertzsprung과 1913년에 Norris Russel. 그래서 (감소하는) 표면온도(또는 관련된 물리량)와 광도 (또는 관련된 물리량)을 2개축으로 하는 그림에 이들 이름이 붙여져서 H-R도라 부른다. 각각 관측된 항성은 그런 그림에서 한 점으로 표시되는데, 한 예가 그림 1.3에 주어졌다. 결과들은 항성의 표본을 선정하는데 사용된 기준에 따라 약간 달라지기도 하는데, 예를 들어 태양주위의 제한된 공간에 놓여있는 항성들, 또는 주어진 성단의 구성원들 또는 주어진 한계보다 큰 겉보기밝기를 지닌 항성들 등등의 기준이 적용되기도 한다. 우리가 관심이 있는 문제는 이런 그림이 항성의 진화와 관계하여 무엇인가 배울 수 있는가의 여부이다.

어떤 H-R도를 검토해보더라도 금방 알 수 있는 것은 특정한 조합의 L과 T_{eff}만이 가능하다는 것이다(연역적으로 볼 때, 그런 제한을 강요하는 어떤 것도 없다) : 대부분의 점들은 얇은 띠를 따라 놓여있고 (log L, log T_{eff})평면을 대각선으로 가로지르는 것이 발견되었다. 이 띠를 주계열이라 부르고, 여기에 해당하는 항성들을 주계열별이라 부른다.

이 그림에서 점들이 모여 있는 또 하나의 영역이 주계열의 오른쪽 위에서 발견 된다 : 이는 같은 T_{eff}의 주계열별보다 더 밝은 별 또는 같은 L의 항성보다 더 낮은 T_{eff}를 나타내는데, 이는 이들 스펙트럼이 더 긴 파장으로 편이 되어서 이들의 색이 더 적색화 되었다는 것을 뜻하게 된다. 더 높은 L과 더 낮은 T_{eff}는 식(1.3)에 의하면 큰 반경을 의미한다. 그런 항성들을 그래서 적색거성이라 부른다. 이들의 반경은 태양반경의 수백 배 되기도 하고 이보다 더 크기도 하다. 만일 태양이 이런 적색거성의 크기라면 지구를 삼켜버렸을 것이고 화성 너머까지 도달하게 되었을 것이다.

(log L, log T_{eff})평면에서 상당히 풍부한 점들이 분포된 또 다른 영역은 왼쪽 아래 구석에 놓여있다 : 낮은 광도와 높은 유효온도들이 해당된다. 이 영역에 놓인 항성들은 작은 반경과 청백색의 색깔을 지니고 있다 ; 그래서 백색왜성이란 이름이 붙여졌다. 백색왜성의 질량은 태양질량에 가깝지만, 그 반경은 지구의 크기정도밖에 되지 않는다. 그런 항성들의 전형적인 밀도는 그래서 엄청나게 크다 ; $1cm^3$의 백색왜성물질은 지구에서 1톤보다 더 무거울 것이다.

이들 3개의 주된 영역밖에 있는 점들도 있고 또 그림의 밀한 영역 내에서도 눈에 띄게 빈 공간들이 존재하지만, 우리는 그들을 당분간 무시하고 이들 3영역에만 집중하도록 한다. 그들이 무엇인가 의미가 있다면, 우리는 그들로부터 무엇을 배울 수 있는가? 기본 가정들의 관점에서 항성들은 그들의 초기질량과 나이에서만 서로 다를 수 있다고 한 점들을 회상하여 본다. 그래서 우리는 H-R도를 2개의 서로 다른 방법으로 해석할 수 있다.

1. 점들의 산란은 항성들의 서로 다른 나이에 기인한다. 이 경우 내포된 가정은 항성들이 서로 다른 시기에 탄생되어서 "늙은"별들도 있고 "젊은"별들도 있다는 것이다. 이 가정에 의하면 항성의 진화는 H-R도에서 같은 선으로 추적될 수 있는데, 항성탄생이후에 이 선을 따라 물리량이 변화되면서 걸린 시간을 따라 추적

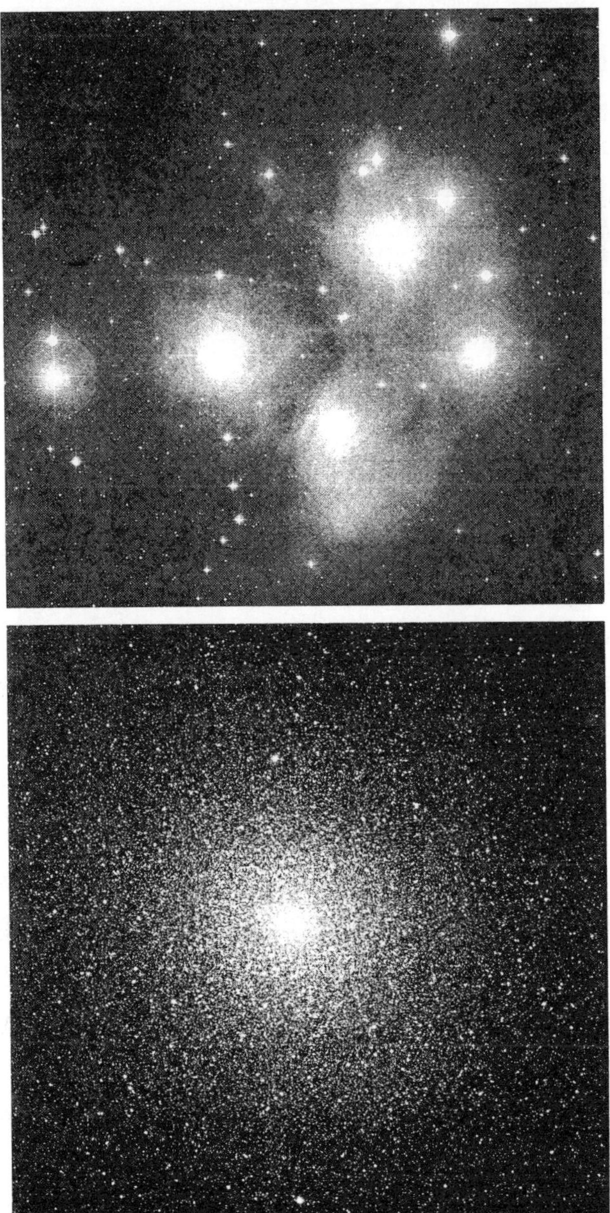

그림1.4 성단의 모습들. 위 : 젊은 산개성단인 플레아데스성단 ; 아래 : 늙은 구성성단 47 Tucanae [저작권 : Anglo-Australian obs. / Royal observatory Edinburah, 사진 : D. Malin]

될 수 있다. 많은 항성들을 살펴보면 각선은 서로 다른 나이를 지닌다고 이해된다 - 그래서 그림에서 점들의 분포가 달라진다.

2. 항성의 물리량, 특히 광도와 표면온도는 그 질량에 심하게 종속되는데, 이 양은 별이 탄생될 때 구분되는 양이다. 그래서 그림에서 서로 다른 점들은 서로 다른 질량을 나타낸다.

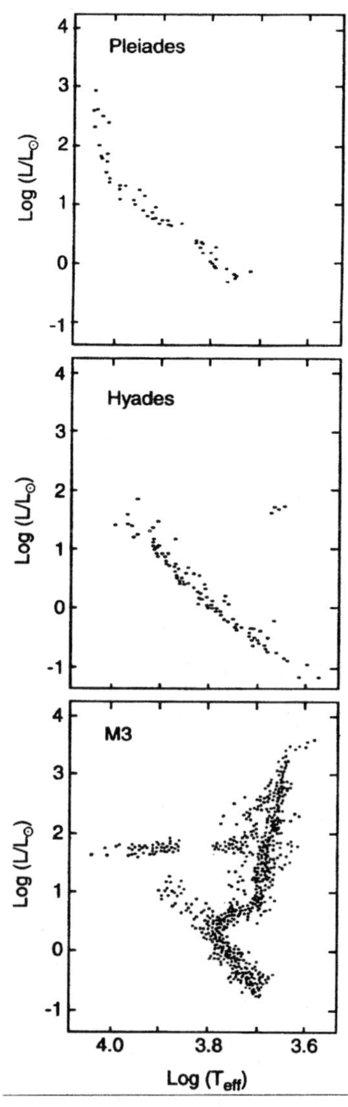

그림1.5 성단들의 H-R 도 : 위 : 플레이아데스 성단 [H.L. Johnson & W.W. Morgan(1953), Astrophys.J., 117에서 발췌] ; 중간 : 하이아데스 성단 [H.L. Johnson(1952), Astrophys.J., 116에서 발췌] ; 아래 : 구상성단 M3 [H.L. Johnson & A.R. Sandage (1956), Astrophys. J., 124에서 발췌]

이것은 이전에 인간의 생애를 추적하려 했던 탐험가가 당면한 것과 똑같은 딜레마이다 : 관측된 차이는 원래 존재하는 것인가 아니면 진화되는 것인가? 탐험가는 예를 들어 같은 시기의 인간들, 예를 들어 다른 학년의 학생들을 여러 번 순간포착할 수 있다면 올바른 설명을 선택할 수 있게 될 것이다. 탐험가는 곧바로 키는 나이에 의해 결

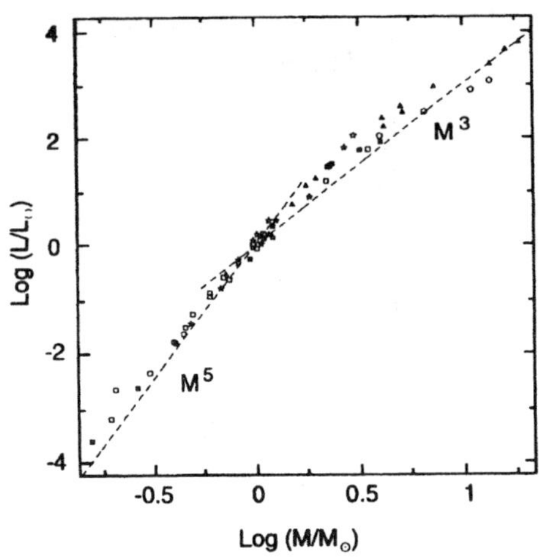

그림1.6 주계열별들의 질량-광도 관계. 표식들은 일반적인 쌍성(정사각형), 식쌍성(삼각형), 세페이드변광성(오각형), 쌍성통계(별표)

정되지만 피부색은 선천적으로 타고난다고 결론짓게 될 것이다. 비슷하게 천체물리학자도 성단의 H-R도의 도움을 받는다. 성단내의 항성들은 거대한 가스구름이 깨지면서 (10.2에 설명하게 되겠지만) 거의 동시에 탄생이 되었다. 그런 성단의 모습들이 그림 1.4에 보여 졌다. 그런 성단의 H-R도의 예를 그림 1.5에 나타내었다. 각 성단에서 주계열은 서로 다른 광도에서 멈추게 되는 것을 알 수 있다 : 한 경우는 매우 높은 광도까지 올라간다 ; 다른 한 경우는 더 짧은데, 그렇지만 동시에 몇몇 적색거성이 존재하는데 이는 첫 번째 성단에서는 볼 수 없었다 ; 또 다른 경우에서는 주계열이 아주 짧고, 적색거성이 상당히 많다. 일반적으로 주계열이 고갈되어가는 동안 적색가지와 백색왜성지가 풍성하여 진다. 주계열의 아래영역은 항상 존재하고 거의 똑같이 분포되어있는데 이는 관측적 한계를 보여준다. 우리는 그래서 주계열위에나 또는 바깥에 있는 경우는 나이에 의해 결정이 되는 반면 주계열을 따라 항성이 어디에 위치하는 가는 초기 질량에 의해 결정된다고 결론짓는다.

성단의 나이가 결정되지 않는 한 아직은 주계열로부터 항성이 주계열 쪽으로 또는 주계열에서 멀어질지 판단하는 진화궤적을 추적할 수 없다; 그러나 2차적인 추측을 시험해볼 수는 있다. 우리는 주어진 질량을 지닌 주계열별을 택하여서 질량과 광도사의의 상관관계를 살펴볼 수 있다. 이런 관계가 그림 1.6에 보여 졌는데, 이 그림은 실제 주계열별의 광도가 그 질량에 멱급수종속성(power-law)을 보임을 나타내준다:

$$L \propto M^{v}$$

ν는 여기서 3과 5사이의 값을 취한다. 태양이 주계열별이기 때문에 이 관계는

$$\frac{L}{L_{\odot}} = (\frac{M}{M_{\odot}})^{v} \tag{1.6}$$

의 형태로 눈금조정이 가능하다.

항성들이 주계열을 떠나 적색거성이 되는가? 이들이 나중에 백색왜성으로 변하는가? 또는 몇몇 항성들은 적색거성이 되고 다른 항성들은 백색왜성이 되는가? 모든 H-R도에서 항성 낮은 주계열 별들이 존재하는가? 항성구조에서의 상당한 변화는 왜 급속도로 진행되어 H-R도에서 분명한 틈새들을 만들어 내는가? 관측만으로는 이런 모든 질문에 대한 답을 제공할 수 없다. 우리는 이론에 의지하여 지금까지 우리를 잘 인도해준 관측들, 특히 H-R도를 하나의 시험으로 사용하여야 한다.

마틴 슈바르츠실드(Martin Schwarzschild)의 글이 생각난다 :

"만일 간단하고 완전한 법칙들이 유일하게 우주를 통치한다면 짜증나게 모아진 관측들에 의존하지 않고 이런 완전한 법칙들의 조합을 찾아낼 수 있다는 생각이 순수하지 않는가? 사실이다, 발견되어져야할 법칙들은 완전할 수 있다, 그러나 인간의 두뇌는 그렇지 않다. 많은 과거의 예들이 슬프게도 입증하듯이 인간의 두뇌는 자신을 남겨둔 채 곁길로 새어버리는 경향이 있다. 사실 우리는 자연으로부터 새롭게 수집된 새 자료들이 다음단계를 위해 우리를 바로잡아줄 때까지 실수를 저지를 몇 번의 기회를 놓치고 말았다. 그래서 관측들이 지지목 보다는 기둥들이라고 표현하고 싶은데, 이 관측들을 토대로 우리의 이론들을 만들어내었다; 그리고 항성진화이론에 대해 이런 기둥들이 우리가 올바른 길에 올라서기 전에 그곳에 있어야 한다."

Martin Schwarzschild : 항성구조 및 진화, 1958

이어지는 책의 내용에 전반에 걸쳐 추구하는 우리의 목적은 물리법칙에 기인한 항성의 구조와 진화에 대한 이론을 개발해내는 것이다. 이것은 결국 이론적인 H-R도를 만들어내어 관측적인 H-R도와 비교되어야 할 것이다.

02 항성진화 방정식들

우리는 항성이란 주로 수소와 헬륨으로 구성된 복사하는 가스구라고 배웠다. 복사는 광자가스로 간주될 수 있는데, 광자는 각각 $h\nu$의 에너지를 지닌 양자를 전달하는 입자로서, 에너지는 관련된 전자기파동의 주파수 ν에 비례하며 또 운동량 $h\nu/c$에 비례하는데 여기서 h는 플랑크상수이고 c는 빛의 속도이다. 이런 항성을 구성하고 있는 가스혼합체에서는 항성에 있는 입자들, 이온들 뿐 만아니라 전자들 사이의 빈번한 충돌이 일어난다. 이것이 에딩턴경(Sir Arthur Eddington)이 항성내부를 서술하는 방법이다.

"... 소동을 묘사해보자. 흩어진 원자들은 몇몇 남루한 잔재들만 남겨두고 초속 50마일의 속도로 찢겨져 나가는데, 그들에게 세련된 외투역할을 했던 전자들이 원자로부터 떨어져 나와 전투장으로 내보내지게 된다. 잃어버린 전자들은 새로운 거주처를 찾기 위해 백배이상 빠르게 도망가게 된다. 바라보라! 전자가 원자핵에 접근하면서 거의 충돌현상이 일어나지만, 거기에 속력을 얻어 원자주위를 돌아 급한 곡선형태로 도망간다는 사실에 주목해보자. 천 번 가량의 아슬아슬한 만남이 10^{-10}초 동안 전자에게 일어날 수 있다; 때로는 곡선상에서의 미끌어짐이 일어나지만, 전자는 에너지를 얻거나 또는 잃으면서 계속 운동을 지속한다. 그러고 나서 보통보다 더 심한 미끌어짐이 일어난다; 전자는 원자에 포획이 되어 원자에 부착되어버리게 되며, 그래서 자유전자로서의 삶이 끝이나게 된다. 그러나 그것도 잠깐이다. 다른 전자기파의 양자(광자)가 원자로 쬐여지게 되면, 원자는 자기 겉옷에 부착된 새로운 표피를 거의 보존할 수 없게 된다. 큰 폭발과 함께 전자는 다시 또다른 모험을 시작하며 떨어져 나가게 된다. 다른 어느 곳에서 두 개의 원자가 전속력으로 부딪쳤다가 되튀겨지면서, 겉옷에 표피들이 부족되는 재앙이 계속되게 된다...

그리고 이런 소동의 결과는 무엇인가? 아주 작다. 우리가 극도로 긴 시간을 고려하지 않는다면, 별은 일반적으로 정지 상태를 유지한다."

Sir Arthur S. Eddingon : The Internal Eonstitution of the Stars, 1926

빈번한 충돌은 열역학적 평형상태를 야기시키는데, 이런 상태는 입자의 에너지 분포를 나타내주는 인자인 온도로 특정지어진다. 예를 들어 열역학적 평형에 놓여있는 자유로운 이상기체는 멕스웰 속도(운동에너지)분포로 서술된다.

2.1 국부적 열역학적 평형

입자들이 다음 충돌까지 운동하는 평균거리(평균자유거리)가 시스템의 크기보다 아주 작다고 하면 열역학적 평형은 국부적으로 성립되고, 또 시스템은 서로 다른 지점에서 서로 다른 온도를 지니고 있는 것처럼 보일 것이다. 그래서 온도분포에 의해 서술되는 것이다. 더군다나 충돌사이에 소요된 시간(평균자유시간)이 거시적인 물리성질의 변화에 대한 시간규모보다 아주 작다고 한다면 열역학적 평형은 보장된다. 하지만 온도분포는 시간에 따라 변하게 될 것이다. 이런 상태가 항성에서의 경우이다.

물질과 복사 사이의 평형은 물질입자들과 광자사이의 충돌(상호작용)에 의해 잘 달성될 수 있다. 이 경우 복사는 흑체복사가 되는데, 여기서는 광자의 에너지 분포가 플랑크함수에 의해 기술되고, 또 가스와 복사의 온도는 똑같게 된다. 다음 장에서 더 자세히 보게 되겠지만, 항성내부에서 평균자유거리는 전형적인 항성의 크기규모보다 몇 배나 작다. 여기에 상응하는 광자의 평균자유시간이 무시할 정도로 작게 된다는 것은 말할 필요도 없다. 결과적으로 가스와 복사는 국부적으로 열역학적으로 평형상태에 놓였다고 가정될 수 있는데, 즉 가스온도는 각 지점에서 복사온도와 같다는 것이다(별의 온도는 균일하지도 않고 상수도 아닐지라도 말이다). 이는 항성내부에서의 복사는 거의 흑체복사임을 의미하는데, 흑체복사는 국부적으로 그곳에만 해당하는 온도에 상응하는 플랑크함수로 서술된다. 그런 상태가 국부적 열적평형(local thermodynamic equilibrium, LTE)로 알려지게 되었다. 복사와 물질은 항상 평형상태에 놓여 있는 것은 아니라는 것을 강조해둘 필요가 있다. 예를 들어 지구대기를 통과하여 지나가는 태양복사는 가스와 평형을 이루고 있지 않다; 복사온도는 태양의 유효온도인 약 6000K이지만, 가스온도는 300K정도로서 20배보다 더 작게 된다. 똑같은 상황이 가스 속에 들어있는 항성에 의해 밝게 빛나고 있는 가스성운에서 벌어진다. 2개 온도보다 더 많은 온도가 포함된 혼합체들도 또한 존재한다; 예를 들어 이온화된 가스에서는 전자들과 이온 그리고 광자의 온도들이 서로 다를 수 있다. 이 경우 2종류의 가스들의 특징적 온도는(광량자의 경우 약 10^6K으로 전자들의 경우보다 거의 두 배가 된다) 복사온

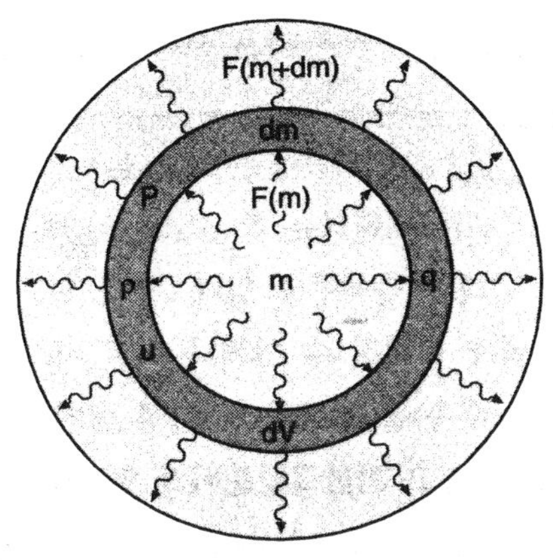

그림2.1 별 내부의 구형껍질과 그 껍질 안과 밖으로 향하는 열흐름

도(6000K)보다 아주 높게 된다.

LTE가정은 대단한 단순화를 가능하게 하는데, 왜냐면 이는 모든 열역학적 성질들을 온도, 밀도 그리고 화학적성분비의 항으로 계산할 수 있게 하기 때문인데, 이런 양들은 항성중심에서 표면으로 갈수록 변한다. 만일 밀도 ρ, 온도 T와 화학적성분비(모든 구성원소들의 질량비)가 항성내부의 각점에서 알려져 있다면 이제 주어진 질량 M인 항성의 구조는 어느 주어진 시간에서 유일하게 결정되어진다. 항성 내 각점이라는 것이 의미하는 것은 정해진 독립적인 공간변수(r 또는 m)의 어떤 값을 말하는데 이 값은 중심주위의 구형표면과 관계된다. 온도, 밀도와 화학적 성분비는 항성중심으로부터의 거리뿐 만 아니라 시간에 따라 변화한다. 그래서 n개의 서로 다른 원소들로 구성된 항성의 진화는 n+2개의 함수들로 기술이 된다 ; 2개의 독립된 변수들인 시간과 공간에 대해 $\rho(m,t)$, $T(m,t)$ 그리고 질량비 $X_i(m,t)$가 필요한데 여기서 $1 \le i \le n$이다. 그래서 이들 함수들이 그 해가 되는 n+2개의 방정식들이 필요하다.

우리는 그래서 어떤 물리적 시스템에도 적용되는 기본 보존법칙들을 사용 한다 : 질량, 운동량, 각운동량과 에너지보존. 항성이 자전을 하지 않는 시스템이라고 가정하였기 때문에 각운동량은 모든 시간에서 일정하게 0이 된다(그럼에도 불구하고 각운동량의 전체적인 보존은 특이한 항성들의 특별한 특징들을 설명하기 위해 후에 사용하게 될 것이다). 질량보존은 dm과 dr 사이의 관계에서 은연중에 포함되어 있다. 에너지와 운동량에 대한 단지 2개의 보존법칙들만 적용되어지면 되는데, 각 원소들에 대한 함량비의 변화율방정식과 함께 항성진화 방정식 세트를 이루게 될 것이다.

2.2 에너지 방정식

열역학제1법칙 또는 에너지보존의 원리는 한 시스템의 내부에너지는 에너지전달의 2개 형태에 의해 변화될 수 있다고 말해주고 있다 : 열과 일. 열은 더해지거나 축출되어질 수 있고, 일은 한 시스템에 행해질 수 있거나 어떤 시스템에 의해 수행될 수 있어 그 체적의 변화(팽창 또는 수축)를 포함한다. 항성 내에서 dm이란 작은 질량소가 있는데 그 안에서 온도, 밀도 그리고 화학적성분비가 일정하다고 가정하자. 가정된 구형대칭의 관점에서 그런 체적소는 r 과 r+dr사이의 얇은 구껍질로(그림 2.1에 보여진 바와 같이) 간주되어질 수 있어서 그 체적은 $dV = 4\pi r^2 dr$이 되고

$$dm = \rho dV = \rho 4\pi r^2 dr \tag{2.1}$$

이 된다(식(1.5)와 비교해보라). 단위질량당 내부에너지를 u라고 하고 압력을 P라고 하자. 작은 시간간격 δt동안 질량소 내의 어떤 양 f의 값에서 일어난 작은 변화를 δf라 표기한다(오일러변화라기 보다는 라그랑지 변화). 그러면 질량소에 의해 흡수된 열($\delta Q > 0$)또는 방출된 열($\delta Q < 0$)의 양을 δQ라고 하고 δW는 시간간격 δt동안 질량소에 행해진 일이라고 한다면 제 1법칙에 의해 내부에너지의 변화는

$$\delta(udm) = dm\delta u = \delta Q + \delta W \tag{2.2}$$

로 주어지는데 여기서 우리는 dm이 상수라고 가정하고 질량보존을 사용하였다. 일은

$$\delta W = -P\delta dV = -P\delta(\frac{dV}{dm}dm) = -P\delta(\frac{1}{\rho})dm \tag{2.3}$$

으로 표시된다. 압축이란 용어는 각 요소들의 체적이 줄어들거나 $\delta dV < 0$이 되는 것을 의미하여서 에너지의 증가를 수반하는 반면, 팽창($\delta dV > 0$)은 원소들 자신의 에너지를 소비되는 곳에서 일어난다는 것에 주목하자.

질량소의 열원들은 (a) 열핵에너지 (가능한 경우에)의 방출, 그리고 (b) 질량소로 흘러갔다가 나오는 열 흐름량들의 평형이다. 단위질량당 열핵에너지의 방출율은 q로 표시되고, 구형표면을 수직으로 흐르는 열은 F(m)으로 표시된다. 그래서 F는 일률의 단위이어서(열흐름양(단위면적당 일률)의 엄격한 정의와 혼동하지 말아라), 분명 $F(M) \equiv L$이 성립한다. 그러면

$$\delta Q = q\,dm\delta t + F(m)\delta t - F(m + dm)\delta t$$

가 성립한다. 그러나 $F(m+dm) = F(m) + (\partial F/\partial m)dm$이 성립하여서

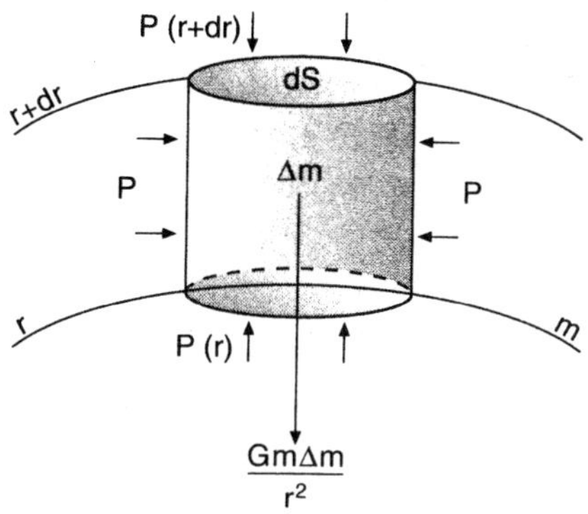

그림2.2 한 별 내부에서 실린더 형태의 질량소

$$\delta Q = (q - \frac{\partial F}{\partial m})\, dm\delta t \tag{2.4}$$

이 된다.

식(2.3)과 식(2.4)를 식(2.2)에 대입하면 후자의 경우를

$$dm\delta u + P\delta(\frac{1}{\rho})dm = (q - \frac{\partial F}{\partial m})dm\delta t \tag{2.5}$$

로 다시 써볼 수 있고, $\delta t \to 0$의 극한을 취하면

$$\dot{u} + P(\frac{1}{\rho})^{\cdot} = q - \frac{\partial F}{\partial m} \tag{2.6}$$

을 얻는데 이기서 우리는 함수 f의 일시적인 (편)미분 $\partial f / \partial t$에 대해 $\dot{f}$로 표시하였다 (뉴튼이 도입한 표기).

열적평형에서 일시적 미분이 사라져버릴 때

$$q = \frac{\partial F}{\partial m} \tag{2.7}$$

을 얻게 된다. 질량에 따라 적분을 하면, 특이점을 피하기 위해서는 열흐름이 중심에서 영이 되어야 하기 때문에

$$\int_0^M q\, dm = \int_0^M dF = L \tag{2.8}$$

이 된다. 왼쪽 항은 핵반응에 의해 항성에 공급되는 전체일률인데 핵광도라 부르며, 보통 L_{nuc}로 표시되는데

$$L_{nuc} \equiv \int_0^M q\, dm \tag{2.9}$$

이 되며, 그래서 열적평형은 에너지가 항성내부에서 생성되는 비율과 똑같이 항성에 의해 밖으로 방출되는 에너지임을 의미한다, $L = L_{nuc}$.

2.3 운동방정식

뉴튼의 역학 제2법칙 또는 운동방정식은 고정된 질량을 지닌 물체에 작용하는 전체 힘이 질량에 따라 분배되는 힘에 상응하는 가속을 물체에 나누어준다는 것을 말해주고 있다. 이것은 고정된 질량을 지닌 물체에 대한 운동량보존법칙이다. 항성내에서 복사방향으로 축의 길이를 dr이라 했을때 반경 r과 r+dr사이에 있는 작은 실린더형태의 체적소를 생각해보자. 그림 2.2에 보여진바와 같이 단면적은 dS가 된다. 만일 체적소 내에 (거의 균일한)밀도가 ρ라면 그 질량 Δm은

$$\Delta m = \rho\, dr\, dS \tag{2.10}$$

로 주어진다. 이 체적소에 작용하는 힘들은 2가지가 있다 : (a) 중력으로 r에서 구내부의 질량에 의해 행사되는 중력(r외부의 구형질량껍질에 의해 행사되는 전체 중력은 0이다)과 (b) 체적소를 둘러싸고 있는 가스에 의해 행사되는 압력으로 생기는 힘. 중력은 방사적이고 항성중심을 향하고 있다. 구형대칭이 가정되었기 때문에, 실린더 체적소의 옆면에 수직으로 작용하는 압력은 균형을 이루고 있고, 그 꼭대기와 바닥에 수직으로 작용하는 압력만이 고려되어지면 된다. 체적의 가속 $\partial^2 r/\partial t^2$를 $\ddot{r}$이라 표시하면 운동방정식은

$$\ddot{r}\,\Delta m = -\frac{Gm\,\Delta m}{r^2} + P(r)dS - P(r+dr)dS \tag{2.11}$$

의 형태로 나타내진다. 그러나 $P(r+dr) = P(r) + (\partial P/\partial r)dr$이 되기 때문에,

$$\ddot{r}\,\Delta m = -\frac{Gm\,\Delta m}{r^2} - \frac{\partial P}{\partial r}\frac{\Delta m}{\rho}$$

이 되는데, 여기서 우리는 식(2.10)에서 Δm을 치환하였다. 이제 Δm을 나누어주면

$$\ddot{r} = -\frac{Gm}{r^2} - \frac{1}{\rho}\frac{\partial P}{\partial r} \tag{2.12}$$

을 얻게된다. 만일 독립적인 공간변수로 r보다는 m을 선택한다면, 변환식 $dr = dm/(4\pi r^2 \rho)$을 이용하여 식(2.12)가

$$\ddot{r} = -\frac{Gm}{r^2} - 4\pi r^2 \frac{\partial P}{\partial m} \tag{2.13}$$

이 된다.

가속이 무시될만할 때 식(2.12)와 식(2.13)은 유체정역학적 평형상태를 기술하게 되는데 이때 중력과 압력이 정확하게 균형을 이루게 된다:

$$\frac{dP}{dr} = -\rho \frac{Gm}{r^2} \tag{2.14}$$

또는

$$\frac{dP}{dm} = -\frac{Gm}{4\pi r^4} \tag{2.15}$$

식(2.14) 또는 식(2.15)의 오른쪽이 항상 음수이기 때문에 유체정역학적 평형은 압력이 바깥쪽으로 가면서 감소한다는 것을 뜻하게 된다. 압력증분은 중심에서는 0이 되는데 왜냐면 식(2.14)의 오른쪽에서 m/r^2이 0이 되는 경향이 있기 때문이다.

우리는 식(2.15)를 항성의 중심에서 표면까지 적분해보면 유체정역학적 평형에서 항성중심의 압력을 추정해볼수 있다:

$$P(M) - P(0) = -\int_0^M \frac{Gm\,dm}{4\pi r^4} \tag{2.16}$$

왼쪽항에서 중심압력은 $P_c \equiv P(0)$가 되는데 왜냐면 표면에서 압력은 실제로 0에 가깝기 때문이다, $P(M) \approx 0$. 오른쪽항에서 우리는 r을 항성반경 $R > r$로 치환하여서 중심압력의 하한값을 얻어낼 수 있다:

$$P_c = \int_0^M \frac{Gm\,dm}{4\pi r^4} > \int_0^M \frac{Gm\,dm}{4\pi R^4} \tag{2.17}$$

에서

$$P_c > \frac{GM^2}{8\pi R^4} = 4.4 \times 10^{13} (\frac{M}{M_\odot})^2 (\frac{R_\odot}{R})^4 \quad N m^{-2} \tag{2.18}$$

이 얻어진다. 태양의 중심에서 압력은 4억 5천만기압이 넘는다!

연습문제 2.1

질량M과 반경R인 항성에 대해, 중심압력을 구해보고 다음의 경우에 식(2.18)의 부등호가 성립하는지 점검하여 보라: (a) 균일한 밀도 (b) 연습문제 1.3에서와 같이 주어지는 밀도프로필.

항성에서 가장 큰 밀도가 중심에서의 밀도 ρ_c라 가정하고 여기에 상응하는 압력을 P_c라 놓고 다음이 성립함을 보여라 : $P_c < (4\pi)^{1/3} 0.347\, G M^{2/3} \rho_c^{4/3}$

2.4 비리얼정리(The virial theorem)

유체정역학적 평형의 중요한 결과의 하나는 중력위치에너지와 내부에너지 (또는 자유입자시스템에서 운동에너지)사이를 연결해준다는 것이다. 식(2.15)의 유체정역학적 방정식을 체적 $V = \frac{4}{3}\pi r^3$으로 곱하여서 전체 항성에 걸쳐 적분하면

$$\int_0^{P(R)} V\,dP = -\frac{1}{3}\int_0^M \frac{Gm\,dm}{r} \tag{2.19}$$

을 얻는다. 식(2.19)의 오른쪽항의 적분은 항성의 중력위치에너지와 다를 바 없는데, 즉 물질을 무한대로부터 가져와서 항성까지 모으는데 필요한 에너지는

$$\Omega = -\int_0^M \frac{Gm\,dm}{r} \tag{2.20}$$

이 된다. 식(2.19)의 왼쪽항은 부분적으로 적분되어질 수 있다:

$$\int_0^{P(R)} V\,dP = [PV]_0^R - \int_0^{V(R)} P\,dV \tag{2.21}$$

중심에서 V=0이고 표면에서 P=0이기 때문에 오른쪽항에서 첫 번째 항은 0이 된다. 식(2.19) - 식(2.21)의 방정식들을 조합하면 최종적으로

$$-3\int_0^{V(R)} P\,dV = \Omega \tag{2.22}$$

이 되거나, 또는 $dV = dm/\rho$이기 때문에

$$-3\int_0^M \frac{P}{\rho}\,dm = \Omega \tag{2.23}$$

이 된다. 이것이 비리얼정리의 일반적이고 전체적인 형태인데, 나중에 다루어질 토론에서 아주 가치있음이 판명될 것이다. 항성의 일부분에 적용될 수 있는 비슷한 관계는

식(2.19)를 $R_s < R$ 인 반경까지 적분하여 얻어질 수 있다:

$$P_s V_s - \int_0^{M_s} \frac{P}{\rho}\, dm = \frac{1}{3}\,\Omega_s \tag{2.24}$$

여기서 Ω_s는 구의 중력위치에너지로서, 그 경계는 바깥껍질에서 영향을 받지 않는 R_s(R_s와 R사이)인 반면, P_s는 R_s에서 감싸고 있는 껍질의 무게에 의해 행해지는 압력이다.

밀도가 ρ이고 온도가 T인 이상기체인 특별한 경우를 고려해보자 (다음 장에서 더 자세하게 다루게 될 것이다) ; 가스입자의 질량이 m_g라 하자. 가스압력은 이제 $P=(\rho/m_g)kT$로 주어지는데, 여기서 k는 볼쯔만 상수이다. 입자당 운동에너지는 $\frac{3}{2}kT$가 되고, 이상기체의 경우 내부에너지는 그 입자의 운동에너지이기 때문에 단위질량당 내부에너지는

$$u = \frac{3}{2}\frac{kT}{m_g} = \frac{3}{2}\frac{P}{\rho} \tag{2.25}$$

이 된다. 식(2.25)를 비리얼정리 식(2.23)과 조합해보면 $\int_0^M u\, dm = -\frac{1}{2}\Omega$를 얻는다. 왼쪽항의 적분은 간단하게 전체 내부에너지 U가 되며, 그래서

$$U = -\frac{1}{2}\Omega \tag{2.26}$$

이 된다. 이 결과를 항성의 평균내부온도를 추정하는데 사용할 수 있다(항성물질이 이상가스처럼 행동한다고 가정한다 - 나중에 정당화될 가정). 질량M이고 반경 R인 항성의 중력위치에너지인 식(2.20)은

$$\Omega = -\alpha\frac{GM^2}{R} \tag{2.27}$$

로 주어지는데, 여기서 α는 1에 가까운 상수인데 항성내부에서 물질의 분포, 즉 밀도 프로필에 의해 결정되어진다. 비리얼정리에 의하면 식(2.25)로부터 우리는 한편으로는 $U=\frac{1}{2}\alpha GM^2/R$을 얻고 다른 한편으로는

$$U = \int_0^M \frac{3}{2}\frac{kT}{m_g}\, dm = \frac{3}{2}\frac{k}{m_g}\overline{T}M \tag{2.28}$$

을 얻게 되는데, 여기서 $\overline{T}$는 항성질량에 걸쳐 평균한 온도이다. 이 2개의 결과들을 조합하면

$$\overline{T} = \frac{\alpha}{3}\frac{m_g G}{k}\frac{M}{R} \tag{2.29}$$

이 나온다. 식(2.29)에서 평균밀도 $\overline{\rho} = 3M/4\pi R^3$로 바꾸면 $\overline{T} \propto M^{2/3}\overline{\rho}^{1/3}$을 얻게 되는데, 이는 같은 질량을 가진 두 항성 사이에서는 밀도가 큰 별이 더 뜨겁다는 것을 의미하게 된다.

연습문제 2.3

질량 M과 반경 R인 항성에 대해 2가지 경우에 있어서 중력위치에너지에 대한 표현에서 α값을 구해보아라 : (a) 균일한 밀도 (b) 연습문제 1.3에서 주어진 것 같은 밀도프로필.

$\alpha = \dfrac{1}{2}$을 취하고 수소원자가스를 가정하였을 때 항성의 평균온도는

$$\overline{T} \approx 4 \times 10^6 \left(\frac{M}{M_\odot}\right)\left(\frac{R_\odot}{R}\right) K \tag{2.30}$$

가 된다. $\overline{T}$는 표면온도 T_{eff}(관측에서 얻어지는 값)보다 상당히 크게 되는데 이는 내부온도가 아직 더 높은 값에 도달하여야 함을 의미한다는 것에 주목하자. 수백만도가 넘는 온도에서 수소와 헬륨은 완전히 이온화되었고, 더 무거운 원소들조차 가스상태에서 높게 이온화된 형태로 존재한다. 항성물질들은 그래서 이온들(거의 모든 전자들을 빼앗겨버린 핵들)과 자유전자들의 혼합체인 플라즈마이다.

2.5 항성의 전체에너지

식(2.6)의 에너지방정식을 전체 항성에 대해 적분하는 것으로 시작한다 :

$$\int_0^M \dot{u}\,dm + \int_0^M P\left(\frac{1}{\rho}\right)^{\cdot} dm = L_{nuc} - L \tag{2.31}$$

변수 t와 m은 서로 독립적이기 때문에 미분과 적분의 순서는 교환될 수 있다. 그래서 왼쪽편의 첫 번째 항은

$$\int_0^M \dot{u} dm = \frac{d}{dt}\int_0^M u \, dm = \dot{U} \tag{2.32}$$

이 된다. 이제

$$(\frac{1}{\rho})^{\cdot} = (\frac{\partial V}{\partial m})^{\cdot} = \frac{\partial \dot{V}}{\partial m} \tag{2.33}$$

과

$$\dot{V} = 4\pi r^2 \dot{r} \tag{2.34}$$

이 성립한다. 식(2.31)의 왼쪽편의 두 번째 항을 부분적분하면

$$\int_0^M P \frac{\partial \dot{V}}{\partial m} dm = [P\dot{V}]_0^M - \int_0^M 4\pi r^2 \dot{r} \frac{\partial P}{\partial m} dm \tag{2.35}$$

을 얻고, 또 중심에서는 $\dot{V}$가 r이 작아지면서 0이 되고, 표면에서는 P가 0이 되기 때문에 결국

$$\dot{U} - \int_0^M 4\pi r^2 \dot{r} \frac{\partial P}{\partial m} dm = L_{nuc} - L \tag{2.36}$$

을 얻게 된다.

이제 운동방정식으로 돌아와서, $\dot{r}$을 곱한 후에 전체 항성에 대해 적분을 하면

$$\int_0^M \dot{r}\ddot{r} \, dm = -\int_0^M \frac{Gm}{r^2} \dot{r} \, dm - \int_0^M 4\pi r^2 \dot{r} \frac{\partial P}{\partial m} dm \tag{2.37}$$

을 얻게 된다. 항성의 전체 운동에너지는

$$K = \int_0^M \frac{1}{2} \dot{r}^2 dm \tag{2.38}$$

로 주어지기 때문에, 식(2.37)의 왼쪽편 적분은

$$\int_0^M \dot{r}\ddot{r} \, dm = \int_0^M \frac{\partial}{\partial t}(\frac{1}{2}\dot{r}^2) \, dm = \frac{d}{dt}\int_0^M \frac{1}{2} \dot{r}^2 dm = \dot{K} \tag{2.39}$$

가 되고, 식(2.37)의 오른쪽편의 첫 번째 항은

$$-\int_0^M Gm \frac{\dot{r}}{r^2} dm = \int_0^M Gm \, (\frac{1}{r})^{\cdot} \, dm = \frac{d}{dt}\int_0^M \frac{Gm \, dm}{r} = -\dot{\Omega} \tag{2.40}$$

이 된다. 그래서 식(2.37)은

$$\dot{K} + \dot{\Omega} = -\int_0^M 4\pi r^2 \dot{r} \frac{\partial P}{\partial m} dm \tag{2.41}$$

이 된다. 식(2.36)과 식(2.41)을 조합하면

$$\dot{U} + \dot{K} + \dot{\Omega} = L_{nuc} - L \tag{2.42}$$

을 얻게 되는데, 왼쪽편은 전체 항성 에너지의 변화율로서 $E = U + K + \Omega$이 되어서,

$$\dot{E} = L_{nuc} - L \tag{2.43}$$

을 얻게 된다.

만일 항성이 열적평형에 놓여 있다면, $\dot{E} = 0$이 되고, 에너지는 상수가 된다. 여기에 덧붙여서 항성이 유체정역학적 평형에 놓여있다면 K=0이 된다. 이 경우 U와 Ω는 비리얼정리에 의해 관계되어지고, 그래서 이들 모두는 항성의 전체에너지를 결정해준다. 예를 들어 열적평형과 유체정역학적학적인 평형에 놓여있는 항성은 전제적으로 차가워질 수 없고 팽창하게 된다(냉각은 에너지를 감소시키고, 팽창은 에너지를 증가시킨다할지라도); 내적인 (열)에너지와 중력위치에너지는 각각 분리되어 보존되어야 한다. 겉보기에 이상한 또 다른 결론은 유체정역학적 평형에 놓인 항성이 음수의 열용량을 지니고 있다는 사실인데, 이는 에너지를 손실하면서 뜨거워진다는 것이다! 이런 결과는 또한 비리얼정리에서 얻어진다: 이상기체에 대해 우리는

$$E = U + \Omega = \frac{1}{2}\Omega = -U \tag{2.44}$$

을 얻고, 또 일반적인 경우 오른편은 1정도의 상수에 의해 곱해진다. 그래서 $\dot{E} < 0$이라면 U가 증가하게 되고, 식(2.28)에 의해 주어진 U와 함께 항성의 평균온도도 증가해야 할 것이다. 동시에 항성은 수축해야 한다(우리는 수축이 유체정역학적인 평형이 꼭 위반된다는 의미는 아니어서 마지막 논증이 상반되지 않는다는 것을 곧 보게 될 것이다). 사실 수축할 때 방출되는 중력위치에너지는 (복사로)손실된 에너지와 온도상승을 야기하는 열에너지(이상기체의 경우에 두 에너지 값은 똑같다)를 공급한다.

연습문제 2.4

질량 M인 항성에 핵에너지원이 고갈되었다고 가정하고 만일 일정한 광도 L을 유지한다고 했을 때 항성 반경의 수축율을 계산해보라.

2.6 화학적 성분비 변화를 주도하는 방정식들

항성물질이 자유전자들과 (거의)완전히 벌거벗은 화학적으로 속박되지 않은 원자핵으로 구성되었다는 것을 살펴보았기 때문에 화학적성분비변화는 (만일 있다면)화학적 성질이 될 수 없다. 구성성분의 함량비에서의 단지 가능한 변화는 한원소에서 다른원소로 변환됨, 즉 핵반응 (두 핵사이의 상호작용)에 의해 일어날 수 있다.

원자핵은 광량자와 중성자(합쳐서 핵자 nucleons라 부른다)로 만들어져 있는데 이들은 바리온(baryon, 그리스어로 "무거운 것"이란 의미를 지님)이라 불리는 무거운 입자들 부류에 속한다. 광량자는 1의 양전하를 지니고 있다(기본전하단위 e) ; 중성자는 전하를 띠지 않는다. 이들 입자들은 그래서 바리온수 A와 전하량 Z란 2개의 숫자로 특징 지워지는데, 즉 광량자에 대해선 (1,+1), 중성자에 대해선 (1,0)으로 표시할 수 있다. 광량자와 같이 전자들도 하전된 입자들이다. 그들의 바리온수는 0인데 이는 전자들은 무거운 입자들이 아니라는 걸 뜻한다(사실 전자질량은 광량자질량보다 약 2,000배 가볍다). 전자들과 관련된 입자는 뉴트리노인데, 바리온수는 0이고 (뉴트리노의 질량은 아직도 논란의 대상이다), 전하는 0이다. 전자와 뉴트리노는 렙톤(lepton, 그리스어로 "가벼운 것"이란 뜻)이라 부르는 입자부류에 속한다. 각 입자들에 대해 상대론적 양자역학은 반입자들의 존재를 가정하고 있는데, 그들에 대해 바리온수과 렙톤수 및 전하량의 부호가 서로 다르다. 가장 잘 알려진 반입자는 전자의 반입자인 반전자이다.

광량자와 중성자는 원자핵에서 강한핵력이라 불리는 인력에 의해 원자핵에 속박되어 있다. 이 힘이 작용하는 거리는 아주 작으며, 전하와는 상관없이 핵거리 규모(수 페르미, 1 fermi = $10^{-15}m$)에서 광량자들 사이에 척력으로 작용하는 쿠울롱힘을 능가하는 인력이다. 광량자와 중성자에 작용할 수 있는 또 하나의 힘은 약력(weak force)인데 그 힘이 미치는 범위는 더 작다($< 10^{-17}m$). 약한 상호작용은 광량자가 중성자로(또는 그 역으로) 변환할 때 작용한다. 핵반응에서(강력 또는 약력에 의한 상호작용) 바리온수와 렙톤수뿐만 아니라 전하량도 보존이 된다. 그래서 약한 상호작용에서 전자나 반전자는 전하량이 보존되기 위해 포함되어있어야 하고 렙톤의 수가 보존되기 위해서 뉴트리노와 반뉴트리노도 존재해야한다. 렙톤수의 보존은 렙톤과 반렙톤의 수가 똑같음을 의미한다 ; 그래서 반전자(반렙톤)는 뉴트리노와 함께, 전자는 반뉴트리노와 함께 존재하여야 한다.

만일 항성의 어떤 부분의 체적밀도가 ρ이고 I번째 원소의 부분밀도가 ρ_i로 주어진다면 이 원소의 전체질량에 대한 질량비는

$$X_i = \frac{\rho_i}{\rho} \tag{2.45}$$

로 주어지고 숫자밀도(단위체적에 들어있는 핵의 수)는 부분밀도를 한 핵자질량으로 나눈 값으로 주어진다. 원자핵의 질량은 자유입자로서 그 원자를 구성하고 있는 광량자와 중성자의 질량합보다 약간 작다. 그러나 좋은 어림을 얻어내기 위해

$$n_i = \frac{\rho_i}{A_i m_H} \tag{2.46}$$

로 나타낼 수 있는데, 여기서 m_H는 (속박된) 핵자의 질량을 대표하는 원자의 질량단위로서 일반적으로 탄소핵자질량의 1/12로 정의된다. 표기는 그렇게 하였지만, m_H는 광량자질량과도 다르며 수소원자질량과도 약간 다르다. 식(2.45)와 식(2.46)을 조합하면

$$n_i = \frac{\rho}{m_H}\frac{X_i}{A_i}, \quad X_i = n_i \frac{A_i}{\rho} m_H \tag{2.47}$$

의 관계를 얻게 된다.

주어진 체적에서 핵의 수는 핵을 생성시키는 핵반응과 그 핵을 파괴하는 핵반응의 결과로서 약간 변화할 수 있다. 핵의 생성과 소멸은 가벼운 핵의 융합 또는 무거운 핵이 분열되면서 일어날 수 있으며 또 반전자와 전자, 뉴트리노(와 반뉴트리노) 그리고 에너지가 큰 광자들 같은 가벼운 입자들을 포획하고 또 방출하는 과정들을 포함할 수 있다. 특정한 핵반응들은 4장에서 다루어질 것이다. 핵반응을 서술하는 일반적인 방법은 2개의 다른 핵을 생성하기 위해 조합하는 2개의 다른 핵에 의해 가능하다. 어떤 원소의 핵이 2개 정수 A_i와 Z_i로 유일하게 정의되었기 때문에, 우리는 기호 $I(A_i, Z_i)$와 $J(A_j, Z_j)$로 반응물질들을 표기하고, 그 생성물들은 $K(A_k, Z_k)$와 $L(A_l, Z_l)$로 표기한다. 핵반응은 양쪽방향으로 진행될 수 있는데(화학반응과 이온화-재결합과정과 비슷하게), 이런 반응은 온도(운동에너지)와 입자의 밀도에 따라 달라지는데 그래서 기호로는

$$I(A_i, Z_i) + J(A_j, Z_j) \leftrightarrow K(A_k, Z_k) + L(A_l, Z_l) \tag{2.48}$$

로 서술될 수 있는데, 2개의 보존법칙에 지배를 받는다:

$$A_i + A_j = A_k + A_l \tag{2.49}$$

$$Z_i + Z_j = Z_k + Z_l \tag{2.50}$$

만일 반전자나 전자들이 또한 포함되어 있다면 그들도 고려되어져야한다: 그들에 대

해선 $A=0$이고 $Z=\pm 1$이 성립하고 렙톤수의 보존이 유지되어야 한다. 그래서 반응에 포함된 4개핵 중 어떤 3개는 4번째 핵을 확실하게 결정해준다. 반응율은, 왼쪽에서부터 오른쪽으로 순서를 정할 때 3개의 표식에 의해 결정될 수 있다. 즉, 반응하는 한 물질에 대한 표식 2개와 생성물 중 하나에 대한 표식 1개로 결정되어진다.

이제 I형태의 핵이 식(2.48)의 반응에 의해 소멸되는 반응율을 간단한 묘사를 통해 한번 계산하여 보자. 단위 체적을 생각하고, 그 체적 안에 있는 각각의 I핵은 단면적 ζ를 지닌다고 가정하는데, 이는 이 단면적에 도달하는 어떤 J핵이 반응을 하게 하게 된다는 것을 의미한다. 더 나아가 I핵의 J핵에 대한 상대속도는 v이어서 I핵이 정지되어 있는 목표물로 간주되어지는 반면, J핵은 v의 속도로 I핵쪽을 향해 온다고 가정한다. 그래서 유효목표 면적은 $n_i\zeta$가 된다 ; 단위시간당 단위면적을 가로지르는 입자수는 n_jv가 된다. 그래서 단위체적당, 단위시간당 일어나는 반응수는 $n_in_j\zeta$이거나 $n_in_jR_{ijk}$가 되는데 여기서 $R_{ijk}\equiv\zeta v$(단위는 체적을 시간으로 나눈 것)으로 반응율이라 불린다. 서로 상호작용하는 입자들이 한 종류일 때, I라 하자, n_in_j는 $\frac{1}{2}n_i^2$로 치환될 수 있다. 항성에서 가스입자의 속도는 열적속도이며(이것이 항성에서 일어나는 핵반응을 열핵반응이라고 부르는 이유가 된다) 단면적은 반응에 포함된 핵의 성질(그들의 전하량 포함) 뿐만 아니라 생성물의 성질에 따라 달라지게 된다.

우리는 이제 모든 가능한 핵반응으로부터 생기는 (i)번째 원소의 함량비 변화율을 구할 수 있는데, 이는

$$\dot{n}_i = -n_i\sum_{j,k}\frac{n_j}{1+\delta_{ij}}R_{ijk} + \sum_{l,k}\frac{n_l\,n_k}{1+\delta_{lk}}R_{lki} \tag{2.51}$$

의 형태로 주어지는 데 소멸되는 경우와 생성되는 경우 모두에 해당된다. 식(2.47)을 이용하여 또 다른 방법으로 질량비(mass fraction)의 변화율이 얻어 진다 :

$$\frac{\dot{X}_i}{A_i} = \frac{\rho}{m_H}\left(-\frac{X_i}{A_i}\sum_{j,k}\frac{X_j}{A_j}\frac{R_{ijk}}{1+\delta_{ij}} + \sum_{l,k}\frac{X_l}{A_l}\frac{X_k}{A_k}\frac{R_{lki}}{1+\delta_{lk}}\right) \tag{2.52}$$

또 다른 질량비에 대한 방정식도 비슷하게 얻어진다. 간단히 말해 우리는 합성벡터를 $X\equiv(X_1,\ldots,X_n)$을 정의하여 합성비의 변화를 기술하는 방정식의 조합은 n성분을 가진 하나의 방정식으로 기호화하여 나타낼 수 있는데, 각 원소에 대해

$$\dot{X} = f(\rho, T, X) \tag{2.53}$$

로 표시된다. $\dot{X}=0$인 핵평형이 형성되었을 때 X_i는 $f_i=0$으로부터 쉽게 얻어진다.

2.7 진화방정식 세트

항성의 내부구조의 진화론적 과정을 기술해주는 비선형 편미분방정식세트는

$$\begin{aligned} \ddot{r} &= -\frac{Gm}{r^2} - 4\pi r^2 \frac{\partial P}{\partial m} \\ \dot{u} + P\left(\frac{1}{\rho}\right)^{\cdot} &= q - \frac{\partial F}{\partial m} \\ \dot{X} &= f(\rho, T, X) \end{aligned} \tag{2.54}$$

이 된다. 현재 상태로는 이 세트는 완전하지 않다 : 미지수들을 포함하고 있는 구조 함수들($\rho(m,t)$, $T(m,t)$ 그리고 $X_i(m,t)$)을 빼놓더라도 추가적인 함수들이 필요하다 : (a) P와 u, (b) F, 그리고 (c) q와 f 들로서, 이들은 미지수의 함수로 공급되어져야 한다. 이런 목적을 위해 다른 분야의 물리를 연구해야 한다 : (a)의 경우에는 열역학과 통계역학이, (b)의 경우에는 원자물리와 복사전달 이론이, 그리고 (c)의 경우에는 핵물리와 기본적인 입자물리가 필요하다. 사실 이런 상황이 천체물리가 다른 물리분야와 다른 점이다. 천체물리는 물리의 기본분야에서 그렇듯이 어떤 특수하고 뚜렷한 효과나 물리과정을 다루고 있지 않다. 예를 들어 핵물리는 오로지 원자핵들만을 다룬다 ; 이런 연구분야에는 핵력, 핵구조와 핵반응 같은 여러 세부 분야들이 존재하지만, 이들 모든 세부분야는 서로 밀접하게 연관이 있다. 말하자면 핵물리는 연속물질의 운동을 연구하는 유체역학과는 별로 상관이 없다. 이와 반대로 천체물리는 서로 다른 많은 종류의 과정들이 포함된 혼합된 현상을 다룬다. 그래서 물리의 모든 분야들을 다 배워야 하고, 그래서 천체물리가 특별히 대단하다고 할 수 있는 것이다. 항성의 구조와 진화 이론은 한 지붕 안에 있는(아마 관계가 없는) 물리이론들을 분리시켜주는 유일한 기회를 제공해준다. 다음 장에서 우리는 항성들의 진화과정들을 찾아내는 작업을 중지하고, 서로 다른 물리이론들로부터 이런 작업을 가능하게 해주는 정보들을 추출해내는 작업을 하게 될 것이다.

마지막으로 서로 다른 방정식들 세트들을 풀기위해서 경계조건들과 초기조건들이 주어져야한다. 2개의 공간미분은 2개의 경계조건들을 필요로 하고, n+3개의 시간미분은 물리성질들에 대한 n+3개의 초기 분포를 요구한다. 경계조건들은 간단하다 : $P(M,t)=0$이고, 중심에서 특이점을 없애기 위해 $F(0,t)=0$이 되어야 한다. 초기조건들은 $\rho(M,t)$, $T(m,0)$, $\dot{r}(m,0)$, $X_i(m,0)$ 또는 이와 관련된 함수들이 될 것이다. 여

기서 우리는 심각한 어려움에 봉착한 것처럼 보인다 ; 이전에 언급하였듯이 항성형성은 아직 연구의 대상으로 남아있다. 그래서 항성의 초기상태는 오히려 불분명하다. 다행이도 우리가 간단히 보게 되겠지만 이 문제는 극복될 수 있거나 더 정확하게 말하자면 피해갈수 있다.

2.8 항성진화의 전형적인 시간규모들(특성시간)

항성 진화는 3개의 시간에 종속된 방정식들(식2.54)에 의해 기술되는데 각각의 방정식들은 서로 다른 형태로 변화하는 것을 다루고 있다 : 첫 번째 방정식은 역학적인 또는 구조적인 변화를 포함하고 있고, 두 번째 방정식은 열적인 변화 그리고 세 번째 방정식은 화학성분(그리고 정지질량)의 변화를 초래하는 핵반응을 다루고 있다. 각 변화 또는 물리과정은 그들만이 지니고 있는 특성시간 τ를 지니고 있는데, 이는 물리과정이 일어나면서 변화되는 한 물리량 ϕ와 그 물리양의 변화율의 비율로 정의 된다 :

$$\tau = \frac{\phi}{\dot{\phi}} \tag{2.55}$$

간단한 예로서 운동을 들 수 있는데, 운동기간(또는 특성시간)은 거리를 속도로 나누어진 양으로 주어진다. 분명히 빠른 과정(큰 ϕ)는 짧은 특성시간을 지니고 있으며 그 역도 성립한다. 항성에서 일어나는 서로 다른 물리과정 들의 특성시간을 추정해보고 비교해보는 것이 도움이 될 것이다.

역학적 특성시간

구형대칭인 항성의 구조가 상당히 변화한 것은 그 별의 반경 R이 상당히 변화한 것으로 상상해볼 수 있다 : 그래서 이 경우 $\phi = R$을 취할 수 있다. 중력이 항성을 묶어주는 힘이기 때문에 반경 R의 전형적인 변화율은 중력장에서의 특성속도가 될 것이다 : 자유낙하속도 또는 탈출속도 $v_{escape} = \sqrt{2GM/R}$; 그래서 $\dot{\phi} = \sqrt{2GM/R}$이 된다. 역학적 특성시간은 그래서

$$\tau_{dyn} \approx \frac{R}{v_{esc}} = \sqrt{\frac{R^3}{2GM}} \tag{2.56}$$

으로 추정될 수 있거나, 또는 평균밀도 $\bar{\rho} = 3M/4\pi R^3$의 항으로 1에 가까운 상수항을

무시하면

$$\tau_{dyn} \approx \frac{1}{\sqrt{G\bar{\rho}}} \tag{2.57}$$

이 된다. 역학적 특성시간을 구하는 데는 여러 가지 방법이 있지만, 모두 거의 같은 결과를 얻게 해준다. 태양의 역학적 특성시간은 약 1000초(대략 한 시간의 1/4 정도)이고, 일반적으로

$$\tau_{dyn} \approx 1000\sqrt{(\frac{R}{R_\odot})^3(\frac{M_\odot}{M})} \quad s \tag{2.58}$$

로 주어진다.

역학적 특성시간은 아주 짧은데, 전형적인 항성의 나이보다 10의 수승정도 짧다. 예를 들어 태양의 예상되는 나이는 46억년 또는 $\sim 1.5 \times 10^{17} s$으로 약 $10^{14}\tau_{dyn}$이 된다. 이런 결과가 무슨 의미가 있는가? 역학적인 물리과정은 항성 내에서 중력이 압력과 평형을 이루지 않을 때 (식2.12)마다 일어난다. 그런 상황은 중력에 대하여 압력이 충분하지 못할 때 수축이 일어나거나, 또는 압력이 너무 강할 때 팽창이 일어나게 할 수 있다. 이런 과정은 파멸적인 일(폭축이나 팽창)이나 가해지는 힘들이 평형이 이루어질 때 유체정력학적인 평형으로 재정비되는 것으로 끝날 수 있다. 이들 마지막 단계들은 역학적 특성시간의 규모 내에서 이루어질 것이다. 이는 다음과 같은 결과를 초래하게 된다.

1. 항성이 역학적 과정으로부터 회복할 수 없을 때(유체정역학적 평형을 회복함을 통해), 다음에 일어나는 폭축(또는 팽창)이 전체적으로 관측되어야 한다. 사실 그런 현상들이 일어난 것으로 알려졌다 : 이들은 초신성이라 불린다. 초신성에 대해서는 9장에서 다시 다룰 것이다.
2. 때때로 항성들에서 관측되는 급격한 변화들은 역학적 과정들이 일어나고 있지만 더 작은 시간규모로 전체 항성에 걸쳐서는 일어나지 않는 것을 의미한다. 그런 변화시간으로부터(보통 특성주기를 지닌 진동들) 우리는 항성의 평균밀도를 추정해낼 수 있다. 태양은 수 분주기로 진동하는 것이 관측되었다. 수 십초의 주기로 진동하는 것은 항성이 백색왜성같이 밀집성임을 암시해준다.
3. 대개 항성들은 삶의 전체를 유체정역학적인 평형상태에서 놓여있는 것으로 가정이 될 수 있다. 이런 상태에 어떤 섭동이 가해지면 즉시 진압되어진다. 물론 이는 항성이 그 전체적인 생애동안 정지상태(static)에 있다는 것을 뜻하기 보다는

오히려 거의 정적으로(quasi-statically) 진화한다는 것을 뜻하게 되는데, 이는 역학적인 균형을 유지하기 위해서 그들 내부구조를 일정하게 조정하는 것을 의미한다. 결과적으로 식(2.12)의 왼쪽항은 사라지는 것으로 가정되어 질 수 있고, 그래서 비리얼정리 (2.4절)이 항상 성립되는 것으로 가정되어 질 수 있게 된다. 이는 항성의 중력위치에너지와 열에너지가가 각각 전체에너지의 법칙을 따르게 된다는 것을 의미한다.

열적 특성시간

열적인 물리과정은 항성의 내부에너지에 영향을 미친다 ; 그래서 이 경우에 우리는 $\phi = U$를 취할 수 있다. 비리얼정리에서(이미 적용될 수 있는 것으로 확인한 바와 같이) $U \approx GM^2/R$이 된다. U의 전형적인 변화율은 항성에서 방출되는 에너지의 복사율이다 ; 그래서 $\dot{\phi} = L$이 된다. 열적특성시간은 그래서

$$\tau_{th} = \frac{U}{L} \approx \frac{GM^2}{RL} \tag{2.59}$$

이 된다. 태양에 대해 $\tau_{th} \sim 10^{15} s$이거나 3000만년이 되어 일반적으로

$$\tau_{th} \approx 10^{15} \left(\frac{M}{M_\odot}\right)^2 \left(\frac{R_\odot}{R}\right) \left(\frac{L_\odot}{L}\right) \quad s \tag{2.60}$$

이 성립한다.

열적 특성시간은 역학적 특성시간보다 10의 수승배 길지만, 항성의 전체적인 생애의 아주 작은 부분(약 1% 보다 작은)에 불과하다. 그래서 우리는 항성에서 열적물리과정이 형성되는 것을 관측할 수는 없다할지라도 (사실, 어떤 관측된 별이 열적인 평형상태에 놓여 있는지의 여부를 알아낼 방도가 없다), 우리는 항성의 전생애를 통해 열적인 평형상태에 놓여있다고 가정할 수 있다). 만일 항성이 진화과정동안 열적인 평형과 유체정역학적 평형을 유지한다면 그 전체 에너지는 이 과정동안 보존이 되고 (또는 아주 천천히 변화한다), 그래서 비리얼정리에 의해, 중력위치에너지와 열에너지는 각각 보존이 된다. 그래서 만일 수축이 항성의 어느 부분에서 일어나면(거의 정적으로) 이는 다른 부분이 Ω의 보존을 유지하기 위해 팽창하여야 한다. 이와 마찬가지로 만일 어느 부분에서 온도가 올라가면 U가 일정하게 유지되기 위하여 다른 한부분의 온도는 내려가야 한다. 후에 우리는 이런 논증들을 사용하게 될 것이다.

열적특성시간은 항성이 그 광도가 일정하게 유지된다고 할 때 수축에 대응하여 열에너지 보존량을 복사하는데 걸리는 시간으로 해석될 수 있다(2.5절에서 살펴본바와

같이). 사실 이것은 톰슨(William Thomson, Kelvin 경으로 더 잘 알려진)과 헬름홀쯔(Hermann von Helmholtz)가 독립적으로 태양의 나이를 1세기이전에 추정하였던 방법인데, 이런 이유로 열적특성시간은 때때로 Kelvin-Helmholtz시간이라고 불려지도 한다.

캘빈(1862)의 추정은 지구 나이의 상한치를 나타냈었는데, 이는 다윈(Charles Darwin)이 1859년에 제창한 새로운 이론과는 상반되는 것이었다. 이 이론은 무수히 많은 식물들과 동물들(살아있는 것과 화석들 모두)의 느린 진화를 자연의 선택으로 설명하기 위해서는 엄청나게 긴 지질학적 시간을 요구하였다. 길고도 집중적인 논쟁이 2명의 유명한 과학자들 사이에 벌어졌다. 결국에는 다윈이 물리학자들은 그 마음을 바꾸게 될 것이라고 곧 확신해야만 했다. 켈빈의 추정에 대한 심한 비난은 19세기 말엽에 지질학자 챔버린(Thomas Chamberlin)에 의해 나왔다.

"태양내부에 존재하는 그런 극한의 조건에 있는 물질의 행동에 관해 현재 알고 있는 지식이 다른 어떤 열원이 그곳에 존재하지 않는 다는 주장을 입증해 줄만큼 충분히 포괄적인가? 원자들의 초기 구성이 어떻게 되었는지에 대해서는 아직도 미지수이다. 원자들이 복잡한 구조를 가지고 있으며 엄청난 에너지가 저장될 수 있는 장소라는 것이 불가능하지는 않다"

T.C.Chamberlin : Annual Report of the Smithsonian Institution(1899)

그리고 20년이 지난 후, 에딩턴는 똑같은 주제를 다루면서, 항성의 에너지원은 "원자내부에서"일어난다고 예견하였다.

"단지 전통의 힘이 수축의 가정을 살아있게 하고 있는데, 오히려 살아있지 않고, 매장되지 않는 시체로 유지하게 해주고 있다...
별은 우리에게 아직 밝혀지지 않은 방법으로 거대한 에너지 저장소를 지니고 있다. 이 저장소는 아마 모든 물질에 풍부히 존재하고 있는 원자내부 에너지일 것이다... 태양에는 150억년동안 그 방출을 유지하기에 충분한 양이 존재한다...
만일 별에서 원자내부에너지가 그들의 거대한 용광로를 유지하기위해 아낌없이 사용되고 있다면, 이는 인류의 안녕을 위해(또는 자살을 위해) 그 잠재적인 파워를 조절해 보려는 우리의 꿈이 실현되는데 약간 다가섰다고 볼 수 있을 것이다.

Sir Arthur S. Eddington : Observatory 43(1920)

결국에는 10년이 더 지난 후 에야 이 공방은 항성의 에너지원에 대한 수수께끼를 풀어 준 양자물리와 핵물리에 의해 끝이 났다(다윈의 승리로!)

핵특성시간

화학성분비 외에도 핵반응에 의해 변화되는 물리량은 정지질량에너지비(fraction of the rest-mass energy)인데, 이는 아인슈타인의 유명한 방정식 $E=mc^2$에 의해 주어진다. 다른 형태의 에너지로 변환될 수 있는 이 작은 양의 에너지는 핵포텐셜에너지를 구성한다. 그래서 우리는 $\phi=\epsilon Mc^2$을 취하는데, ϵ은 핵자의 전형적인 결합에너지를 핵자의 정지질량에너지로 나누어서 추정될 수 있는데 10^{-3}정도 된다. 핵포텐셜에너지의 변화율은 분명 핵광도 L_{nuc}이고, 열적평형을 가정할 수 있기 때문에 $\dot{\phi}=L_{nuc}=L$을 취할 수 있다. 그러면

$$\tau_{nuc} \approx \frac{\epsilon Mc^2}{L} \tag{2.61}$$

이 되거나 태양단위로 바꾸면

$$\tau_{nuc} \approx \epsilon\, 4.5 \times 10^{20} (\frac{M}{M_\odot})(\frac{L_\odot}{L}) \quad s \tag{2.62}$$

이 된다.

태양에 대해 이 값은 나이의 몇 배나 된다 ; 사실 τ_{nuc}은 우주의 추정된 나이보다도 크다. 곧바로 얻어질 수 있는 결론은 항성들은 실제 그들의 가용 핵에너지의 아주 작은 부분만 소진하여 온 것 같다는 것인데, 이는 항성질량의 아주 작은 부분만이 그 초기 성분비이 변화를 겪었다는 것을 뜻한다. 일반적으로 말할 수 있는 다른 결론은 핵평형은 기대되지 않는다는 것이다.

우리 결과를 요약한다면,

$$\tau_{dyn} \ll \tau_{th} \ll \tau_{\nu c} \tag{2.63}$$

이 된다. 결과적으로 항성진화의 속도를 결정하는 것은 핵반응율인데, 각 진화단계에서 열적 평형과 유체정역학적 평형이 이루어졌다고 가정될 수 있다. 식(2.54)의 진화방정식 세트는 이제

$$
\boxed{\begin{aligned}
&\frac{dP}{dm} = -\frac{Gm}{4\pi r^4} \\
&\frac{\partial F}{\partial m} = q \\
&\dot{X} = f(\rho,\ T,\ X)
\end{aligned}} \qquad (2.64)
$$

로 요약될 수 있다. 이는 원래방정식 세트보다는 상당히 간단화 된 형태이다. 특히 우리는 그 진화를 추적하기 위해 항성의 내부구조를 알 필요가 없다. 우리가 알아야 할 것은 초기성분비인데, 이는 항성전체에 균일하게 분포되었다고 가정될 수 있고 또 이것은 우리가 상당히 잘 알고 있는 양인 것이다. 항성진화를 조사하는 우리의 일은 이제 2개 부분 또는 2개의 주된 질문으로 나누어 보는 것이다 : (a) 항성내부에서 일어나는 핵반응의 결과물은 무엇인가? (b) 화학적성분비가 주어졌을 때 유체정역학적인 평형과 열적평형에 놓여있는 항성의 구조(온도와 밀도분포)는 무엇인가? 분명히 이런 문제들은 분리될 수 없다 : 핵반응은 온도와 밀도에 의존하고, 항성구조는 그 화학적 성분비에 의존한다. 그러나 이들은 교대로 해답을 줄 수 있고, 그 답들은 이제 항성진화에 대해 상호 보완하는 형태로 조합되어 질 수 있다.

첫 번째 문제는 4장에서 그리고 두 번째 문제는 5장과 6장에서 다루게 될 것이다. 다음 장에서는 항성내부 물리를 일반적으로 다루게 되는데 가스시스템에 대한 물리와 복사물리에 대해 익숙한 독자는 건너뛰어도 된다.

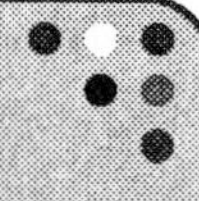

03 항성내부에서 가스와 복사의 기본물리

항성이 이온과 전자 그리고 광자의 혼합체로 구성되어 있기 때문에 항성내부물리는 (a) 가스시스템의 성질, (b) 복사 그리고 (c) 가스와 복사사의의 상호작용에 대해 다루어야 한다. 후자는 많은 다른 형태를 지니고 있을 것이다 : 여기 또는 이온화를 야기하는 흡수, deexcitation 또는 재결합, 그리고 산란. 우리의 주된 주제에서 멀리 벗어나지 않기 위해서 우리는 단지 폭넓은 물리적 배경을 요구하지 않고 이해하기에 충분한 간단한 물리과정과 물리성질들만 다루게 될 텐데, 이는 항성들의 일반적인 행동에 대해 약간의 개관적인 것을 얻기에는 충분하다. 전면적인 물리과정들은 항성구조와 진화에 대한 실제 계산에서 포함되는데, 이는 거대한 양의 정보를 포함한 광대한 컴퓨터 프로그램으로 거대한 컴퓨터에서 계산된다. 그러나 이들은 컴퓨터실험실로서 간주되어져야 하고 항성의 행동을 설명하기 보다는 재생해보고 묘사(simulate)해보는 역할을 한다. 우리의 목적은 항성진화에 대한 기본 원리들에 대해 요약하여 보는 것이어서 약간의 간단화 시켜볼 수 있는 것이다. 에딩턴은 이렇게 간단화 할 수 있는 권한을 아주 강하게 주장한다 :

"나는 이론적인 문제를 토론하는데 있어 물리학자의 주된 목적은 "통찰"을 얻어내는 것(많은 요인들 중에 무엇이 어떤 효과에 특별하게 관련되어 있고, 또 그런 효과가 나오기까지 어떻게 함께 작용하는지를 보는 것)이라고 생각한다. 이런 목적을 위해, 적당한 근사는 피할 수 없는 악이 아니다; 이는 어떤 요인들(여러 요인들이 분명 복잡하게 혼합되어 있음)이 결과에 확실하게 기여하지 않는 다는 통찰력이다. 그런 요인들은 그냥 남겨둘 수 있다고 스스로 만족한다 ; 그리고 이런 무관함에서 자유로워져서 어떤 작동원리가 잘 드러나게 된다. 이런 통찰력은 수학적인 전제들이 규명되어질 수 있기 전에 물리학자들에 의해 시작된 작업의 연장에 불과하다 ; 어떤 자연적인 문제에서 실제 조건은 극도로 복잡성을 띠고 있고, 또 첫 번째 시도는 결과에 근본적인 영향을 미치는 요인들을 선택하는 것이 되기 때문이다. 이는 간단히 말해 지팡이의 윗부분을 잘 잡는 것이다. 수학적 문제가 정리되기 전이나, 또는 후에 이런 통찰력의 올바른 사용은 대중의 눈으로부터 감추기 위한 악의적인 버릇이 아니라 숙련되어지는 능력이다. 물리학자는 필요할 때 그의 통찰력사용을 방어하기 위해 준비되어져야한다는 것은 당연하다 ;

그러나 방어가 어떤 미묘한 어려움들을 포함하고 있지 않는 한, 그 방어가 요구될 때까지 그 통찰은 잘 인정되어질 수 있다."

Sir Arthur S. Eddington: The Internal Constitution of the Stars, 1926

3.1 상태방정식

성분비가 알려진 입자시스템에 의해 가해지는 압력과 주변온도 및 압력, $P=P(\rho, T, X)$사이의 관계를 상태방정식이라 부른다.

이전 절에서 우리는 자유롭게 움직이며 서로 상호작용하지 않는 입자들 (완전가스)들을 포함하는 항성가스가 이상기체라고 반복해서 가정해본바 있다. 이 가정을 한번 정당화시켜볼 시간이 된 것 같다. 보통의 별온도에서 가스는 이온화되어 있고, 그래서 쿨롱상호작용이 일어나는 것으로 기대될 수 있다. 우리는 그런 상호작용에서 포함된 에너지가 입자의 운동(열적)에너지에 비해 작다는 것을 보여줄 것이다. 평균 밀도 $\bar{\rho}$와 가스입자 질량 Am_H에 대해 평균 입자간 거리는

$$d = (\frac{Am_H}{\bar{\rho}})^{1/3} = (\frac{4\pi A m_H}{3M})^{1/3} R \tag{3.1}$$

이 되는데 여기서 $\bar{\rho}$는 항성질량 M과 항성반경 R의 항으로 표현된다. 만일 입자의 전하가 Ze라면 (e는 전자전하량을 뜻함), 입자당 전형적인 쿨롱에너지는

$$\epsilon_C \approx \frac{1}{4\pi\epsilon_0} \frac{Z^2e^2}{d} \tag{3.2}$$

로 추정되어 질 수 있다. 입자당 운동에너지는 $k\bar{T}$의 크기가 되고, 그래서 식(2.29)에 $\bar{T}$를 치환해주고 1정도 되는 비례상수를 무시하면

$$\frac{\epsilon_C}{k\bar{T}} \sim \frac{1}{4\pi\epsilon_0} \frac{Z^2e^2}{A^{4/3} m_H^{4/3} G M^{2/3}} \tag{3.3}$$

을 얻는다. $Z=1, A=1, M=M_\odot$에 대해 이 비율은 1%정도 되고, 또 이런 정도의 정확도로 쿨롱상호작용은 무시될 수 있다. 더 큰 Z에 대해 $A \sim 2Z$가 되고 식(3.3)의 비는 $Z^{2/3}$의 형태로 변화하는데 철로만 구성되었다 할지라도 1보다 상당히 작은 값을 유지하게 된다. 그러나 $M \leq 10^{-3}M_\odot$에 대해 $\epsilon_C/k\bar{T} \geq 1$가 성립한다. 항성들은 이런 위험한 영역에 속해있지 않지만 행성들의 경우는 다르다 : 목성의 질량은 거의

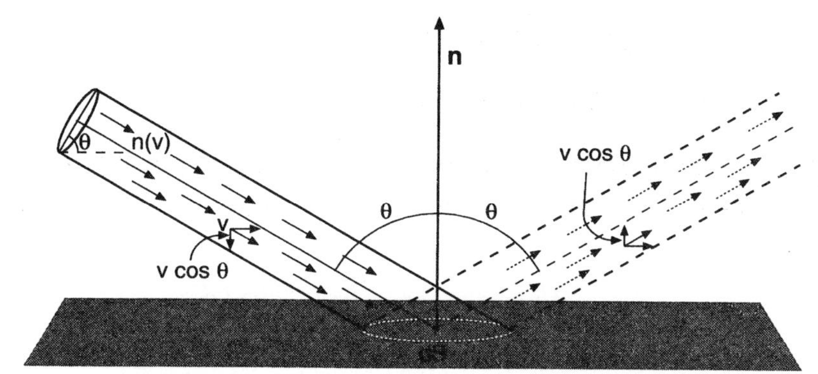

그림3.1 가상적인 표면의 법선에 θ의 각을 이루며 입사하는 입자덩어리가 되튀기는 모습

$10^{-3}M_{\odot}c$가 된다. 그래서 행성의 구조는 자유가스들의 혼합체로 기술될 수 없다 ; 아주 복잡한 상태방정식들이 다루어져야 한다. 고체에서는 $\epsilon_C/k\overline{T}\geq 1$가 성립하기 때문에 우리는 행성의 질량이 작을수록 고체에 더 가까운 구조를 지닌다고 결론지을 수 있다.

압력적분으로 알려진 적분형태를 가지고 자유입자시스템의 압력 계산을 가능하게 해주는 일반적인 정리가 있다 :

$$P = \frac{1}{3}\int_0^{\infty} v\, p\, n(p)\, dp \tag{3.4}$$

여기서 v는 입자속도이고, p는 운동량이고, $n(p)dp$는 $(p, p+dp)$간격내의 운동량을 지닌 단위체적당 입자수이다. 이 정리의 증명은 다음과 같다 : 입자시스템 내에 있는 (실제 또는 가상의) 표면을 고려해보자. 이 표면의 압력은 그 안에서 탄력적으로 충돌하는 입자들에 의해 분할된 운동량의 결과이다. 입사되는 입자에 의해 전달되는 운동량은 표면에 수직인 운동량성분의 2배이다.

$$\Delta p = 2p\cos\theta \tag{3.5}$$

v의 속도로 θ의 각을 이루며 표면에 충돌하는 입자빔을 생각해보자(그림 3.1에 보여진 바와같이). $n(\theta,p)d\theta dp$가 $(p, p+dp)$영역의 운동량을 지닌 입자의 숫자밀도라고 하고, $(\theta, \theta+d\theta)$의 깔대기 방향을 지닌다고 하자. 입자의 분포가 등방이기 때문에 어떤 입체각 $d\omega$내에 입자 수는 입체각에 비례하거나 또는

$$\frac{n(\theta,p)\, d\theta\, dp}{n(p)\, dp} = \frac{d\omega}{4\pi} = \frac{2\pi \sin\theta\, d\theta}{4\pi} = \frac{1}{2}\sin\theta\, d\theta \tag{3.6}$$

가 된다. 이런 빔으로부터 시간 간격 δt에 표면적을 때리는 입자 수는 입자밀도에 체적 $v\ \delta t\ dS\ \cos\theta$을 곱한 값으로 주어지는데, 여기서 dS는 표면에 이 빔이 입사하는

면적이다. 그래서 이 입자에 의해 표면에 전달된 운동량은

$$\delta p_\theta = n(\theta, p) d\theta\, dp\, v\, \delta t\, dS \cos\theta\, \Delta p \tag{3.7}$$

로 주어진다. 이들 입자들의 압력에 대한 기여도(단위표면적당 단위시간에 전달되는 운동량)는 식(3.9)로 주어지는데 식(3.5)와 식(3.6)을 조합하여 $\delta t\, dS$로 나누어주면 된다:

$$dP = \frac{1}{2}\sin\theta\, d\theta\, n(p)\, dp\, v \cos\theta\, 2p\cos\theta = vpn(p)\, dp \cos^2\theta \sin\theta\, d\theta \tag{3.8}$$

그리고 전체압력은 입사되는 모든 각도 ($0 \le \theta \le \pi/2$)와 모든 운동량성분으로 적분해서 얻어진다.

$$\int_0^{\pi/2} \cos^2\theta \sin\theta\, d\theta = \int_0^1 \cos^2\theta\, d\cos\theta = \frac{1}{3} \tag{3.9}$$

이기 때문에 식(3.8)은 완전하게 증명될 수 있다. 분명히 서로 다른 종류로서 상호작용하지 않은 자유입자들이 혼합된 물질의 압력은 각 입자종류들에 의해 개별적으로 가해진 압력들의 합으로 주어질 것이다. 이는 복사압을 포함하는데, 복사압은 광자에 의해 가해진 압력이다. 결국 항성에서 P는 3개의 서로 다른 항들의 합이 될 것이다: P_I는 이온압력, P_e는 전자압력, 그리고 P_{rad}는 광자압력으로서, 처음 2항이 전체 가스압력을 나타낸다.

$$P = P_I + P_e + P_{rad} = P_{gas} + P_{rad} \tag{3.10}$$

가스에 의해 기여된 압력성분을 파라메터 β로 정의하는 것이 일반적이다; 그래서

$$P_{gas} = \beta P \tag{3.11}$$

$$P_{rad} = (1 - \beta) P \tag{3.12}$$

이 된다.

3.2 이온압력

이온 이상기체에 대한 상태방정식은 잘 알려진 관계,

$$P_I = n_I kT, \tag{3.13}$$

인데, 여기서 n_I은 단위체적당 이온수이다. 이 관계는 열역학적 평형에 있는 자유입자

가스에 대해 증명된 정리를 적용하면 얻어지는데, 멕스웰 속도분포에 의해 특징지어 진다.

$$n(p)\,dp = \frac{n_i 4\pi p^2\,dp}{(2\pi m_i kT)^{3/2}}\,e^{-\frac{p^2}{2m_i kT}} \tag{3.14}$$

식(2.47)의 관계를 이용하면 단위체적 내에 있는 전체 이온수는 모든 이온에 대해 합을 취해서 얻어진다 :

$$n_I = \sum_i n_i = \sum_i \frac{\rho}{m_H}\,\frac{X_i}{A_i} \tag{3.15}$$

항성물질의 평균원자질량 μ_I는

$$\frac{1}{\mu_I} \equiv \sum_i \frac{X_i}{A_i} \tag{3.16}$$

로 정의되어서

$$n_I = \frac{\rho}{\mu_I m_H} \tag{3.17}$$

이 되고 μ_I는

$$\frac{1}{\mu_I} \approx X + \frac{1}{4}Y + \frac{1 - X - Y}{< A >} \tag{3.18}$$

로 어림되는데, 여기서 $< A >$는 중원소 (수소와 헬륨보다 무거운 원소, 때로는 금속이라 부른다)의 평균원자질량을 의미한다. 예를 들어 태양의 경우 X=0.707. Y=0.274, 그리고 $< A >$~20이 된다 ; 그래서 μ_I=1.29가 된다. k/m_H는 때때로 이상기체상수

$$R \equiv \frac{k}{m_H} \tag{3.19}$$

로 알려진다. 식(3.17)과 식(3.19)를 식(3.13)에 대입하면

$$P_I = \frac{R}{\mu_I}\,\rho\,T \tag{3.20}$$

을 얻게 된다.

3.3 전자압력

만일 전자들이 이상기체를 이루고 있다면 상태방정식은 위의 식(3.13)으로 주어지는데,

$$P_e = n_e kT, \tag{3.21}$$

여기서 n_e는 단위체적당 (자유)전자들 수이다. 여기서 우리는 원자들이 완전히 이온화 되었다고 간단한 가정을 하게 될 것이다. 이는 분명 주된 항성구성성분(수소와 헬륨)에 대해 10^6K을 초과하는 온도에서도 성립한다. 이 가정은 분명 항성광구에 대해서는 성립하지 않지만, 내부에는 성립하는 것 같다. 이 가정으로 단위체적당 전체 전자수는

$$n_e = \sum_i Z_i n_i = \frac{\rho}{m_H}\sum_i X_i \frac{Z_i}{A_i} \tag{3.22}$$

가 된다. 단위핵자 당 자유전자의 평균 갯수를 μ_e^{-1}로 정의하면,

$$\frac{1}{\mu_e} \equiv \sum_i X_i \frac{Z_i}{A_i} \tag{3.23}$$

가 되고, 총 전자 갯수는

$$n_e = \frac{\rho}{\mu_e m_H} \tag{3.24}$$

가 얻어진다. 질량비 X와 Y의 항으로 정리하면,

$$\frac{1}{\mu_e} = X + \frac{1}{2}Y + (1 - X - Y) < \frac{Z}{A} > \tag{3.25}$$

이 되는데, 여기서 $< \frac{Z}{A} >$는 금속의 평균값이고, $\frac{1}{2}$을 취하면 어림 적으로 잘 맞는 것 같다. 그래서

$$\frac{1}{\mu_e} \approx \frac{1}{2}(1 + X) \tag{3.26}$$

이 되는데, 태양에 대해 $\mu_e \sim 1.17$정도 되며, 수소가 고갈된 항성에서는 $\mu_e \sim 2$가 된다. 그래서 전자압력은

$$P_e = \frac{R}{\mu_e}\rho T \tag{3.27}$$

이 된다. 식(3.20)과 식(3.27)을 조합하면 전체 가스압력으로

$$P_{gas} = P_I + P_e = (\frac{1}{\mu_I} + \frac{1}{\mu_e})R\rho T = \frac{R}{\mu}\rho T \tag{3.28}$$

을 얻는데, 여기서

$$\frac{1}{\mu} \equiv \frac{1}{\mu_I} + \frac{1}{\mu_e} \tag{3.29}$$

이 성립하고, 태양의 성분비에 대해서 $\mu = 0.61$정도가 된다. 수소에 대해 가스압력에 대한 이온과 전자의 기여도는 똑같다는 것에 주목하자 ; 모든 무거운 원소들에 대해서는 전자압력이 이온압력보다 크다(예를 들어 헬륨에 대해서는 2배 크다).

지금까지 구체적으로 취해진 가정들은 (a) 가스입자들 사이에 상호작용이 없다, 그리고 (b)완전한 이온화가 되었다는 것들이다. 그러나 고전역학적 접근을 할 때 은연중 취해진 다른 가정들은 양자효과와 상대론적 효과들을 무시하는 것이었다. 그러나 항성내부의 조건들은 이런 효과들이 무시될 수 없다는 것을 보여준다.

양자역학에 의하면 한 전자(또는 어떤 다른 입자)의 위치와 운동량이 하이젠베르크의 불확적성 원리에 의해 허용된 값보다 더 정확하게는 동시에 측정될 수 없다. 더 구체적으로 살펴보면, 만일 입자의 위치가 체적소 ΔV내에서 알려지고, 그 운동량이 3차원 운동량 공간에서 $\Delta^3 p$내에 있다면, ΔV와 $\Delta^3 p$는

$$\Delta V \Delta^3 p \geq h^3 \tag{3.30}$$

의 조건으로 제한되어진다.

이제 온도 T를 지닌 전자의 이상가스를 고려해보자 ; 온도는 식(3.14)에 의거한 운동량분포를 결정해준다. 특히 평균운동량(또는 속도)는 T에 의해 유일하게 결정된다. 이제 가스가 압축이 된다 가정해보자. 각 입자들에 채워지는 체적, $\Delta V \propto \rho^{-1}$은 감소하다. 온도가 충분히 높아서(그리고 그 안에서 평균속도 또는 운동량이 충분히 커서) 압축이(ΔV의 감소) 하이젠베르크의 불확정성원리를 위배하지 않는 한 우리는 양자효과를 무시할 수 있다. 그러나 경우에 따라서는 불확정성원리에 의해 주어지는 운동량영역이 가스온도에 상응하는 운동량을 초과할 정도로 밀도가 아주 높게 될 수가 있다(ΔV는 낮다). 실제 이는 전자압력이 온도로부터 추론되는 값보다 더 크다는 것을 의미한다. 이런 조건에서 전자압력을 추정해 보기위해 우리는 파울리 배타원리라는 또 다른 양자역학적 원리를 고려해야하는데, 배타원리는 같은 양자상태에는 2개의 전자가 동시에 들어갈 수 없다는 것을 말해주고 있다. 이는 다시 말하면 2개 전자는 운동량과 스핀방향이 동시에 같을 수 없다는 것이다. 완전히 축퇴된 상태는 모든 가능한

운동량 상태가 최고 운동량값으로 꽉 채워졌을 때 생기게 된다. 이 경우 $\Delta V \Delta^3 p$은 극소가 되고, 조건 (3.30)은 등호가 성립한다. 이런 이상적인 상황은 온도가 0일 때만 일어날 수 있지만 높은 축퇴가 일어나는 상태들에 대한 좋은 어림을 제공해주며, 압력을 쉽게 계산하게 해주는 이점이 있다. 그래서 멕스웰 분포로부터 완전히 축퇴된 운동량분포로의 전이가 점차적으로 일어난다 할지라도 우리는 극한의 상황만을 논의해볼 예정이다.

하이젠베르크원리와 파울리의 원리를 완전히 축퇴된 등방전자가스에 적용하여보면 운동량분포(단위체적당 $(p, p+dp)$영역의 운동량을 지닌 전자의 수)는

$$n_e(p)\,dp = \frac{2}{\Delta V} = \frac{2}{h^3} 4\pi p^2\,dp,\ \ p \le p_0 \tag{3.31}$$

가 됨을 알 수 있다. 최대운동량 p_0는 적분, $n_e = \int_0^{p_0} n_e(p)dp$와 n_e와 p_0사이의 관계에 역을 취하여서

$$p_0 = \left(\frac{3h^3 n_e}{8\pi}\right)^{1/3} \tag{3.32}$$

로 얻어진다. 이제 식(3.4)를 이용하고, 식(3.31)를 $v = p/m_e$ (여기서 m_e는 전자질량)을 취해 치환하고 p_0까지 적분을 취해보면, 전자가스의 축퇴압이

$$P_{e,\,\deg} = \frac{8\pi}{15 m_e h^3} p_0^5 = \frac{h^2}{20 m_e}\left(\frac{3}{\pi}\right)^{2/3} \frac{1}{m_H^{5/3}}\left(\frac{\rho}{\mu_e}\right)^{5/3} \tag{3.33}$$

으로 얻어지는데, 여기서 식(3.24)의 관계식을 이용하였다. 축퇴압력은 입자(전자)질량에 반비례한다는 것에 주목해보자. 그래서 전자들에 대하여 제시된 논증들이 똑같이 광량자와 중성자에도 적용이 될 수 있지만, 이들은 전자들보다 거의 2000배정도 큰 질량을 지니고 있기 때문에 양자효과는 더 극한의 조건 (주어진 온도에서 더 높은 밀도나 주어진 밀도에서 더 낮은 온도)에만 중요해질 수 있어서 일반적으로 무시되어질 수 있다. 또한 우리는 축퇴된 물질들이 높은 밀도특성을 보이고 있음에도 불구하고 입자들이 아직 자유입자라고 간주할 수 있는데 왜냐면 $p_0^2/2m_e$크기의 입자에너지는 아직 쿨롱에너지 ϵ_C보다 더 크기 때문이다.

축퇴된 전자가스가 완전가스라고 취급되기 위해서 전자개수밀도 n_e가 만족해야하는 조건을 구하여 보라.

식(3.33)의 상수에 수리적 값을 대입하여보면

$$P_{e,\deg} = K_1'(\frac{\rho}{\mu_e})^{5/3} \tag{3.34}$$

이 얻어지는데 여기서 $K_1' = 1.00\times10^7 \frac{Nm^{-2}}{(kgm^{-3})^{5/3}}[1.00\times10^{13}\frac{dyn\,cm^{-2}}{(g\,cm^{-3})^{5/3}}$이다. 수소가 전혀 없을 때(아주 질량이 큰 원소들이 많이 없을 때)는 $\mu_e \approx 2$이고, 그래서 축퇴압 식(3.33)은 간단하게

$$P_{e,\deg} = K_1\rho^{5/3} \tag{3.35}$$

로 주어지는데, K_1은 상수이다. 이 관계는 앞으로의 토론에서 자주 사용 될 것이다.

만일 전자밀도가 계속 증가한다면 완전히 축퇴된 전자가스의 최대운동량은 더 커지게 될 것이다. 경우에 따라서 밀도는 속도 p_0/m_e가 빛의 속도에 도달할 때까지 증가된다. 이런 전자들은 상대론적인 축퇴가스를 형성하는데, 이때는 운동량과 속도사이의 간단한 관계 p = mv가 더 이상 성립하지 않게 되어 상대론적 운동관계로 대치되어야 한다. 간단하게 하기위해 여기서 우리는 또다시 속도가 빛의 속도에 아주 가까운 극한의 경우를 고려해보려 한다. 적분 (3.4)에서 v를 c로 대치하면 이전과 똑같은 과정을 거쳐서 $v\rightarrow c$인 완전축퇴 된 상대론적 전자가스에 의해 행사되는 압력

$$P_{e,r-\deg} = \frac{hc}{8}(\frac{3}{\pi})^{1/3}\frac{1}{m_H^{4/3}}(\frac{\rho}{\mu_e})^{4/3} \tag{3.36}$$

을 얻는다. 식(3.33)과 식(3.36)사이의 변환은 v/c 또는 $p/m_e c$의 자연스런 함수가 되는데 여기서는 더 이상 언급하지 않을 예정이다. 식(3.36)에 상수 값을 대입하면

$$P_{e,r-\deg} = K_2'(\frac{\rho}{\mu_e})^{4/3} \tag{3.37}$$

을 얻는데, 여기서 $K_2' = 1.24\times10^{10}\frac{Nm^{-2}}{(kgm^{-3})^{4/3}}[1.24\times10^{15}\frac{dyn\,cm^{-2}}{(g\,cm^{-3})^{4/3}}$ 이고, 고

정된 μ_e에 대해

$$P_{e,\, r-\deg} = K_2\, \rho^{4/3} \tag{3.38}$$

이 되는데, 여기서 K_2는 상수이다.

압력에 대한 관계식, 식(3.35)와 식(3.38)은 온도항이 사라진다는 가정 하에서, 그래서 압력이 (화학성분비가 주어졌을 때) 밀도의 함수로만 주어진다는 가정 하에서 얻어진 관계임을 명심해야 한다. 그러나 불완전(부분) 축퇴의 경우에조차 온도는 이상(축퇴되지 않은)가스의 경우보다 더 작은 역할을 하는 것이 사실이다. 그래서 대략적인 어림으로 축퇴압력은 온도에 민감하지 않다고 간주될 수 있다. kT가 최고운동량 $p_0(n_e)$을 지닌 입자의 운동에너지의 작은 일부이기만 하면 이 어림은 좋은 어림으로 받아들여질 수 있다.

3.4 복사압

복사압은 광자들이 흡수되거나 산란될 때마다 가스입자들에 운동량을 전달하는데서 기인된다. 열역학적 평형에서 광자의 분포는 등방이고 $(\nu, \nu+d\nu)$영역의 주파수를 지닌 광자수는 프랑크함수(흑체복사 분포)

$$n(\nu)\, d\nu = \frac{8\pi\nu^2}{c^3}\, \frac{d\nu}{e^{\frac{h\nu}{kT}} - 1} \tag{3.39}$$

에 의해 주어진다. 압력은 식(3.4)로부터 쉽게

$$P_{rad} = \frac{1}{3}\int_0^\infty c\, \frac{h\nu}{c}\, n(\nu)\, d\nu = \frac{1}{3} a T^4 \tag{3.40}$$

로 구해지는데, 여기서 a는 복사상수로

$$a = \frac{8\pi^5\, k^4}{15 c^3\, h^3} = \frac{4\sigma}{c} \tag{3.41}$$

가 된다.

복사압에 대한 표현이 쉽게 압력적분으로부터 유도되어졌다 할지라도 개념이(직관적으로) 더 설명되어져야 한다. 한 원자를 쬐어주는 광자의 빔덩어리를 생각해보자. 각 광자가 흡수되면서 원자를 여기 시키는데, 결과적으로 여기 되었다 원래상태로 되돌아오면서 광자를 방출한다. 방출되는 광자의 방향은 임의적이어서 흡수된 광자의 초기방향을 "잊어버리게" 된다. 각각의 그런 상호작용을 통해 운동량이 교환된다. 광자를 흡수하면서 원자는 광자빔 방향에서 운동량을 얻게 된다. 광자를 방출할 때 원자는 방출된 광자의 방향과 반대방향으로 되 튕겨진다. 그런 상호작용이 많이 일어난 후에는 방출에 기인한 운동량의 임의적 변화들이 사라지게 되어서 원자운동량의 전체변화는 광자 빔의 방향에서 일어나며, 마치 물질압력이 그 방향에서 원자에 작용한 것 같은 효과를 보인다.

3.5 가스와 복사의 내부에너지

개개입자들의 운동에너지 ϵ에 기인한 완전가스의 단위에너지(specific energy, 단위질량당 에너지)는 일반적으로

$$u = \frac{1}{\rho}\int_0^\infty n(p)\ \epsilon(p)\ dp \tag{3.42}$$

로 주어지는데, 여기서 적분은 에너지밀도 (단위체적당 에너지)를 나타내준다. 고전적 가스에 대해서 $\epsilon = p^2/2m_g$이다 ; 상대론적가스에 대해서는

$$\epsilon = m_g c^2[(1 + \frac{p^2}{m_g^2 c^2})^{1/2} - 1] \tag{3.43}$$

이 되는데 $p << m_g c$의 극한에서 $\epsilon = p^2/2m_g$이 되는 경향이 있다. 간단한 고전적 이상기체에 대해 적분을 해보면 에너지밀도에 대해 잘 알려진 결과인 $\frac{3}{2}nkT$를 얻게 되는데 이는 $\frac{3}{2}P$와 같다. 단위에너지는 그래서

$$u_{gas} = \frac{3}{2}\frac{P_{gas}}{\rho} \tag{3.44}$$

이 된다.

완전히 축퇴된 고전적 전자가스에 대해서는 식(3.42)를 가장 큰 운동량 p_0까지 적분하여 단위에너지를 구할 수 있는데 그 결과는 고전적 이상기체에 대해 얻는 결과인 식(3.44)와 같다. 완전히 축퇴된 상대론적인 경우에 똑같은 과정을 취해보면

$$u_{gas} = 3\,\frac{P_{gas}}{\rho} \tag{3.45}$$

을 얻는다.

복사의 에너지밀도는

$$\int_0^\infty h\,\nu\, n(\nu)\;d\nu = aT^4 \tag{3.46}$$

로 주어지는데, 여기서 적분은 식(3.40)에서와 같고, 그래서 단위에너지는

$$u_{rad} = \frac{aT^4}{\rho} = 3\,\frac{P_{rad}}{\rho} \tag{3.47}$$

이 된다.

연습문제 3.2

항성 전반에 걸쳐 β값이 똑같다고 가정하고 $U=\int(u_{gas}+u_{rad})dm$을 정의하였을 때, 비리얼정리 (2.23)는 (비상대론적인) 고전가스에 대해

$$E=\frac{\beta}{2}\Omega=-\frac{\beta}{2-\beta}U$$

가 됨을 보여라. 특히 $\beta\to0$과 $\beta\to1$의 극한값이 존재함에 주의하라.

3.6 단열지수

나중에 할 토의에서 관심의 대상이 될 열역학적 과정 중 특별한 경우는 주변과 열교환을 하지 않는 시스템에서 일어나는 물리과정이다. 이런 과정들을 단열 과정이라 부른다. 열역학 제1법칙 (2.2절에서 언급된)으로부터 단열과정이 만족하는 조건은

$$du + Pd\left(\frac{1}{\rho}\right) = 0 \tag{3.48}$$

이 얻어진다. 앞장에서 우리는(적어도 간단한 시스템에서는) 에너지 u는 항상 P/ρ에 비례함을 보았다. 그래서

$$u = \phi \frac{P}{\rho} \tag{3.49}$$

로 표현할 수 있는데, 식(3.48)을 미분하고 치환해주면

$$\phi Pd(\frac{1}{\rho}) + \phi \frac{1}{\rho} dP + Pd(\frac{1}{\rho}) = (\phi + 1)Pd(\frac{1}{\rho}) + \phi \frac{1}{\rho} dP = 0 \tag{3.50}$$

을 얻게 된다. 이에 준해서 압력의 밀도종속성은 멱급수로 기술되어진다.

$$P \propto \rho^{\frac{\phi + 1}{\phi}} \tag{3.51}$$

멱(dlnP/d lnρ)을 단열지수라 부르며 γ_a라 표기한다 ; 비례상수 (K_a)는 시스템의 성질에 의해 결정 된다(이는 엔트로피의 함수이다). 결론적으로 단열과정은

$$P = K_a \rho^{\gamma_a} \tag{3.52}$$

란 법칙으로 특성화되어진다.

우리가 고려해본 시스템에 대해서는 γ_a의 값이 비상대론적 이상기체나 완전히 축퇴된 전자가스의 경우에 5/3이고, 상대론적으로 축퇴된 전자가스나 완전한 복사의 경우 4/3이 되는 것은 쉽게 보여질 수 있다. 가스와 복사가 혼합되어있는 경우와 약간 상대론적으로 축퇴된 전자가스같은 극한이 아닌 경우에 대해서는 중간값 들이 얻어진다.

지금까지 우리는 입자개수가 고정된 가스만을 고려하였다 ; 항성내부의 깊은 곳 같은 곳과 같이 (거의)완전히 이온화된 경우나 또는 차가운 항성대기의 바깥층과 같이 (거의)완전히 재결합된 경우만 고려되었다. 이온화가 일어나서 입자의 개수가 다른 물리적 성질에 따라 변하게 되면 단열지수 역시 변하게 된다. 이는 항성의 안정성에서 특별히 중요하게 작용하는 것으로 알려졌기 때문에 나중에 다시 다루게 될 것이다. 여기서는 단순 이온화된 한 종류의 가스(여러 가스들의 혼합체가 아닌), 말하자면 수소가스의 아주 간단한 경우를 살펴보기로 한다. 그래서 우리는 입자들의 세 가지 다른 형태를 다루어야 한다 ; 중성원자로서 그 입자밀도를 n_0로 표기하고, 또 이온의 입자밀도를 n_+그리고 자유전자의 입자밀도 n_e로 표기한다($n_e = n_+$). 가스에 의해 작용되는 압력은 $n_0 + n_+ + n_e$에 비례하는 반면 질량밀도는 $n_0 + n_+$에 비례한다. 이온화도는

$$x = \frac{n_+}{n_0 + n_+} \tag{3.53}$$

로 정의된다. 이온밀도와 중성원자밀도는 사하방정식 (1920년에 이 관계를 유도한 Meghnad Saha의 이름을 따서 붙여짐)에 의해 주어진다 ;

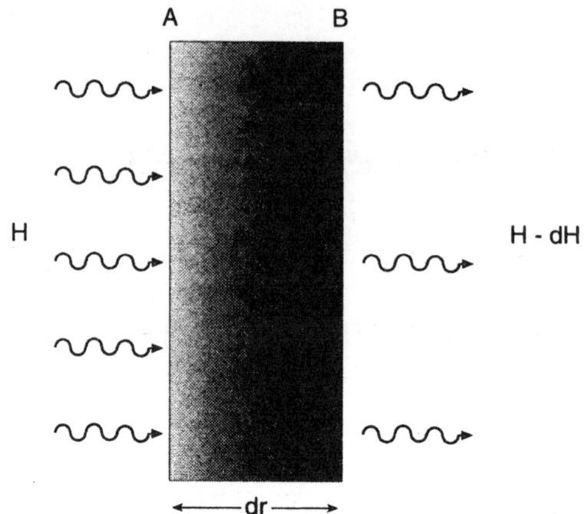

그림3.2 dr 두께의 물질 덩어리를 통과하는 복사흐름양

$$\frac{n_+ n_e}{n_0} = \frac{g}{h^3}(2\pi m_e kT)^{3/2} e^{-\chi/kT} \tag{3.54}$$

여기서 g는 상수이고, χ는 이온화포텐셜(한 원자로부터 전자를 떼어내서 이온을 만들어내는데 필요한 에너지)이다. 이온화도의 항으로 정리해보면

$$P = (1+x)(n_0 + n_+)kT = (1+x)R\rho T \tag{3.55}$$

이 되고, 사하방정식은

$$\frac{x^2}{1-x^2} = \frac{g}{h^3}\frac{(2\pi m_e)^{3/2}(kT)^{5/2}}{P} e^{-\chi/kT} \tag{3.56}$$

이 된다.

부분 이온화된 가스의 경우에 에너지 u는 $\chi n_+/\rho = \chi n_+/[(n_0+n_+)m_H] = \chi x/m_H$의 추가 항을 지니게 되는데, 이는 이온화로 생기는 포텐셜 에너지에 기인한 것이다. 그래서

$$u = \frac{3}{2}\frac{P}{\rho} + \frac{\chi}{m_H}x \tag{3.57}$$

은 식(3.49)를 대치해준다. 이온화도를 압력과 밀도의 함수 $x = x(P,\rho)$로 표현하기 위해 식(3.55)와 식(3.56)을 이용하고, 식(3.57)을 미분하여 식(3.48)에 대입해보면

$$\frac{3}{2}\left(\frac{1}{\rho}\right)dP + \frac{3}{2}Pd\left(\frac{1}{\rho}\right) + \frac{\chi}{m_H}\frac{\partial x}{\partial P}dP + \frac{\chi}{m_H}\frac{\partial x}{\partial \rho}d\rho + Pd\left(\frac{1}{\rho}\right) = 0 \tag{3.58}$$

를 얻게 된다. ρ/P를 곱해주고 정리해보면

$$(\frac{3}{2} + \frac{\chi}{kT} P \frac{\partial x}{\partial P}) \frac{dP}{P} - (\frac{5}{2} - \frac{\chi}{kT} \rho \frac{\partial x}{\partial \rho}) \frac{d\rho}{\rho} = 0 \tag{3.59}$$

이 얻어진다.

이 식을 약간 정리하여보면 $\gamma_a(x)$가 계산되어질수 있다:

$$\gamma_a(x) = \frac{5 + (\frac{5}{2} + \frac{\chi}{kT})\, x(1-x)}{3 + [\frac{3}{2} + (\frac{3}{2} + \frac{\chi}{kT})^2]\, x(1-x)} \tag{3.60}$$

$x=0$이나 $x=1$의 극한에 대해 이전과 같이 $\gamma_a = 5/3$이 된다 ; 최소값은 $x=0.5$에 대해 얻어진다 ; $\chi/kT = 1$에 대해 $\gamma_a = 1.19$가 된다.

3.7 복사전달

그림 3.2에 보여진바와 같이 단위면적 A와 B의 평형 평면사이의 두께가 dr이고 밀도가 ρ인 평판을 생각해보자. A에 입사하는 복사흐름양 H (단위시간당 단위면적당 에너지)는 dH의 양을 손실하고 B를 빠져 가는데, dH는 평판에 의해 흡수된 양이다 (실제로 평판은 복사방출을 하게 되어 고려해 주어야 할 수도 있다). 분명히 흡수된 복사양은 입사된 흐름양과 물질량 즉 흡수하는 (산란하는)입자들의 밀도, 광자에 의해 이동된 운동거리들의 곱에 비례하게 될 것이다. 그래서 우리는

$$dH = -\kappa H \rho dr, \tag{3.61}$$

로 적어볼 수 있는데, 여기서 음수기호는 흐름양이 감소되었다는 것을 의미하고, κ는 불투명도라 불리는 상수로서 평판을 구성하고 있는 물질의 성질, 즉 화학적성분비, 밀도와 온도에 의해 결정된다. 이를 적분해보면

$$H = H_0 e^{-\kappa \rho r} \tag{3.62}$$

이 얻어지는데 이식은 복사원 H_0로부터 거리 r떨어진 복사흐름양에 대한 식이다. 흡수특성거리 $(\kappa\rho)^{-1}$는 광자의 평균자유거리로 간주되어질 수 있다. 단위 없는 양 τ는 $d\tau = -\kappa\rho dr$로 정의되는데 광학적 깊이라 불린다 ; 광학적 깊이는 매질이 복사에 대해 얼마나 투명한가를 나타내주는 양이다. 불투명한 매질은 큰 광학적 깊이를 지니게 되는데, 이는 물리적으로 깊이가 길수도 있고, 불투명도가 크거나 또는 밀도가 높거나 또는 이들이 복합적으로 조합되어진 상황에 기인될 수 있다. 투명한 매질은 대부분의

복사를 통과시키는데 그래서 낮은 광학적 깊이를 지닌다. 항성에서는 광학적 깊이의 개념이 광구를 정의하는데 사용된다. 가스구로서 항성은 잘 정의된 표면을 지니고 있지 않다; 항성반경은 정의에 의해 $T = T_{eff}$인 표면의 반경이다. 이 표면을 찾아내기 위해 우리는 항성복사덩어리가 광구반경 R위에 놓인 영역에서 방출된다는 것을 상기해본다; 그래서 광구의 광학적 깊이, $\int_R^\infty \kappa\rho dr$이 1이 되어야 한다. 이 조건은 R의 정의로 간주될 수 있는데, 광구의 광학적 깊이는 정확한 값은 복사전달을 정확하게 다루면서 약간의 가정과 어림을 통해 결정되어 진다.

유체정역학적 평형방정식이

$$\frac{dP}{d\tau} = \frac{g}{\kappa},$$

로 표기될 수 있음을 보여라. 여기서 g는 국부적인 중력가속도이다(이런 형태는 항성대기모델을 세우는데 유용하다).

서로 다른 주파수를 지닌 광자들은 물질들과 서로 다르게 상호작용을 하기 때문에 불투명도는 또한 복사주파수의 함수이고, 다음에 다루어지는 토론은 단일주파수복사의 경우에만 적용하기로 한다. 그러나 파장에 무관한 평균불투명도를 정의할 수는 있다(부록 I를 보라). 항성물질(높은 온도)과 복사사이에서 가장 중요한 상호작용은 전자들(무거운 핵자들보다는)이 포함된 상호작용들이다. 이들은 여러 가지 형태를 지닌다.

(a) 전자산란 - 광자가 전자에 의해 산란되는 현상으로 광자의 에너지는 변하지 않는다(컴프턴 산란으로 알려져 있고, 항성내부에서 더 일반적인 비상대론적인 경우는 톰슨산란으로 알려져 있다).

(b) 자유-자유 흡수 - 광자가 자유전자에 의해 흡수되는 현상으로, 이때 핵자나 이온과 간단하게 상호작용을 하여 더 높은 에너지상태로 전이하게 된다. 광자방출을 야기하는 역반응이 제동복사(bremsstrahlung)로 알려져 있다.

(c) 속박-자유 흡수 - 광이온화라는 다른 이름이 붙여져 있는 이 과정은 광자를 흡수함으로 인해 원자(이온)에서 전자가 하나 떼어지는 현상이다.

(d) 속박-속박 흡수 - (속박)전자가 광자를 흡수하여 더 높은 에너지준위로 전이하

면서 원자가 여기되는 현상으로. 원자는 즉시 자진해서 안정 상태로 되돌아오거나 또는 다른 입자와 충돌하면서 되돌아오는데, 이때 흡수된 광자가 방출이 된다.

온도가 아주 높고 깊은 항성내부에서는 처음 두개의 물리과정이 우세한데, 왜냐면 거기에는 물질들이 거의 이온화되어있기 때문에 속박된 전자가 아주 적기 때문이다. 더구나 프랑크분포에서 대부분 광자에너지는 keV크기인 반면 원자의 분리에너지는 수십 eV크기가 된다. 그래서 속박된 전자와 상호작용하는 대부분 광자들은 그들을 자유상태로 놓아지게 한다. 그래서 속박-속박 (그리고 속박-자유조차)전이는 아주 낮은 확률을 지니게 되고, 주로 광자와 자유전자들 사이의 상호작용이 일어난다.

불투명도는 (항성내부에 전형적인 조건들에 대해)계산되어지거나 측정되어질 수 있는데, 이때 서로 다른 원소들과 서로 다른 주파수의 광자들 사이에 일어날 수 있는 모든 상호작용이 고려되어 진다. 이는 엄청난 양의 계산을 요구하는 장황한 작업이다. 이런 작업이 다 수행되고 나면 결과들은 일반적으로 주어진 합성비에 대해 밀도와 온도의 멱급수형태로 상당히 간단한 공식으로 어림되어 진다:

$$\kappa = \kappa_0 \rho^a T^b \tag{3.63}$$

전자산란으로부터 얻어지는 불투명도는 온도와 밀도에 종속되지 않는다(a=b=0) ; 이는

$$\kappa_{es} = \frac{\kappa_{es,\,0}}{\mu_e} \approx \frac{1}{2}\kappa_{es,\,0}(1 + X) \tag{3.64}$$

로 주어지는데, 여기서 $\kappa_{es,0} = 0.04\,m^2 kg^{-1}(0.4\,cm^2 g^{-1})$이다. 자유-자유흡수에 의해생기는 불투명도는, Hendrik A. Kramers에 의해 처음으로 계산된바 있는데, a=1, b=-7/2인 식(3.63)형태의 멱급수로 잘 어림되어지는데, 이를 Kramer의 불투명도법칙이라 부른다:

$$\kappa_{ff} = \frac{\kappa_{ff,\,0}}{\mu_e} < \frac{Z^2}{A} > \rho T^{-7/2} \approx \frac{1}{2}\kappa_{ff,\,0}(1 + X) < \frac{Z^2}{A} > \rho T^{-7/2} \tag{3.65}$$

여기서 완전이온화가 가정되었고, $< \frac{Z^2}{A} \geq \Sigma_i X_i \frac{Z_i^2}{A_i}$이다. 상수는 약 20%의 정확도로 말해 $\kappa_{ff,0} = 7.5 \times 10^{21} m^2 kg^{-1}(7.5 \times 10^{22} cm^2 g^{-1})$이다. 전자산란과 자유-자유불투명도는 모두 자유전자들에 의해 기인된다 ; 이들 상수들 κ_{es}와 κ_{ff}는 그래서 전자개수밀도에 비례하여서 μ_e^{-1}에 비례하게 된다[식(3.24)를 보라]. 태양성분비를 지닌 물질

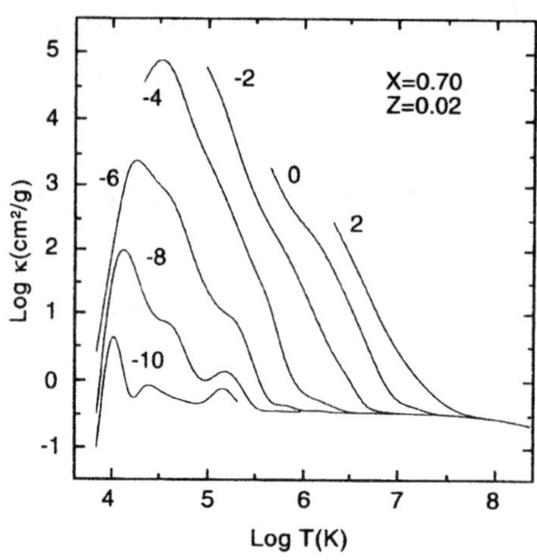

그림 3.3 태양성분비를 지닌 물질의 불투명계수(cm^2/g)를 서로 다른 밀도값에 대해 온도의 함수로 나타낸 그림 ; 각 곡선 위의 숫자는 log $\rho(g/cm^3)$이다.[A. Iglesias k F. J. Rogers(1996), Astroghys. J., 464에서 발췌]

에 대한 불투명도를 그림 3.3에 제시하였다 ; $10^4 K$보다 큰 온도에서는 실제 정확하게 멱급수법칙에 의해 나타내짐에 주목하자.

항성물질(태양성분비를 지닌)의 평균불투명도는 $0.1m^2kg^{-1}(1cm^2g^{-1})$의 크기를 지니고 있고, 평균밀도는 $1000\,kg\,m^{-3}(1\,g\,cm^{-3})$정도이기 때문에 항성내부에서 광자의 평균자유거리는 0.01m (1cm)정도 된다. 항성 내에서 그런 방사거리에 걸쳐 온도의 떨어짐은 약 0.001K정도 된다($\overline{T}/R$로 추정됨). 이는 항성내부의 복사가 왜 흑체복사에 가까운지의 이유가 된다. 그러나 흑체복사는 등방복사이다 ; 그러면 항성내부로부터 표면으로 나오는 복사흐름양의 의미는 무엇인가? (식(2.6)에서 함수 F)등방으로부터 순간적으로 벗어나는 것이 항성광도를 야기하는 에너지전달에 충분하다는 것이 밝혀졌다.

복사흐름양을 계산하기위해 에딩턴이 취했던 간단한 접근을 택하기로 한다. 위에서 다루어 본 평판에 의한 복사에너지의 흡수는 상응하는 운동량을 포함하고 있다 : 단위 시간당 평판에 의해 흡수된 운동량은 $|dH|/c$이다. 운동량의 증가율은 복사장에 의해 평판에 작용된 전체 힘과 같아야 한다(뉴튼의 제2법칙). 이 힘은 간단하게 표면A, 거리 r, 과 표면 B, 거리 r+dr, 에 행사된 복사압력의 차이이다(그림 3.2를 보라) : $P_{rad}(r) - P_{rad}(r+dr) = -(dP_{rad}/dr)dr$. 결과적으로

$$\frac{H\kappa\,\rho}{c} = -\frac{dP_{rad}}{dr} \tag{3.66}$$

이 되고, 복사는 흑체복사로 가정될 수 있기 때문에 압력은 식(3.40)과

$$H = -\frac{4acT^3}{3\kappa\rho}\frac{dT}{dr} \tag{3.67}$$

으로 주어진다. 이 방정식을 잘 미분해보면 평균불투명도에 대한 정확한 계산을 해볼 수 있는데, 그 과정은 부록1에 수록하였다. 반경 r인 구표면을 지나는 전체 흐름량 F를 구하기 위해 H를 표면적 $4\pi r^2$을 곱하면

$$F = -4\pi r^2\frac{4acT^3}{3\kappa\rho}\frac{dT}{dr} \tag{3.68}$$

을 얻는다. 이 관계를 흐름양의 항으로 온도증분을 구하기 위해 뒤집어보면

$$\frac{dT}{dr} = -\frac{3}{4ac}\frac{\kappa\rho}{T^3}\frac{F}{4\pi r^2} \tag{3.69}$$

이 되거나, 공간 독립변수 m을 이용하여

$$\frac{dT}{dm} = -\frac{3}{4ac}\frac{\kappa}{T^3}\frac{F}{(4\pi r^2)^2} \tag{3.70}$$

을 얻어낼 수 있다.

우리는 이제 항성진화연구를 수행하기위해 필요한 항성내부물리에 대한 충분한 정보들을 수집하여 놓았다.

항성에서 일어나는 핵반응들

항성의 진화(끊임없는 변화)는 내부 에너지원으로부터 생겨나는 끊임없는 복사에 기인한다. 대부분의 항성생애동안 항성의 광도를 제공해주는 에너지원은 핵융합인데 이는 정지질량의 아주 작은 일부분을 에너지로 변환하는 과정이다. 이 과정은 20세기 초가 되어서야 알려졌지만, 아인쉬타인의 공식 $E = mc^2$과함께 물질이 빛으로 변환될 수 있다는 개념은 18세기 초의 뉴튼으로 거슬러 올라간다.

> "물체들이 빛으로 변화하고, 빛이 물질로 변화하는 것은 변환을 좋아하는 것 같은 자연의 이치에 아주 잘 맞는다."
>
> Isaac Newton: Opticks, 1704

핵반응이 항성진화이론과 어떻게 관계되는지에 대한 형식론은 2.6절에 주어졌다. 이 장의 목적은 항성에서 일어나고 있는 핵과정들과 이들 핵과정들이 제공할 수 있는 에너지에 대해 자세히 살펴보는 것이다.

4.1 원자핵의 결합에너지

핵반응에서 방출되거나 흡수되는 에너지는 포함된 입자들의 정지질량 에너지의 미소부분에 해당하기 때문에, 질량은 엄격히 말해 보존되지 않는다: 생성물의 전체질량은 반응물의 전체질량과 약간 다르고, 그 차이는 상호작용하는 핵의 속박에너지에 따라 달라진다. 2.6절에서 이미 본바와 같이 일반적 핵반응 식은

$$I(A_i, Z_i) + J(A_j, Z_j) \leftrightarrow K(A_k, Z_k) + L(A_l, Z_l) \tag{2.48}$$

이 되는데, Q_{ijk}는 이 반응에서 방출되는 에너지양으로, M_i를 I핵의 질량으로 표시한다면, 포함되었을지도 모르는 가벼운 입자들의 작은 질량을 무시할 때

$$Q_{ijk} = (M_i + M_j - M_k - M_l)c^2 \tag{4.1}$$

을 얻는다. 단위질량 m_H를 이용하면 식(4.1)은

$$Q_{ijk} = [(M_i - A_i m_H) + (M_j - A_j m_H) - (M_k - A_k m_H) - (M_l - A_l m_H)]c^2 + (A_i + A_j - A_k - A_l)m_H c^2 \tag{4.2}$$

와같이 표현되는데, 여기서 오른쪽항의 두 번째 항은 바리온수의 보존(식 2.49)에 의해 사라지게 된다. 그 차이,

$$\Delta M(I) \equiv (M_i - A_i m_H)c^2 \tag{4.3}$$

는 에너지의 척도가 됨에도 불구하고, (음수이거나 양수이거나 상관없이)질량초과라 불린다. 질량초과는 MeV의 단위로 핵자료의 표에 목록화 되었다($1\text{MeV} = 10^6\text{eV} = 1.6021772 \times 10^{-13} J$). 질량초과 값은 어떤 원자질량 단위가 사용되는가에 따라 달라지지만, 질량초과의 차이를 포함하고 있는 Q_{ijk}는 (임의의)질량단위와는 상관이 없다.

이제 별의 한 점에서 전체에너지 방출율을 계산해보자 : 단위체적당, 단위시간당 일어나는 식(2.48)형태의 반응 횟수는 $n_i n_j R_{ijk}$이기 때문에(만일 $I = J$라면 $n_i n_j$는 $\frac{1}{2}n_i^2$로 대체될 수 있다), 단위체적당, 단위시간당 방출되는 에너지는 $n_i n_j R_{ijk} Q_{ijk}$이 된다. 그 지점에서 일어나는 모든 핵반응에 대해 더해보고, 단위질량당 에너지 방출율을 얻기 위해 ρ로 나누어주면, 식(2.6)의 에너지방정식의 오른쪽 편에 나타나는 항에 대해

$$q = \frac{\rho}{m_H^2} \sum_{ijk} \frac{1}{1 + \delta_{ij}} \frac{X_i}{A_i} \frac{X_j}{A_j} R_{ijk} Q_{ijk} \tag{4.4}$$

을 얻는다. 실제, (열로 변환되게 될)가용 에너지는 이보다 약간 작을 것이다. 만일 중성미자가 핵반응(또는 다른 물리과정)에 의해 생성된다면, 그들의 에너지가 별 전체에서 손실되게 되는데, 별은 중성미자들에 대해 투명하다. 이들 "입자"들은 충돌을 겪지 않을 뿐만 아니라 주변공간과 에너지를 교환하지 않고 별을 떠나게 된다. 그래서 에너지 방출율은 $q_{nuc} - q_\nu$가 되는데, 여기서 q_{nuc}은 식(4.4)로 주어지며, q_ν는 단위질량당, 단위시간당 중성미자 손실율이다.

중성미자들은 전자와 반전자가 포함되는 핵반응에서 생성될 뿐만 아니라, 전자가 자신의 운동량 변화를 일으키는 복사장(광자)과의 반응과 비슷한 상호작용에서도 생성된다. 간단하게 말해, 좀처럼 드문 경우이긴 하지만, 보이는 광자가 중성미자-반중성미자 쌍으로 바뀐다. 그래서 광자가 전자에 의해 산란이 될 때 광중성미자(photoneutrino)가 생성되게 되어 바깥으로 향하는 광자를 대신하게 된다. 전자-반전

자 쌍의 소멸(4.9절에서 다루게 된다)은 보통 두 개의 광자를 생성시키게 되는데, 이 때 10^{-19}의 확률로 중성미자-반중성미자 쌍을 생성할 수도 있다. 핵이나 이온의 쿨롱 전기장에 의해 전자가 감속될 때 방출되는(3.7절을 보라) 제동복사 광자들 또한 중성미자-반중성미자 쌍으로 대치될 수 있다. 최종적으로, 복사장이 항성플라즈마의 전자기장에 의해 영향을 받을 때, 광자 자신은 중성미자-반중성미자 쌍으로 붕괴될 수 있다. 전자의 역할이 이 경우 플라즈몬이라 불리는 가상입자(본질적으로 양자화된 플라즈마 파동)에 의해 대치된다. 이런 모든 과정들은 아주 높은 밀도일때 또는 아주 높은 온도(또는 두 경우 모두에서)일 때 중요해진다. 항성물질이 중성미자에게 투명하기 때문에(별의 중성미자 자유거리는 약 $10^9 M_\odot$!), 이들은 효과적인 국부적 냉각을 야기시킬 수도 있다.

핵반응에서 방출된 에너지, Q_{ijk}는 반응물과 생성물들의 속박에너지의 차이를 나타내주는 척도이다. 물론 핵의 전체 속박에너지는 핵자수의 함수이다 ; 그러나 핵자당 속박에너지조차도 입자마다 다르거나, 또는 같은 화학원소의 동위원소(Z는 같지만 A가 다른 핵)들에서 조차 다르다. 이는 어떤 핵구조가 다른 구조보다 더 안정된다는 것을 의미한다. 또한 전자(β^- 붕괴) 또는 반전자(β^+ 붕괴)같은 가벼운 입자들을 방출하면서 갑자기 붕괴하는 불안정한 핵도 존재하며(이들을 방사성 동위원소라 부른다), 또 높은 에너지 상태에서 에너지가 높은 광자를 방출하고나서 더 강하게 속박되는 여기된 핵들이 존재하기도 한다. 원자의 전자껍질모델과 많은 관점에서 비슷한, 핵껍질 모델은 이런 성질들을 설명해준다.

우리의 목적을 위해, 중요한 결과는 바리온수 A를 지닌 핵자당 속박에너지가 자유양성자 (수소핵)에 상대적으로 변화한다는 것인데, 이 그림 4.1에 제시되었다. 일반적인 경향은 핵자당 속박에너지가 원자질량에 따라 증가하는데 (A=56)인 철까지 증가했다가 철이후부터는 천천히 단순감소를 한다는 것이다. 수소로부터 시작하여, 중수소와 ^{3}He를 거쳐 ^{4}He까지 속박에너지가 급격하게 상승하는 현상은 수소가 헬륨으로 변하는 핵융합반응이 핵자(단위질량)당 엄청난 에너지를 방출해야 함을 의미하는데, 말하자면 헬륨이 탄소로 변하는 핵융합반응에서 방출되는 것보다 상당히 큰 에너지를 방출하게 된다. 에너지는 가벼운 핵이 더 무거운 핵으로 핵융합이 되면서 에너지가 방출되거나(철쪽으로 향하면서), 또는 무거운 핵이 가벼운 핵쪽으로 변하는 핵분열을 통해 에너지가 방출되는데 이때는 핵융합에너지보다 작은 양이 방출된다. 이 상황에서 우리는 전자의 과정을 수소폭탄(H-bomb)의 기본작동원리로 인정하며, 또 후자의 과정을 원자폭탄(A-bomb)의 기본 작동원리로 인정한다. 원자핵의 속박에너지와 관계되는 또다른 중요한 사실은 A = 5와 A = 8에 대해 어떤 안정된 구조가 존재하지 않는

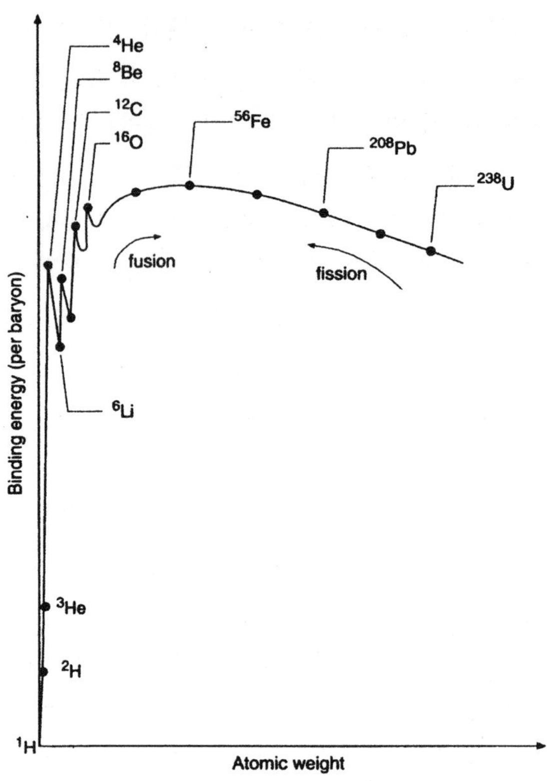

그림4.1 핵자당 속박에너지가 바리온수에 따라 변화되는 모습

다는 것이다 ; ^{4}He는 바로 이웃원자들보다 훨씬 강하게 속박되어 있다.

4.2 핵반응율

2.6절에서 우리는 핵반응율이 본질적으로 (표적)핵의 단면적과 상호작용하는 가스 입자의 상대속도의 곱이라는 사실을 살펴보았다. 후자의 경우에 대해, 우리는 단순하게 멕스웰 속도분포를 가정할 수 있다[식(3.14)] : 이는 속도 v주변에서, dv간격내에 있는 m_g의 입자속도에 대한 확률은 $e^{-m_g v^2/2kT}$에 비례하게 됨을 의미하는데, v가 증가하면서 감소하게 된다. 실제로는, 표적핵이 정지해 있지 않기 때문에(2.6절에서 간단화하기 위해 정지했다고 가정됨) 그리고 v는 상호작용하는 입자들, I와 J의 상대속도이기 때문에, m_g는 그들의 환산질량으로 표현된다[$m_{g,i}m_{g,j}/(m_{g,i}+m_{g,j})$]. 생성물에서 ζ항은 더 복잡한 문제를 안고 있다 : 핵반응을 야기시키기 위해서 핵은 강력

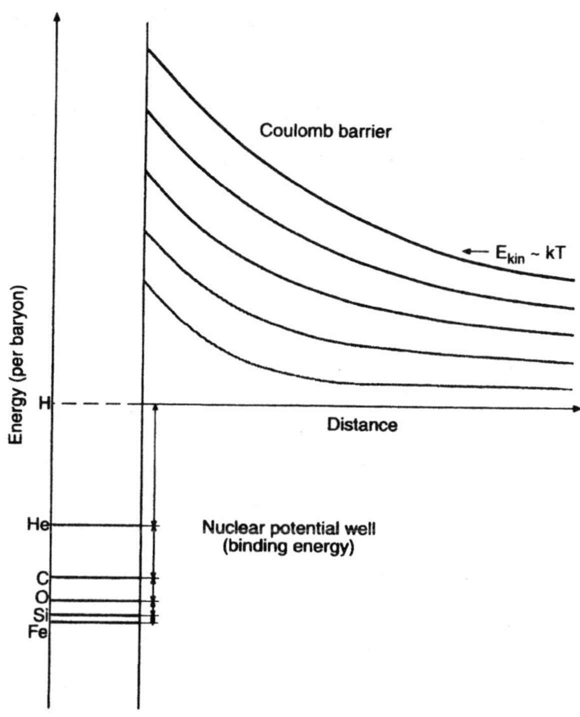

그림4.2 쿨롱장벽(움직이고 있는 핵이 다른 핵에 상대적으로 느끼는 반발 포텐셜)과 핵력에 기인한 짧은 영역의 음의 부호를 지닌 포텐셜 우물의 개략적 표현. 장벽의 높이와 우물의 깊이는 핵의 전하량(원자수)에 따라 달라진다.

이 작동하는 영역내로 가까워져야 한다. 그들은 분명 하전되어 있기 때문에, 가까워지기 위해서는 그들을 떨어뜨리려하는 쿨롱반발력을 능가해야 한다. 이 힘은 두 핵자간의 분리 거리, d에서 유효장벽이 생기게 하는데, 여기서는 입자의 운동에너지가 전기위치에너지와 같게 된다 :

$$d = \frac{1}{4\pi\epsilon_0} \frac{Z_i Z_j e^?}{\frac{1}{2} m_g v^2} \tag{4.5}$$

평균 항성온도 (2.4절에서 유도된 바와 같이)에 대해서, 강한핵력이 작용하는 전형적인 거리보다 10의 3차수배 이상 큰 거리에서 쿨롱장벽이 형성될 정도의 열적속도가 유지된다. 이런 상황이 그림 4.2에 개략적으로 보여졌다. 다시 말해, 항성내부에서 가스의 운동 (열적)에너지는 keV정도인데 반해, 핵 거리에서 쿨롱장벽 높이는 MeV정도의 크기이다.

이제 우리는, 20세기의 초반 25년 동안에, 왜 그런 상호작용이 별내부에서 일어나는 것이 불가능하다고 생각되었는지에 대한 이유를 이해할 수 있다 : 간단히 말해 별들은 그렇게 충분히 뜨겁다고 관측되지 않았다. 자세한 설명은 본 교과서의 수준을 넘어선다 ; 양자역학에 의하면 입자들이 쿨롱장벽을 침투할 확률이, 마치 입자들을 통과시킬 "터널"이 존재하는 것과 같이, 존재한다는(확률이 0이 되지 않는다)것을 말하는 것으로 충분하다. 1928년 방사능과 관련하여 죠지 가모브가 발견한 이 양자효과는 실제 "터널효과"로 불리게 되었다. 이는 발견되자마자 Atkinson과 Houtermans에 의해 별내부의 에너지 생성에 적용되었다.

가모브에 의해 계산된 바와 같이 침투확률과 이런 확률을 지닌 핵단면적은 $e^{-\pi Z_i Z_j e^2/\epsilon_0 hv}$에 비례하게 되어, v가 커지면서 증가하게 된다. 결론적으로 $e^{-\pi Z_i Z_j e^2/\epsilon_0 hv}$과 $e^{-m_g v^2/2kT}$의 곱은 가모브 피이크라고 알려진 최대값을 지니는데, 전자는 증가하고 후자는 감소하는 경향을 보인다. 핵반응율을 계산하기 위해 우리는 모든 속도값에 대해 위의 곱을 적분해야 한다. 적분값과 그 적분값을 지니니 핵반응율은 곱의 최고값에 비례하는데, 이 최고값은

$$v = (\pi Z_i Z_j e^2 kT/ \epsilon_0 h m_g)^{1/3} \tag{4.6}$$

에서 형성된다. 그래서 핵반응율은

$$\zeta v \propto (kT)^{-2/3} \exp[-\frac{3}{2}(\frac{\pi Z_i Z_j e^2}{\epsilon_o h})^{2/3} (\frac{m_g}{kT})^{1/3}]$$

이 되는데, 온도가 증가하면서 증가하고, 상호작용하는 입자들의 전하량이 증가할 때 감소하게 된다. 더 무거운 핵의 융합일수록 그래서 더 높은 온도를 요구하게 된다. 특별한 형태의 핵반응(공명반응이라 불린다)이 이런 단조로운 경향을 방해한다. 상호작용하는 입자들의 에너지가 합성핵($I+J$)의 에너지준위와 비슷할 때 이런 공명반응이 일어나는데, 합성핵은 생성물인 K와 L로 붕괴하기 전에 아주 빠른 시간내에 형성이 된다. 이 경우 반응단면적은 공명에너지에서 아주 예리한 피이크를 지니게 되는데, 이웃하는 에너지에서의 단면적보다 10의 몇 차수 이상 크게 된다.

핵반응 특성시간은 반응율과 반비례한다. 예를 들어 I핵이 J핵과 충돌하여 파괴되어 식 (2.48)의 핵반응을 이끌게 되는 특성시간은 다음과 같다 :

$$\tau_i = (n_j R_{ijk})^{-1}$$

핵반응율이 온도에 극도로 민감하다는 것은 핵연료의 "연소"개념에 이르게 한다 : 각 반응(또는 핵과정)은 반응율이 증가하는(무시할 정도로 작은 정도에서 상당히 큰 정도에 이르기 까지) 좁은 영역의 특성온도 영역을 지니고 있다. 이 영역주변에서는

반응율의 온도종속성이 멱급수(지수가 크다)에 의해 잘 어림되어지고, 연소온도 또는 문턱온도가 정의된다. 그래서 식(4.4)에 의해 우리는 $q \propto \rho T^n$ 또는

$$q = q_0 \rho T^n \tag{4.7}$$

을 얻게 된다.

핵융합에 의해 새로운 핵종류가 생성되는 과정을 핵합성이라 부른다. 그리고 입자들의 운동에너지가 그들의 열적 운동에너지이기 때문에, 이들 사이의 반응은 2.6절에서 언급된바와 같이, 열핵반응이라 부른다. 여기에 제시된 논증들을 단순히 엮어보기만 할 때는 오해를 불러일으킬 수도 있다; 핵반응율은 아주 복잡한 계산들을 포함하는데, 여기에는 상호작용하는 핵의 특별한 구조(에너지 상태)가 고려된다. 핵반응에 대한 자세한 물리적 고찰은 Donal Clayton의 고전적 교과서인 Principles of Stellar Evolution and Nucleosynthesis(1968년 초판)에서 발견되어 진다.

4.3 수소핵연소 I : p-p 고리

새로 탄생된 별들에서 가장 풍부한 원소는 Z = 1인 수소이다. 수소가 다음 원소인 Z = 2인 헬륨으로 핵융합반응이 일어나기 위해 3-4개의 양성자(수소핵)가 fermi정도 거리내에서 만나야 한다. 그런 겹치기 만남의 확률은 무시할 정도로 작다. 그래서 수소가 헬륨으로 변하는 과정은 순식간에 일어나지 않고, 반응고리를 거치면서 점차적으로 일어난다. 각 반응고리에서는 단지 2개의 입자들만이 근접으로 만나게 된다. 이런 고리를 연결해주는 첫 번째 연결점은 분명 2개 양성자의 융합이다(핵력, 즉 강한 핵력에 의해). 그러나 결과적으로 생기는 입자는 불안정하고, 즉시 두 개의 분리된 양성자로 붕괴되어져 버린다. 이런 곤경에서 나오는 길이 Hans Bethe에 의해 1939년도에 발견이 되었다 : 두 개의 양성자가 근접하여 만나는 동안에, 약한 상호작용이 한 양성자를 중성자로 변환시켜서 무겁고, 안정된 수소의 동위원소인 중수소를 만들어낸다 :

$$p + p \rightarrow {}^2D + e^+ + \nu$$

우리는 3개의 보존법칙(바리온수, 렙톤수, 그리고 전하량보존법칙)이 모두 성립된다는 것을 주목해본다. 이제 중수소는 가벼운 헬륨동위원소, ^{3}He을 형성하기 위해 양성자 하나를 포획한다 :

$$^2D + p \rightarrow {}^3He + \gamma$$

여기서 γ는 고에너지 광자의 방출을 나타내주는데, 이 광자는 곧바로 흡수되어서, 그 에너지가 이웃입자들에게 분배되어질 것이다. 이제 고리는 두 가지 경우로 나뉘어 지게 된다 : 한 가지(branch)는 두 개의 ^{3}He 동위원소를 만나게 되며, 다른 한 가지는 ^{3}He가 ^{4}He를 만나는 것이다 :

$$^3He + {}^3He \rightarrow {}^4He + 2p$$

또는

$$^3He + {}^4He \rightarrow {}^7Be + \gamma$$

이 된다. 첫 번째 가지는 p-p I고리라 부르는데, 최종적으로 여섯 개의 양성자를 ^{4}He 핵으로 변하게 하면서(α입자로 알려짐) 2개의 양성자를 내놓게 되는데, 그림 4.3에 개략적으로 설명하였다. 두 번째 가지는 다시 두 가지로 세분화되어, 그림 4.3에 보여진바와 같이 p-p II와 p-p III고리를 정의해준다. p-p II고리는 Be 핵에 의해 전자 하나가 포획되는 과정을 거치면서, 중성미자를 방출하게 된다.

$$^7Be + e^- \rightarrow {}^7Li + \nu$$

그리고 또다른 양성자를 포획하여 두 개의 ^{4}He핵을 형성한다 :

$$^7Li + p \rightarrow 2\,{}^4He$$

p-p III고리는 ^{7}Be가 전자대신 양성자하나를 포획한 결과로 생겨난다 :

$$^7Be + p \rightarrow {}^8B + \gamma$$

방사성 동위원소 ^{8}B는 ^{8}Be로 붕괴하는데, 이 원소는 매우 불안정하여 즉시 두 개의 ^{4}He핵으로 붕괴한다 :

$$^8B \rightarrow {}^7Be + e^+ + \nu$$

$$^8Be \rightarrow 2\,{}^4He$$

이것으로 p-p고리가 끝나게 되는데, 이들 3개 가지들은 동시에 작용한다. 이들 고리들의 상대적 중요도인 분기율(branching ratio)은 온도, 밀도 그리고 포함된 원소의 함량같은 수소연소의 조건에 따라 달라진다. 예를 들어 $X = Y$에 대해, p-p I으로부터 p-p II로의 전이는 $1.3 \times 10^7 K$에서 $2 \times 10^7 K$사이의 온도에서 점차적으로 일어난다. $3 \times 10^7 K$이상의 온도에서는 p-p III가 우세하다. 그러나 그런 높은 온도에서는, 곧 보게 되겠지만, 다른 수소 연소과정이 p-p고리와 적당한 경합을 하게 될 수 있다.

4개 양성자들의 융합에 의해 α입자가 형성되면서 방출되는 에너지는 본질적으로 4개 양성자와 하나의 α입자들의 질량초과의 차이에 의해 주어지는데, 원자질량표에 의하면

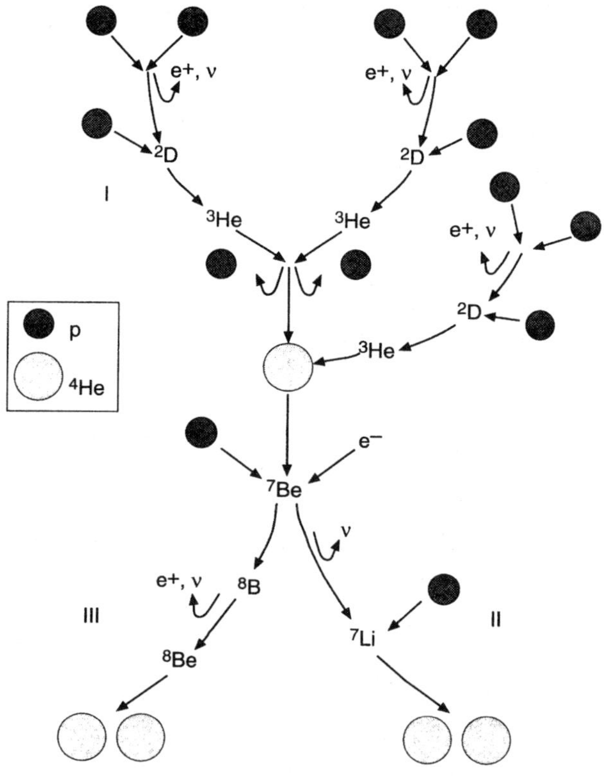

그림4.3 p-p I, II, III 고리의 핵반응

$$Q_{p-p} = 4\Delta M(^1H) - \Delta M(^4He) = 26.73\,MeV$$

이 된다. 이런 작업을 수행하는 어떤 반응고리라도 2개의 양성자를 중성자로 바꾸어야 하기 때문에, 2개의 중성미자가 방출이 되는데, 중성미자는 핵반응이 일어나고 있는 곳으로부터 에너지를 빼앗아 운반한다(사실, 이들 중성미자는 별의 내부에서 핵반응이 일어난다는 증거가 되는데, 다른 방법으로는 관측이 되지 않는다. 이런 관점은 8.3절에 가서 태양중성미자를 다룰 때에 다시 살펴보게 될 것이다). 중성미자에 의해 운반되는 에너지양은 서로 다른 핵반응 고리에 따라 다르다 ; 중수소 생성의 경우인 0.26 MeV에서 붕소 붕괴 경우인 7.2 MeV까지 변한다. p-p III 고리는 붕소 붕괴를 포함하고 있는데 아주 작은 확률(분기율)을 지니고 있기 때문에, 각각의 헬륨핵에 대해 평균적으로 26 MeV가 방출이 되는데, 이 에너지는 단위질량당 에너지인 $6\times10^{14}J/kg$ ($6\times10^{18}erg/g$)로 환산된다.

마지막으로, 에너지 방출율은 핵반응 고리에서 가장 느린 반응에 의해 결정되는데, 이는 첫 번째 고리로서 약 $10^{10}yr$의 특성시간을 지니고 있다. 온도에서의 멱급수법칙에 의해 근사되어 질 수 있는데, 지수는 4에서 ~6정도 까지 변하게 된다.

$$q_{p-p} \propto \rho T^4 \tag{4.8}$$

p-p 고리는 핵융합과정 중에서 가장 낮은 온도를 요구할 뿐만 아니라, 가장 약한 온도 민감성을 보여주고 있다.

4.4 수소연소 II : CNO 이중사이클

1장에서 우리는 어떤 별의 초기 화학성분의 작은 백분율(%)이 탄소, 질소 그리고 산소(CNO)핵으로 구성되어 있음을 보았다. 이런 핵들은 수소를 헬륨으로 변화시키는 핵반응을 야기시킬 수도 있는데, 이들 스스로는 화학반응에서 촉매역할을 한다 : 이들은 순환과정을 거치면서 붕괴되기도 하고 새롭게 생성되기도 한다. CNO순환과정이라 명명된 이 과정은 1938년 Bethe와 Carl-Friedrich Weizaecker에 의해 독자적으로 제안되었다. 그림 4.4에 여기에 포함된 반응들을 개략적으로 나타내었다. p-p고리에서처럼, 이 과정은 이중순환과정을 형성하면서 2개의 서로 다른 가지로 세분된다는 것을 주목해보자. CNO이중 순환과정을 형성하는 2개의 닫혀진 각각의 고리는 한 개의 ^{4}He을 생성시키는 6개의 반응들을 포함한다 : 4개의 양성자 포획과정과 2개의 β^+붕괴과정들은 중성미자를 방출하게 된다. 이런 반응들을 아래에 제시하여 본다 :

$$
\begin{array}{ll}
^{12}C+{}^1H \rightarrow {}^{13}N+\gamma & ^{14}N+{}^1H \rightarrow {}^{15}O+\gamma \\
^{13}N \rightarrow {}^{13}C+e^{+}+\nu & ^{15}O \rightarrow {}^{15}N+e^{+}+\nu \\
^{13}C+{}^1H \rightarrow {}^{14}N+\gamma & ^{15}N+{}^1H \rightarrow {}^{16}O+\gamma \\
^{14}N+{}^1H \rightarrow {}^{15}O+\gamma & ^{16}O+{}^1H \rightarrow {}^{17}F+\gamma \\
^{15}O \rightarrow {}^{15}N+e^{+}+\nu & ^{17}F \rightarrow {}^{17}O+e^{+}+\nu \\
^{15}N+{}^1H \rightarrow {}^{12}C+{}^4He & ^{17}O+{}^1H \rightarrow {}^{14}N+{}^4He
\end{array}
$$

이 과정에 참여하고 있는 CNO(그리고 F)핵의 수(전체 함유량)은 시간에 따라 변하지 않는다는 것에 주목하자 : 각 원소들의 상대 함유량은 핵연소의 조건, 즉 그곳의 온도에 따라 달라진다. 핵 연소율은(어떤 반응고리에서나 마찬가지로) 고리에서 가장 느린 반응에 의해 결정된다. 이런 면에서, β붕괴과정들이 외부조건에 무관한 반면, 포획반응은 온도에 극도로 민감하다는 사실에 주목하는 것이 중요하다. 그래서 핵연소율은 아주 넓은 영역에 걸쳐 존재하는 것으로 기대되는데, 그러나 이런 기대는 포획반응이

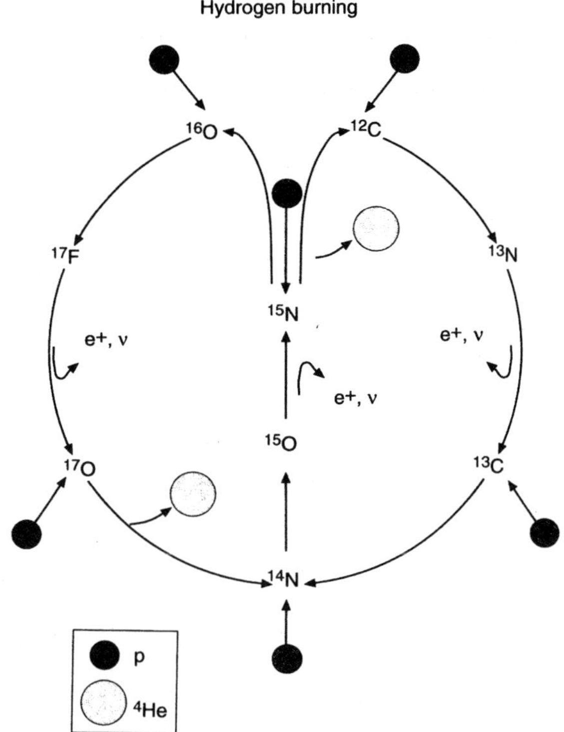

그림4.4 CNO 이중 순환과정의 핵반응들

β붕괴과정보다 훨씬 느리게 진행되는 경우에만 해당된다. 그런 상황이 반전되는 극도로 높은 온도에서는, β붕괴과정은 온도와는 상관없이 일련의 핵반응과정의 방해물로 작용한다.

CNO 순환과정에 의해 ^{4}He이 생성되면서 방출되는 에너지는, 중성미자에 의해 운반되어지는 에너지를 제외하고 나면, ~25 MeV 정도 된다. 에너지 생성율, q의 온도 종속성은 아주 경사가 급한 멱급수로 대충 어림되어 질 수 있다:

$$q_{CNO} \propto \rho T^{16} \tag{4.9}$$

그래서 수소연소의 두 가지 과정들(항성의 주에너지 원)은 거의 동시에 알려지게 되었는데, Bethe가 여기에 결정적인 역할을 하였다. 수년이 지난 1967년에 그는 항성의 에너지 생성에 대한 이해에 기여한 공로로 노벨 물리상을 받았다.

4.5 헬륨연소 : 3중 α반응

수소 연소의 경우와 마찬가지로, 헬륨에서 일어나는 가장 간단하고 아주 분명한 핵반응은 2개의 헬륨핵(α입자)의 융합일 것이다. 그러나 우리는 4.1절에서 (Z에 관계없이)A = 8인 안정된 핵 구조가 존재하지 않는다는 것을 보았다. 3개의 헬륨핵은 Be 동위원소로 융합되어질 수 있지만,

$$^{4}He + {}^{4}He \rightarrow {}^{8}Be$$

^{8}Be의 수명은 단지 $2.6 \times 10^{-16} s$밖에 되지 않는다! 이런 새로운 문제에 대한 해결책을 1952년 Edwin Salpeter가 제시해 주었다. ^{8}Be의 수명이 짧게 보이지만, 그럼에도 불구하고, $10^{8} K$정도의 온도에서 α입자의 평균 충돌 (산란)시간보다는 길다. 그래서, 10^{9}입자당 한 개정도인 ^{8}Be함유량이 무시할 정도로 작게 보일지라도, α입자는 그들이 붕괴하기 전에 ^{8}Be핵과 충돌하여 탄소를 생성할 확률이 0이 아니다 :

$$^{8}Be + {}^{4}He \rightarrow {}^{12}C$$

Fred Hoyle은 바로 그 뒤에, Be핵에 의해 α입자가 포획될 작은 확률은, 만일 탄소핵이 ^{8}Be핵과 ^{4}He핵이 반응하는 속박에너지와 비슷한 정도의 에너지준위를 지닐 때, 커진다는 사실을 밝혀냈다. 반응은 상당히 빠른 공명반응일 것이다. ^{12}C의 공명에너지준위가 그 후 미국 California Institute of Technology의 Kellogg Radiation Laboratory에서 실험적으로 발견되었다.

그래서 헬륨연소는 3개의 헬륨핵이 ^{12}C으로 핵융합을 하게 하는 2가지 단계를 거치면서 일어난다 ; 이 반응은 그래서 3중 α(또는 3α)로 명명되었다. 그런 반응에서 방출되는 에너지는

$$Q_{3\alpha} = 3\Delta M({}^{4}He) - \Delta M({}^{12}C) = 7.275\, MeV$$

로 쉽게 계산 되어지며, 이와 대응하여, 단위질량당 생성되는 에너지는 5.8×10^{13} J/kg($5.8 \times 10^{17} erg/g$)이 된다. 이 값은 수소가 헬륨으로 핵융합할 때 생성된 에너지의 10%정도 된다! 이런 핵반응율은 고리의 두 번째 반응에서 결정된다. 반응율은 ^{8}Be함량에 비례하는데, 이 함량비는 헬륨함량의 제곱에 따라 변화한다. 결과적으로 에너지 생성율은 밀도의 제곱에 따라 달라진다. 에너지 생성율의 온도 민감성은 아주 놀랍다 :

$$q_{3\alpha} \propto \rho^{2} T^{40} \tag{4.10}$$

3α반응에 의해 축적된 탄소핵의 숫자가 충분히 커지면, 이들 핵에 의한 α포획(또

한 이들의 생성물에 의해서 포획됨)되는 현상은 더 무거운 입자들의 형성을 야기할 수 있다고 하는 것은 합리적인 듯싶다. 실제, 쿨롱장벽의 증가는 그런 포획의 확률을 3α 반응의 확률과 비교해볼 때 아주 낮게 만들어줌이 판명되었는데, 적어도 헬륨함량이 작게 될 때까지는 그렇다. 그래서 반응이 일어나는 중요한 3α포획반응은

$$^{12}C + {}^{4}He \rightarrow {}^{16}O$$

이 된다. 이 반응에서 방출되는 에너지는 7.162 MeV인데, $4.3 \times 10^{13} J/kg$정도 된다.

Hoyle을 탄소핵의 공명에너지준위를 예견하도록 이끈 것은 $^{12}C + {}^{4}He$반응과 $^{8}Be + {}^{4}He$ 반응 사이의 경합이었다. 이미 1946년에 Hoyle은, 대단한 통찰력을 가지고, (헬륨 뿐만 아니라)모든 핵들이 별내부에서 일어나는 핵융합반응에 의해 가벼운 핵으로터 만들어진다는 것을 가정하였다. 이 아이디어를 다루면서, 그는 1953년과 1954년 사이에, Salpeter 과정을 시작점으로 하여, 탄소에서 니켈까지의 원소들 핵합성을 연구하였다. 만일 $^{8}Be + {}^{4}He$반응이 ^{12}C핵내에서 ~7.7MeV에 상응하는 공명에너지를 갖는다면, 관측된 우주함량비, He : C : O가 위의 핵반응에 대해 계산된 값들과 잘 맞추어질 것이라는 것을 보여주었다. 그렇지 않으면, 추정된 탄소의 우주함량비가 너무 낮다고 할 수 있다. 이 예견을 실험해보고자 하는 열정으로, Hoyle은 이런 에너지준위를 실험적으로 검출해 보려는 최초의 시도에 공동연구까지 하였다.

요약해보면, 헬륨연소의 생성물은 탄소와 산소인데, 이들의 상대적 함량비는 온도에 따라 달라진다. 그림 4.5에 이 반응과정을 도식적으로 설명하였다.

헬륨연소가 똑같은(질량비로서 같은) 양의 산소와 탄소를 생성해낸다고 할 때, 단위질량당 생성되는 에너지를 계산해 보라.

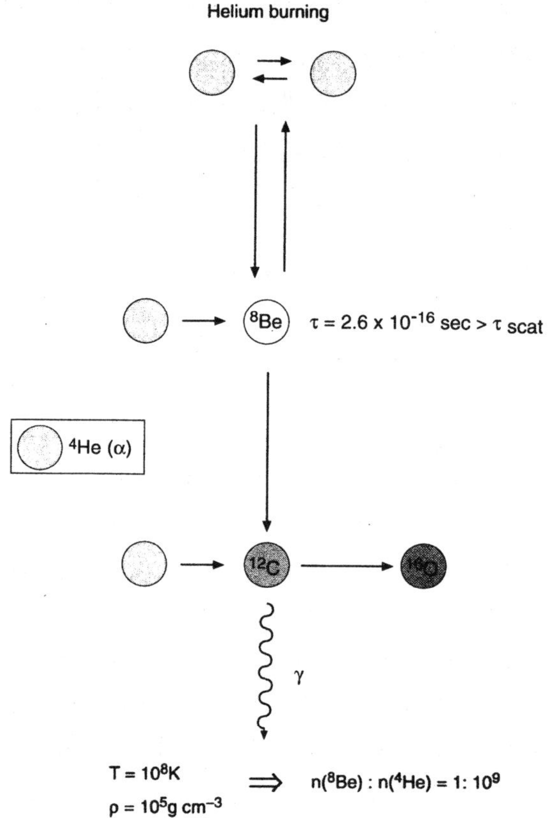

그림4.5 α과정의 반응모습

4.6 탄소와 산소 연소

탄소연소(2개 탄소핵의 융합)는 5×10^8K이상의 온도를 요구하며, 또한 산소연소는, 더 높은 쿨롱장벽을 넘어서야 하기 때문에, 10^9K을 넘는 온도에서만 일어난다. 중간정도의 쿨롱장벽에 의해 요구되는 중간정도의 온도에서 탄소핵은 재빨리 스스로 상호작용을 하면서 소진되어버리기 때문에, 탄소핵과 산소핵의 상호작용은 고려될 필요가 없다.

탄소연소와 산소연소과정들은 아주 비슷하다 : 두 가지 경우 모두에서 여기에너지 준위에서 복합핵이 생성되었다가, 그 뒤로 바로 붕괴되어 버린다. 여러 가지의 붕괴가능성들이 존재하는데, 반응이 일어날 확률이 서로 다르며, 이는 온도에 종속된다.

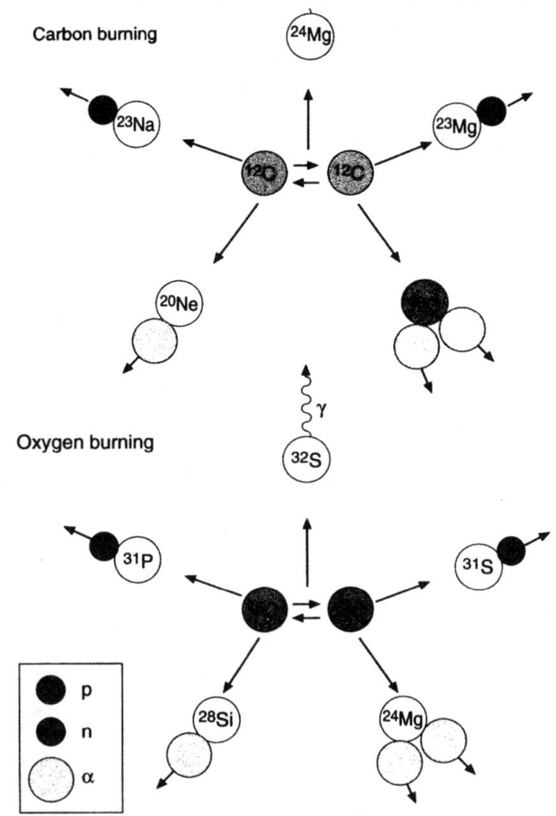

그림4.6 탄소연소와 산소연소에 포함되는 핵반응들

$$
\begin{aligned}
{}^{12}C + {}^{12}C &\rightarrow {}^{24}Mg + \gamma \\
&\rightarrow {}^{23}Mg + n \\
&\rightarrow {}^{23}Na + p \\
&\rightarrow {}^{20}\neq \; + \alpha \\
&\rightarrow {}^{16}O + 2\alpha
\end{aligned}
\qquad
\begin{aligned}
{}^{16}O + {}^{16}O &\rightarrow {}^{32}S + \gamma \\
&\rightarrow {}^{31}S + n \\
&\rightarrow {}^{21}P + p \\
&\rightarrow {}^{28}Si + \alpha \\
&\rightarrow {}^{24}Mg + 2\alpha
\end{aligned}
$$

가능한 반응경로들을 그림 4.6에 도식적으로 보였다.

평균적으로 볼 때, 각각의 ${}^{12}C + {}^{12}C$반응에서 13MeV의 에너지가, 각각의 ${}^{16}O + {}^{16}O$ 반응에서 16MeV의 에너지가 방출되는데, 이는 각각 $\sim 5.2\times 10^{13}\,J/kg$과 $\sim 4.8\times 10^{13}\,J/kg$ 정도 된다. 이 반응은 양성자들과 헬륨핵같은 가벼운 입자들을 생성시키는데, 이런 가벼운 입자들은, 상당히 낮은 쿨롱장벽 때문에, 즉시 거기에 존재하는 무거운 핵에 의해 포획되어버린다. 그래서 많은 다른 동위원소들이, 탄소 또는 산소의 핵융합에 의해 1차적으로 생성되는 동위원소외에, 2차핵반응에서 생성되게 된다. 다른 원소들 또한 상당히 풍부할지라도, 산소연소에 의해 생성되는 주된 핵은 실리콘 (${}^{28}Si$)이다.

4.7 실리콘 연소 : 통계적 핵평형

원칙적으로는, 우리는 이제 지금까지와 비슷하게 2개의 실리콘 핵이 철을 생성하며 융합할 수 있다고 가정할 수 있는데, 철은 핵융합반응의 최종산물로서 가장 안정한 원소이다. 그러나 실제로는, 쿨롱장벽이 엄청나게 높다. 산소연소 영역위에 있지만, 실리콘 융합에 대해 요구되는 값 아래에 놓인 온도에서는 그러나 다른 형태의 핵반응이 일어난다. 무거운 입자들이 고에너지 광자들과의 상호작용이 일어나는데, 이때 낮은 에너지 광자들이 원자들로부터 전자를 빼앗으며 원자를 파괴시킬 수 있는 것과 마찬가지로, 이런 과정은 핵을 붕괴시킬 수 있다. 광분해(photodisintegration)라고 하는 이 과정은 원자의 광이온화과정과 많은 점에서 비슷한데, 다른 점은 속박힘이 전자기력이 아니라 핵력이고, 방출되는 입자가 전자가 아니라 가벼운 핵이라는 점이다. 이온화 과정에서와 마찬가지로, 반응은 가역적으로 일어나며, 평형이 이루어질 수 있는데, 이때 상대적인 함량비는 그곳의 물리적 조건에 따라 달라진다. 예를 들어, $^{16}O+\alpha \Leftrightarrow {}^{20}Ne+\gamma$의 반응은 10^9K의 온도에서 네온을 생성하지만, 그 반대방향의 반응은 1.5×10^9K이상에서 일어난다. 역방향의 반응(광분해)에서 흡수되는 에너지는 복사장에 의해 공급된다.

실리콘 광분해는 3×10^9K정도에서 일어난다 ; 방출되는 가벼운 입자들은 다른 실리콘 핵에 의해 재포획 되면서, 핵반응의 전반적인 네트워크를 형성하는데, 이때 무거운 핵들 사이에서 가벼운 입자들이 교환된다. 핵반응이 평형(가역반응의 거의 같은 비율로 일어난다)에 도달하는 경향이 있다 할지라도, 결과적으로 형성되는 통계적 핵평형상태는 완전하지 않다 : 안정된 철그룹 핵(Fe, Co, Ni)쪽을 향하여 손실이 일어나는데, 이는 온도가 $\sim7\times10^9K$정도가 될 때까지 광분해를 억제한다.

우리가 다루어 왔던 주된 핵연소과정들과 그들의 특징들을 표 4.1에 요약해놓았다. 이들의 일반적인 특징은 핵연료가 소비되면서 에너지가 방출된다는 것이다. 에너지 방출양과 방출율은 그러나 엄청나게 변화한다. (복사장으로부터)에너지를 흡수하는 핵반응들도 또한 항성내부에서 기대되는 조건들에서 일어날 수 있다. 이들은 가벼운 결과에서부터 파국적인 결과들을 야기시킬 수 있는데, 이는 흡수되는 에너지에 따라 결정되며, 그래서 특히 에너지 흡수율에 따라 달라진다. 그런 과정들은 다음절에서 다루어지는 물리과정들이다.

표 4.1 주된 핵연소 과정들

Nuclear Fuel	Process	$T_{threshold}$ 10^6 K	Products	Energyper Nucleon(MeV)
H	p-p	~4	He	6.55
H	CNO	15	He	6.25
He	3α	100	C, O	0.61
C	C+C	600	O, Ne, Na, Mg	0.54
O	O+O	1000	Mg, S, P, Si	~0.3
Si	Nuc. eq.	3000	Co, Fe, Ni	<0.18

연습문제 4.2

표 4.1에 제시된 문턱온도을 가지고, 서로 다른 핵연료의 중심연소가 일어나기 위한 최소 항성질량을 추정하여 보라. (a) 연습문제 1.3과 같은 밀도 프로필, (b) 태양과 같은 합성비, 그리고 (c) 축퇴되지 않았다고 가정한다.

4.8 중원소의 생성 : s-과정과 r-과정

지금까지 우리는 하전된 입자들의 상호작용, 쿨롱장벽의 높이에 의해 제어되는 그들의 반응율, 그리고 높은 온도에서 효율적이 되는 핵과 광자의 상호작용을 다루어왔다. 탄소, 산소 그리고 실리콘 연소가 일어나는 과정에서 생성되는 자유 중성자가 있을 때는 다른 형태의 상호작용이 가능하게 된다. 상당히 무거운 핵에 의한 중성자 포획은 쿨롱장벽에 의해 제한되지 않아서, 상당히 낮은 온도에서도 일어날 수 있다. 중성자 포획반응과정에서 유일한 장애물은 중성자 결핍현상이다.

충분한 중성자 개수밀도가 이루어졌다고 상상해보자. 그러면 핵은 점점 많은 중성자를 포획하면서 중성자포획 반응이 시작되게 되어 같은 원소에서 더욱 무거운 동위원소를 생성하게 된다 :

$$I(A, Z) + n \rightarrow I_1(A+1, Z)$$

$$I_1(A+1, Z) + n \rightarrow I_2(A+2, Z)$$

$$I_2(A+2, Z) + n \rightarrow I_3(A+3, Z) \qquad \text{etc.}$$

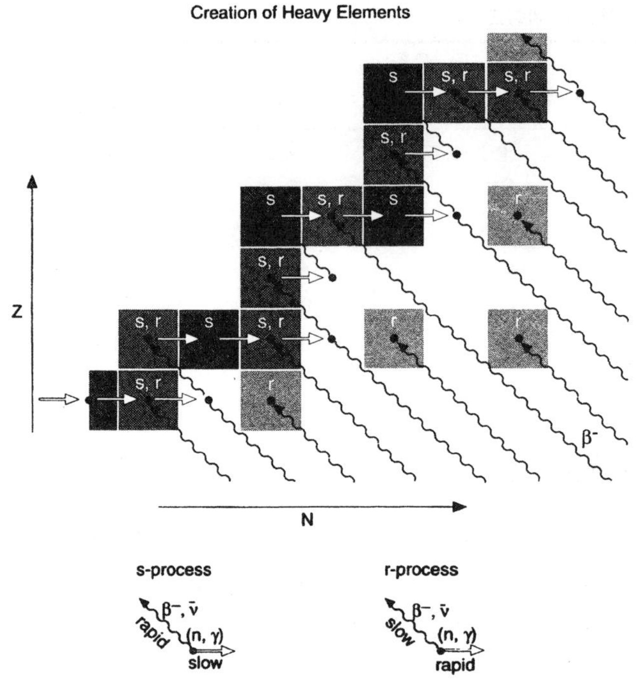

그림4.7 s-과정과 r-과정의 도식적 표현. 중성자 포획과 β^-붕괴를 포함하는 반응고리를 보여주고 있는데, 이 반응고리는 안정된 동위원소를 형성케 해준다. s,r 또는 (s,r)이라고 표식이 붙여진 핵은 반응들의 하나에 의해 (각자)또는 두 개 모두에 의해 형성된다[D. Clayton (1983), Principles of Stellar Evolution and Nucleosynthesis, University of Chicago Press에서 발췌]

I_N이 안정되는 한, 중성자포획 고리반응은 계속되게 될 텐데, 그러나 결국은 방사능 동위원소가 형성이 될 것이다. 그런 동위원소는 곧바로 전자(그리고 반중성미자)를 방출하면서 붕괴되고, 이때 새로운 원소를 생성되게 될 것이다 :

$$I_N(A+N, Z) \rightarrow J(A+N, Z+1) + e^- + \bar{\nu}$$

만일 새로운 원소가 안정된다면, 중성자포획 고리반응은 다시 시작되게 될 것이다. 그렇지 않을 때는 일련의 β붕괴과정이 일어난다 :

$$J(A+N, Z+1) \rightarrow K(A+N, Z+2) + e^- + \bar{\nu}$$
$$K(A+N, Z+2) \rightarrow L(A+N, Z+3) + e^- + \bar{\nu} \qquad \text{etc.}$$

A+N의 질량과 Z+M의 원자번호를 지닌 안정된 핵이 생성될 때까지 β붕괴과정이 일어난다. 어느 과정에서든, 더욱 무거운 원소들과 그들의 안정된 동위원소가 생성되게 된다.

막 서술된 과정에서, 두 가지 형태의 반응들(중성자포획과 β붕괴)과 두 가지 형태의 핵(안정된 핵과 불안정한 핵)이 포함된다. 물론 안정된 핵은 중성자포획과정만을 겪게 된다 ; 불안정한 핵에 대해서는 두 가지 반응이 다 가능하고, 결과는 두 과정들의 특성시간에 따라 달라진다. β붕괴 특성시간(또는 β붕괴에 불안정한 동위원소의 반감기)은 상수이다(그곳의 물리조건과 상관없다). 중성자 포획 특성시간은 온도와 밀도에 따라 변화하게 될 것이다. 그래서 중성자 포획반응은 경합하는 β붕괴과정보다 더 천천히(slowly) 일어나거나 또는 더 급격하게(rapidly) 일어나게 된다. 반응고리와 생성물들은 천천히 일어나는 경우(s-과정이라 불린다)와 빠르게 일어나는 경우(r-과정이라 불린다)에 각각 다르게 된다(이런 명명은 1957년 Margaret Burbidge, Geoffrey Burbidge, William Fowler 그리고 Fred Hoyle의 세미나 논문에서 만들어졌다). 이런 과정이 그림 4.7에 도식적으로 보여졌는데, 여기서 s-과정 생성물은 s로, r-과정 생성물은 r로, 그리고 두 개과정모두에서 생성된 것들은 s,r로 표시되었다.

주된 핵연소과정이 일어나는 동안에, s-과정과 r-과정은 부수적인 반응으로 작용하고, 비록 철보다 무거운 원소함량이 아주 작다할지라도, 그 결과 다수의 새로운 원자핵이 생성된다.

4.9 쌍생성

이번 장에서 우리는 질량이 "빛"으로 변환되는 많은 예들을 살펴보았다 : 모든 주 핵연소 단계들은 질량의 아주 작은 부분 (1% 이하)를 소비하면서 에너지를 방출하게 된다. 그러나 역변화 - 빛이 질량으로 변화-도 가능하다.

광자들이 핵자들과 상호작용을 하면서, 그 에너지 $h\nu$가 입자들의 정지질량에너지를 초과하기만 하면, $h\nu > 2m_e c^2$, 광자들은 전자-반전자쌍을 생성하게 된다. 핵의 존재는 운동량과 에너지의 동시변환에 대해 요구된다. 쌍생성에 대한 조건이 만족되기 위한 전형적인 온도는 $kT \approx h\nu \approx 2m_e c^2$으로 추정되는데, $T \approx 1.2 \times 10^{10} K$정도 된다. 그러나 $T \geq 10^9 K$ 이라도 많은 양의 광자가(식(3.39)의 프랑크함수의 꼬리부분에서) 이미 전자-반전자쌍을 생성하기에 에너지가 충분하다. 동시에, 역반응(전자-반전자쌍이 광자쌍으로 소멸되는 현상)은 새롭게 만들어진 반전자들을 파괴시키는 경향이 있다. 결과적으로 반전자의 수는 평형에 도달한다. 광분해 같은 쌍생성은 이온화과정과 비슷한 점을 보인다 : 온도가 증가하면 광자에너지를 소비하면서 입자들 수가 증가 한다 ; 밀도가 증가하면 반대의 효과가 나타난다. 그래서(전자밀도에 따라 달라지지만) $10^9 K$보다 높아지면 반전자의 수는 전자수의 상당한 부분을 차지하게 된다.

4.10 철의 광분해

충분히 높은 온도에 도달하게 되면 안정된 철핵자라 하더라도 광분해를 견뎌낼 수 없다. 그들은 α입자와 중성자로 깨지게 된다.

$$^{56}Fe \quad \rightarrow 13 \ ^4He + 4n$$

그래서 거의 전체적인 핵합성과정의 역반응이 일어나게 된다. 이런 류의 반응에서 100MeV의 에너지가 흡수가 된다.

$\sim 7 \times 10^9 K$ 이상의 온도에서 헬륨은 철보다 더 풍부한 원소가 된다. 더 높은 온도에서는 헬륨자신이 에너지가 높은 광자에 의해 깨져서 광양자와 중성자가 되어버린다. 결과적으로 속박된 핵이 생성되기 위해서는 수 $10^6 K$정도보다 뜨거워야하고, 파괴되지 않기 위해서는 수 $10^9 K$보다 뜨거워야 한다. 우리가 보게 되겠지만 이는 정확하게 항성내부의 특성온도영역이다.

05 평형의 항성구조 - 간단한 모델들

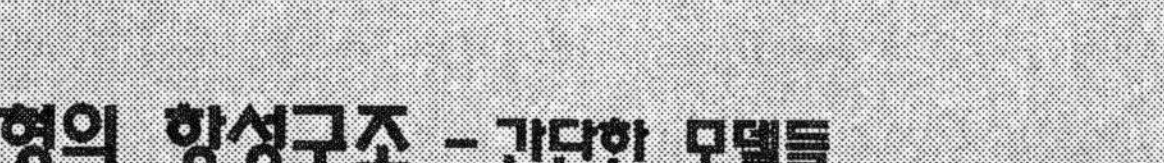

5.1 항성의 구조방정식

2장의 주된 결론은 항성의 진화가 거의 정적인 과정으로 이해 될 수 있다는 것이었는데, 이런 정적과정에서는 화학합성비가 천천히 변화하여서 항성이 유체정역학적인 평형을 유지하고 또 일반적으로 열적평형이 유지되게 된다. 화학합성비가 점차적으로 변화되는 일련의 과정들은 이전 장에서 서술되었다. 우리가 이제 할일은 주어진 화학성분의 항성에 대해 평형구조를 기술하여 보고(5장) 평형이 안정되게 형성되었는지의 여부를 살펴보는 것이다(6장). 항성의 (정적인)구조는 항성구조방정식이라고 알려진 미분방정식세트를 풀어서 얻어지는데, 이 방정식들은 이미 다룬바 있는 공간변수 r 또는 m중 하나의 항으로 표시 된다:

$$\frac{dP}{dr} = -\rho\frac{Gm}{r^2} \qquad \frac{dP}{dm} = -\frac{Gm}{4\pi r^4} \tag{5.1}$$

$$\frac{dm}{dr} = 4\pi r^2\rho \qquad \frac{dr}{dm} = \frac{1}{4\pi r^2\rho} \tag{5.2}$$

$$\frac{dT}{dr} = -\frac{3}{4ac}\frac{\kappa\rho}{T^3}\frac{F}{4\pi r^2} \qquad \frac{dT}{dm} = -\frac{3}{4ac}\frac{\kappa}{T^3}\frac{F}{(4\pi r^2)^2} \tag{5.3}$$

$$\frac{dF}{dr} = 4\pi r^2\rho q \qquad \frac{dF}{dm} = q, \tag{5.4}$$

여기서 첫 번째 방정식은 유체정역학적 평형방정식이고, 두 번째는 연속방정식, 세 번째는 복사전달방정식(복사확산이 단지 에너지 전달에 의해서만 이루어진다고 할 때), 그리고 네 번째는 열적평형방정식이 되는데, 추가적으로 주어지는 관계는 다음과 같다:

$$P = \frac{R}{\mu_I}\rho T + P_e + \frac{1}{3}aT^4 \tag{5.5}$$

$$\kappa = \kappa_0\rho^a T^b \tag{5.6}$$

$$q = q_0\rho^m T^n \tag{5.7}$$

이들 미분방정식들의 적분은 항성전체에 걸쳐 4개 함수의 윤곽(profile)을 제공해준다:

T, ρ, m(또는 r) 그리고 F인데, 이들 윤곽으로부터 관심 있는 다른 함수들이 유도될 수 있다. 이를 위해 4개의 경계조건(적분상수들)이 알려져야 한다. 그중 손쉽게 얻어지는 3개는 m = 0에서 r = 0과 F = 0, m = M (또는 r = R)에서 P = 0이 되는 것이다. 더 복잡한 조건은 방출되는 복사 L=F(R)(또는 이와 상응하게 유효온도)를 표면 아래의 어떤 깊이에서 얻어지는 온도와 관계시켜준다. 이런 방정식세트가 2장에서 유도된 진화방정식 세트보다 훨씬 간단함에도 불구하고 이 방정식들에 대한 간단하고 분석적인 해가 얻어지지는 않는다. 그 이유는 3가지가 있다 : 첫째 방정식들이 심한 비선형인데, 특히 식(5.5)-식(5.7)의 멱급수관계의 관점에서 그렇다. 둘째 이들은 서로 결합되어 있어서 동시에 풀어져야 한다 ; 셋째 이들은 two-point 경계값 문제들이어서 해를 구하려면 반복법을 사용하여야 한다. 그럼에도 불구하고 항성구조에 대한 우리의 이해의 상당량이 빠른 컴퓨터가 보급되지 않았을 뿐 아니라 상상되지도 못하였을 시대인 20세기 초기 몇 십년 동안에 이루어지게 되었다. 이미 언급한바 있는 에딩턴의 책이 1926년에 출판되었다; 항성연구의 초석이 된 항성구조연구의 개론이란 챤드라세카의 책이 1939년에 처음으로 출판되었다.

연습문제 5.1

r = 0에서 주어진 화학성분비와 물리량 ρ_c, P_c, T_c에 대해 테일러급수를 이용하여 항성중심근처에서 m(r), P(r), F(r)그리고 T(r)이 어떻게 변하는 지 유도해보라.

우리는 항성구조에 대한 전반적 이해가 실제로 이들을 풀지 않고도 방정식들을 분석하는 과정을 통해 얻어질 수 있음을 보게 될 텐데, 이 때 추가로 간단화하는 가정들에 의해 주어지는 단순해들을 구해 본다.

5.2 간단한 항성모델은 무엇인가?

구조방정식의 간단한 해를 가능하게 하는 근본적인 방법은 항성중심에서 표면까지 아주 천천히 변화하기 때문에 우리가 균일하다고(r 또는 m에 무관하다고) 여길 수 있는 물리량을 찾아내는 것이다. 온도를 예로 들자면, 항성전체를 통해(간단하게 추정해보아도) 3차수이상의 변화가 기대되며, 압력은 14차수이상의 변화가 예상되는 것을 감안해보면 이런 요구는 처음에는 이상해 보인다. 그러나 방사거리에 대해 그렇게 많이 변화하지 않는 것처럼 보이는 물리량이 발견 되어질 수 있다. 예를 들어 많은 모델들이 화학성분비가 균일하다고 가정한다. 이런 가정이 정당화될 수 있는가? 대류(우리가 간단하게 언급하게 될 물리과정)에 의해 완전히 혼합된 항성에 대해, 또는 주로 수소보다 무거운 원소들로 구성된 항성들에 대해선 이 가정이 성립되는 것 같은데, 후자의 경우는 가스압력이 전자들에 의해 지배되고 그래서 상세한 성분비와는 관계없이 거의 2정도의 값을 지니는 μ_e에 의존한다. 균일한 화학성분비는 젊은 항성들에 대해 전형적인데, 왜냐면 초기항성성분비가 균일하기 때문이다.

항성이 어떻게 변하는지 분석적인 연구를 가능하게 하는 또 다른 방법은 2개의 극한지점(중심과 표면, 물론 표면은 엄밀히 말하자면 점이 아니지만 표면의 모든 점들이 구형대칭 가정에 의해 동일하다)에 의해 항성을 표현해보는 것이다. 여기엔 물리량들이 이들 두 지점 사이에 단순변화를 한다는 사실이 묵시적으로 내포되었다. 이는 분명 식(5.1)에서 보면 압력에 대해서는 맞는 것 같고, 또 식(5.4)로부터 $F \geq 0$이기 때문에 식(5.3)을 보면 온도에도 성립하는 것 같다. 후자의 조건은 강한 중성미자 방출이 일어나는 경우에는 꼭 성립할 필요가 없는데, 이때는 전체열량 q가 음수가 되고, 또 경우에 따라 온도반전이 일어날 수 도 있다. 그러나 우리는 이런 복잡한 경우는 다루지 않는다.

또 다른 간단화를 취하기 위해 우리는 항성을 극한 지점중의 단지 한 지점으로 표현 한다; 예를 들어 중심을 보자. P와 T가 바깥쪽으로 향하면서 감소한다고 가정하면 (그리고 ρ역시 감소해야한다 ; 그렇지 않으면 우리는 무거운 물질이 가벼운 물질의 위에 놓이게 되는 불안정한 경우를 만나게 되어 밀도반전이 일어난다), 항성의 중심은 가장 뜨겁고 가장 밀한 곳이 된다. 그래서 그곳에서 핵반응이 가장 빠르게 일어나고, 핵과정이 진화속도를 결정짓기 때문에 중심은 항성의 가장 진화된 영역이 된다. 항성의 중심영역만 고려해도 항성진화에 대해 상당한 부분을 배울 수 있게 될 것이다. 이것이 7장의 주제이다. 항성의 표면은 (일반적인 항성의 특성) 아주 다른 관점에서 중요하다(모델에서 유도된 표면의 물리량들이 관측과 직접 비교될 수 있는 유일한 점이다). 어떤 경우에는 일반적인 물리량과 이들 사이의 관계들이 구조방정식세트를 풀지 않고도 얻어질 수 있는데 7장에서 다루게 될 것이다.

여기서부터 우리는 균일성원리에 입각한 여러 간단한 모델들을 고려해본다.

5.3 폴리트롭(polytrope) 모델들

항성구조방정식의 첫 번째 쌍 식(5.1)-식(5.2)은 두 번째 쌍 식(5.3)-식(5.4)와 압력의 온도종속성에 의해 연결된다. 압력이 단지 밀도의 함수(물론 화학성분비)라고 하면, 첫 번째 쌍은 서로 독립적이고 그래서 분리하여 풀어질 수 있는데, 이는 유체정역학적 구조가 항성을 통과하는 열 흐름과 무관하다는 것을 의미한다. 이런 형태의 분석적 해는 이미 1세기 전에 밝혀졌다.

식 (5.1)을 r^2/ρ로 곱하고 r에 대해 미분하면

$$\frac{d}{dr}\left(\frac{r^2}{\rho}\frac{dP}{dr}\right) = -G\frac{dm}{dr} \tag{5.8}$$

을 얻는다. 오른쪽 항에 식(5.2)를 대입하면

$$\frac{1}{r^2}\frac{d}{dr}\left(\frac{r^2}{\rho}\frac{dP}{dr}\right) = -4\pi G\rho \tag{5.9}$$

를 얻는다. 이제 K와 γ가 상수일 때

$$P = K\rho^{\gamma} \tag{5.10}$$

의 형태를 갖는 상태방정식을 고려해보자. 식(5.10)을 폴리트롭 상태방정식이라 부른다. 일반적으로 폴리트롭 지수 n을 사용하기도 한다:

$$\gamma = 1 + \frac{1}{n} \tag{5.11}$$

그래서 완전히 축퇴된 전자가스의 상태방정식은 비상대론적인 경우 1.5의 지수 ($\gamma = 5/3$)를 지닌 폴리트롭이고, 극단적 상대론적 한계에서는 지수가 3 ($\gamma = 4/3$)인 폴리트롭이다. 이상기체역시 어떤 조건에서는 폴리트롭 상태방적식으로 서술된다 ; 이런 경우를 나중에 만나게 된다. 식(5.10)-식(5.11)을 식(5.9)에 대입해보면 이차미분방정식을 얻는다 :

$$\frac{(n+1)K}{4\pi Gn}\frac{1}{r^2}\frac{d}{dr}\left(\frac{r^2}{\rho^{\frac{n-1}{n}}}\frac{d\rho}{dr}\right) = -\rho \tag{5.12}$$

$0 \leq r \leq R$에 대한 해 $\rho(r)$은 폴리트롭이라 불리는데, 2개의 경계조건을 요구한다. P(R) = 0으로부터 표면(r = R)에서 $\rho = 0$인 조건과, 유체정역학정평형은 중심에서 dP/dr = 0을 의미하기 때문에 중심(r = 0)에서 $d\rho/dr = 0$란 조건이다(2.3절을 참고하라). 그래서 폴리트롭은 3개 파라메터(K, n 그리고 R)로 유일하게 정의되며, 이는 압

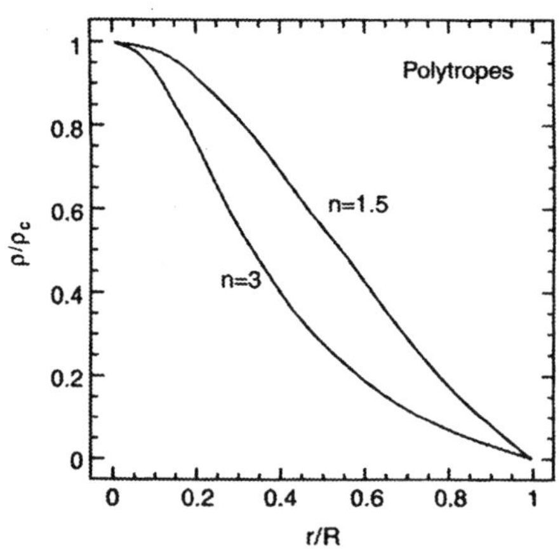

그림5.1　n = 1.5와 n = 3인 경우 표준화된 폴리트롭

력, 질량 또는 중력가속도 같은 물리량들을 반경의 함수로 계산되어질 수 있게 해준다.

$0 \leqq \theta \leqq 1$의 영역에서 단위 없는 변수 θ를

$$\rho = \rho_c \theta^n \tag{5.13}$$

와 같이 정의하면 식(5.12)를

$$\left(\frac{(n+1)K}{4\pi G \rho_c^{\frac{n-1}{n}}} \right) \frac{1}{r^2} \frac{d}{dr} \left(r^2 \frac{d\theta}{dr} \right) = -\theta^n \tag{5.14}$$

의 형태로 간단하게 변환할 수 있다.

분명히 식(5.14)의 왼쪽편에 있는 대괄호의 계수는 거리 제곱의 단위를 지니는 상수,

$$\left(\frac{(n+1)K}{4\pi G \rho_c^{\frac{n-1}{n}}} \right) = \alpha^2 \tag{5.15}$$

로 표시되는데, 이는 r을 단위 없는 변수 ξ로 바꾸기 위해 사용되어질 수 있다:

$$r = \alpha \xi \tag{5.16}$$

식(5.16)을 식(5.14)에 대입하면 잘 알려진 지수 n을 지닌 Lane-Emden방정식을 얻는데,

$$\frac{1}{\xi^2} \frac{d}{d\xi} \left(\xi^2 \frac{d\theta}{d\xi} \right) = -\theta^n \tag{5.17}$$

경계조건으로 $\xi = 0$일 때 $\theta = 0$과 $d\theta/d\xi = 0$을 갖는다. 식(5.17)은 $\xi = 0$에서 시작하여 적분되어질 수 있다 ; n<5에 대해 해 $\theta(\xi)$는 단순감소하며, 항성반경

표5.1 폴리트롭 상수들

n	D_n	M_n	R_n	B_n
1.0	3.290	3.14	3.14	0.233
1.5	5.991	2.71	3.65	0.206
2.0	11.40	2.41	4.35	0.185
2.5	23.41	2.19	5.36	0.170
3.0	54.18	2.02	6.90	0.157
3.5	152.9	1.89	9.54	0.145

$$R = \alpha\xi_1 \tag{5.18}$$

과 상응하는 $\xi = \xi_1$의 유한값에 대해 0이 된다는 것이 알려졌다. n=1.5와 n=3에 대해 해들의 예 (ρ/ρ_c를 r/R의 함수로)가 그림 5.1에 보여 졌다. 폴리트롭의 형태는 단지 n에 의해 결정된다는 것을 볼 수 있다. 지수3인 폴리트롭은 항성질량이 심하게 중심에 집중되어있는 항성의 경우를 나타내는 반면, 지수가 1.5인 폴리트롭은 더 일반적으로 퍼진 질량분포를 지닌 항성의 경우를 묘사해준다.

폴리트롭항성의 전체질량 M은

$$M = \int_0^R 4\pi r^2 \rho dr = 4\pi\alpha^3\rho_c \int_0^{\xi_1} \xi^2\theta^n d\xi \tag{5.19}$$

로 주어진다. 식(5.17)로 부터

$$M = -4\pi\alpha^3\rho_c \int_0^{\xi_1} \frac{d}{d\xi}\left(\xi^2 \frac{d\theta}{d\xi}\right) d\xi = -4\pi\alpha^3\rho_c \xi_1^2 \left(\frac{d\theta}{d\xi}\right)_{\xi_1} \tag{5.20}$$

을 얻는다.

Lane-Emden방정식의 (a) n=0과 (b)n=1에 대한 분석적인 해를 구하고, 각 경우에 ξ_1과 M(R)을 구해보라.

이후의 토론에서 우리는 자주 폴리트롭 상태방정식으로부터 얻어지는 항성물리량들 사이의 일반적 관계들로 다시 분류하게 될 것이다. 이들은 식(5.20)으로부터 쉽게 얻

어진다. 식(5.18)과 식(5.20)사이에서 α를 소거하면 중심밀도와 평균밀도 $\bar{\rho}$사이에

$$\rho_c = D_n\bar{\rho} = D_n \frac{M}{\frac{4\pi}{3}R^3} \tag{5.21}$$

의 선형관계를 얻는데, 이는 일반적으로 성립하는 관계이다. 상수 D_n만이 식(5.17)의 해로부터 유도되고 n의 값에 의존 한다 :

$$D_n = -\left(\frac{3}{\xi_1}\left(\frac{d\theta}{d\xi}\right)_{\xi_1}\right)^{-1} \tag{5.22}$$

다양한 n의 값 대한 D_n값이 표5.1에 보여 졌다.

또 식(5.20)을 이용하여, 이제 ρ_c를 식(5.15)의 도움으로 소거하고, 식(5.18)로부터 α를 치환해보면 항성질량과 반경사이의 관계를 얻을 수 있고, 2개의 상수 M_n과 R_n의 항으로,

$$\left(\frac{GM}{M_n}\right)^{n-1}\left(\frac{R}{R_n}\right)^{3-n} = \frac{((n+1)K)^n}{4\pi G} \tag{5.23}$$

의 형태로 표시될 수 있다. 상수 값 $M_n = -\xi_1^2(d\theta/d\xi)_{\xi_1}$과 $R_n = \xi_1$은 1에서 10의 영역 내에서 변하는 폴리트롭지수에 따라 변화한다. n=3은 특수한 경우중의 하나임에 주목 한다: 질량은 반경에 무관하고 K에 의해 유일하게 결정된다.

$$M = 4\pi M_3\left(\frac{K}{\pi G}\right)^{\frac{3}{2}} \tag{5.24}$$

그래서 주어진 K에 대해 유체정역학적 평형을 만족하는 항성질량은 하나만 존재하게 된다. 또 다른 특수경우는 n=1인데, 이때 반경은 질량과 무관하고 K에 의해 유일하게 결정 된다 :

$$R = R_1\left(\frac{K}{2\pi G}\right)^{\frac{1}{2}} \tag{5.25}$$

1<n<3인 n의 한계 값들 사이에서, 식(5.23)으로 부터

$$R^{3-n} \propto \frac{1}{M^{n-1}} \tag{5.26}$$

을 얻는데, 반경은 질량이 커지면서 감소한다는 것을 의미 한다 : 항성질량이 커질수록 항성반경이 작아진다(그래서 밀도가 더 높아진다).

마지막으로 중요한 관계는 중심압력과 중심밀도사이에서 질량-반경관계인 식(5.23)

으로부터의 K를 식(5.10)에 치환해서 $P_c = K\rho_c^{1+\frac{1}{n}}$ 으로 얻어지는데, 그래서

$$P_c = \frac{(4\pi G)^{\frac{1}{n}}}{n+1}\left(\frac{GM}{M_n}\right)^{\frac{n-1}{n}}\left(\frac{R}{R_n}\right)^{\frac{3-n}{n}}\rho_c^{\frac{n+1}{n}} \tag{5.27}$$

이 된다. 식(5.27)과 식(5.21)사이에서 R을 소거하고, 모든 n에 종속되는 상수를 하나의 상수 B_n으로 정리하면, 식(5.27)은

$$P_c = (4\pi)^{\frac{1}{3}} B_n GM^{\frac{2}{3}}\rho_c^{\frac{4}{3}} \tag{5.28}$$

으로 간단화된다. 이 관계의 두드러진 성질은 B_n의 값을 통해서만 폴리트롭방적식에 의존한다는 것인데, 표5.1에서 보는 바와 같이 이 값은 n에 대해 아주 느리게 변한다. 그래서 이는 거의 일반적인 관계로 여겨지며 또 일반적인 관계로 7장에서 사용될 것이다. P_c에 대한 식(5.28)의 표현은 문제 2.2(2.3절)에서 유도한 상한값과 일치한다고 하는 사실에 주목하자.

연습문제 5.3

질량 M과 중심압력 P_c가 주어졌을 때 지수 1.5인 항성과 지수 3인항성중 어떤 항성이 더 큰가?

연습문제 5.4

Capella는 1899년 발견된 쌍성으로 궤도주기가 알려졌다. 이로부터 밝은 성분의 질량과 반경이 결정될 수 있다 : $M = 8.3\times10^{30}kg$, $R = 9.55\times10^{9}m$. 항성이 지수 3인 폴리트롭으로 묘사될 수 있다고 가정하고, 이 별의 중심압력과 중심밀도를 구해보라. 중심압력이 식(2.18)의 부등호를 만족하는지의 여부를 점검하여 보라.

5.4 찬드라 세카 질량

전자들의 축퇴압력이 우세할 만큼 밀도가 높은 항성들(3장에 논의됨)은 식(3.35)에

서 $K = K_1$을 지닌 n=1.5의 폴리트롭으로 정확하게 기술이 될 것이다. 관측으로부터 우리는 그런 밀집성들이 존재하는 것을 알고 있다(그들은 1장에서 언급한바 있는 백색왜성들로서 태양과 비슷한 질량을 지니고 있고 지구보다 약간 큰 반경을 지니고 있다). 이들의 평균밀도는 그래서 $10^8 kg\, m^{-3}(10^5 g\, cm^{-3})$보다 더 높아서 태양의 평균밀도보다 5차수정도 높다. 이런 항성들에 대해서는 이런 특별한 폴리트롭의 성질을 조사함으로 더 자세한 것을 알아낼 수 있다. 식(5.23)으로부터 질량과 반경의 관계는

$$R \propto M^{-\frac{1}{3}} \tag{5.29}$$

이 되고, 그래서 밀도는 질량의 제곱에 비례하여 증가 한다:

$$\bar{\rho} \propto MR^{-3} \propto M^2 \tag{5.30}$$

이제 질량이 계속 커지는 축퇴된 일련의 가스구들을 상상하여 보자. 반경은 질량이 커지면서 감소되고 밀도는 M^2에 따라 증가하게 될 것이다. 경우에 따라서 밀도는 너무 높아서 축퇴된 전자가스가 상대론적이 되어서 n=1.5인 간단한 폴리트롭에서 벗어나게 될 것이다. 밀도가 증가하면서 (반경은 0이 가까워진다), 정확한 상태방정식은 식(3.38)의 형태에 접근하는데, 아직은 폴리트롭이지만 $K = K_2$인 n=3의 폴리트롭 형태를 지닐 것이다. 그러나 우리는 그런 경우, K에 의해 결정되는 M의 유일한 해가 존재한다는 것을 보았다. 그래서 유체정역학적 평형에 놓인 일련의 축퇴된 가스구들은 이 한계질량에서 멈추게 된다.

축퇴된 항성질량의 상한값이 존재한다는 사실은 1931년 찬드라세카에 의해 처음으로 알려졌고, 그래서 이 상한값은 그의 이름을 따서 찬드라세카 질량 M_{Ch}라 불린다. 반세기정도 후인 1983년 찬드라세카는 이 연구결과로 Fowler와 함께 노벨물리상을 받게 되었다(항성진화의 이해에 기여한 공로로).

식(5.24)에 K_2를 대입하면

$$M_{Ch} = \frac{M_3\sqrt{1.5}}{4\pi}\left(\frac{hc}{Gm_H^{\frac{4}{3}}}\right)^{\frac{3}{2}}\mu_e^{-2} \tag{5.31}$$

이 되고, 상수 값들을 대입해보면

$$M_{Ch} = 5.83\mu_e^{-2}M_\odot \tag{5.32}$$

을 얻게 되는데 $\mu_e = 2$에 대해 상한질량은 $1.46M_\odot$가 된다. 백색왜성에 대한 질량-반경관계가 $\mu_e = 2$(He, C, O, . . .)에 대해 그림 5.2에 보여 졌다. $\mu_e = 2.15$(Fe)에

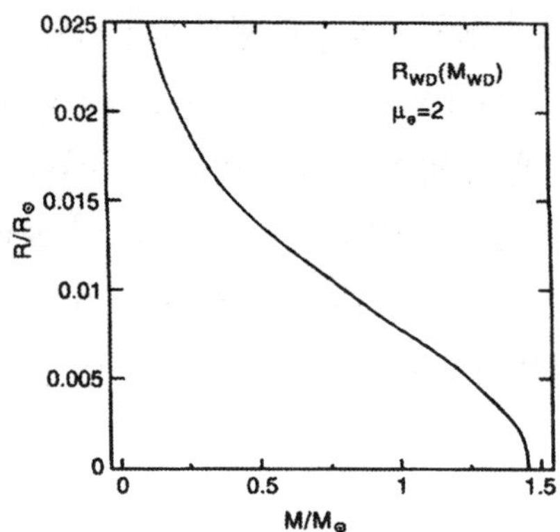

그림5.2 백색왜성($\mu_e = 2$)에 대한 질량-광도 관계

대해 상한질량은 $1.26M_{\odot}$가 된다. 결론적으로 수소가 희박한 밀집성에서는 압력이 주로 축퇴된 전자가스에 의해 공급되는데, 이때 $1.46M_{\odot}$의 임계질량보다 큰 질량은 불가능하다. 사실 이 값을 초과하는 질량을 지닌 밀집성이 알려지지 않았다.

중심압력과 중심밀도사이의 관계인 식(5.28)을 이용하여 임계질량을 계산하여 보라; 식(5.31)에서 수리적 상수가 $B_3^{-3/2}\sqrt{1.5}/32\pi$임을 보여라.

5.5 에딩턴 광도

지금까지 우리는 구조방정식의 처음 2개만 다루었다. 이제 세 번째 방정식을 추가해보는데, 이는 온도와 복사압을 고려하는 것이 된다. 복사압 $P_{rad} = \frac{1}{3}aT^4$을 식(5.3)에 대입하고, 식(5.3)을 식(5.1)로 나누면

$$\frac{dP_{rad}}{dP} = \frac{\kappa F}{4\pi c G m} \tag{5.33}$$

을 얻는다. 이런 처리를 통해 항성광도의 상한값이 유도되게 된다. $P = P_{gas} + P_{rad}$이고, P_{gas}와 P_{rad}는 바깥으로 가면서 감소하기 때문에 ($q \geq 0$일 때), $sign[dP_{rad}] =$

$sign[dP_{gas}]$가 되고, 분명 $dP_{rad}/dP < 1$이 성립하는데, 이는

$$\kappa F < 4\pi c G m \tag{5.34}$$

를 의미하게 된다. 이 부등호는 강한 핵 연소가 일어날 때 아주 큰 열 흐름양이 생기는 경우이거나 또는 수소나 헬륨의 이온화온도정도에서 생기는 아주 높은 불투명도가 형성되는 경우에는 위반되게 된다. 그런 경우에는 식(5.1)과 식(5.3)이 동시에 성립하지 않게 되고, 만일 유체정역학적 평형이 요구된다면 열전달이 다른 방정식에 의해 기술되어져야 한다; 즉, 이제 효과가 없어진 복사확산이 아닌 다른 물리과정이 일어나야 한다. 우리는 일상의 경험으로부터 난로 같은 강한 열원근처에는 대류운동이 주변공기 내에서 형성되어 열을 효과적으로 운반하고 그 열을 공간에 분포시킨다는 것을 알고 있다. 난로가 그렇게 뜨겁지 않다면 열은 열적복사로만 전달된다. 똑같은 현상이 항성에서는 더 크게 나타난다. 항성들은 복사평형이라고 할 정도의 적당한 조건에서는 복사에 의해서만 에너지를 전달하여, 식 (5.34)의 부등호가 만족된다. 또는 열생성율이 너무 빨라서 복사가 에너지를 전달할 수 없거나 이온화가 복사전달과 심하게 상호작용을 하는 심각한 상황에서는 대류에 의해 에너지를 전달하게 된다. 항성의 일부 영역에서는 복사평형이 형성되고 다른 영역에서는 그렇지 않은 경우도 발생 한다 ; 전자는 복사영역이라 하고 후자를 대류영역이라 부른다.

복사평형과 식(5.34)의 관계를 가정하고 가스압력증분에 대한 표현을 유도해보라.

항성의 중심부근에서는 식(5.4)와 F(0)=0은 $q_c = q(m=0)$일때 $m \to 0$이 되면서 $F/m \to q_c$가 된다; 그래서 부등식 (5.34)는 복사에너지전달에 의해 제공될 수 있는 중심에너지 생성에 대한 일반적인 상한값을 제공한다 :

$$q_c < \frac{4\pi c G}{\kappa} \tag{5.35}$$

항성의 표면층은 항상 복사가 우세하다 ; m=M에 대해 부등식(5.34)를 적용하면

$$L < \frac{4\pi c G M}{\kappa} \tag{5.36}$$

을 얻는다. 이 조건에 위배된다는 것은 유체정역학적 평형에 위배된다는 것을 의미한

다 : 질량운동이 생기면서 항성풍을 야기하게 된다. 에딩턴에 의해 지적된바와 같이 부등식(5.36)의 오른쪽은 초과할 수 없는 임계광도 L_{crit}를 나타내준다; 그래서 에딩턴광도 L_{Edd}라고 알려져 있다 :

$$L_{Edd} = \frac{4\pi cGM}{\kappa} = 3.2 \times 10^4 (\frac{M}{M_\odot})(\frac{\kappa_{es}}{\kappa})\, L_\odot \tag{5.37}$$

여기서 불투명도는 상수인 전자-산란 불투명도 κ_{es}(식(3.64)를 보라)에 상대적인 값으로 표현된다. 요약하자면 복사평형은

$$L < L_{Edd}$$

을 요구한다.

이 결과가 의미하는 바를 살펴보기 위해 몇 가지 고찰을 해보자. 만일 $\kappa \sim \kappa_{es}$가 어림으로 성립한다고 가정한다면 L_{Edd}는 M에 의해 유일하게 결정된다. 1장에서 우리는 주계열에 놓여있는 어떤 항성들은 광도와 질량사이에 상관관계를 보여준다는 것을 보았다. 그런 항성들의 바깥층이 유체정역학적 그리고 복사평형에 놓여있다면, 식(5.36)을 질량-광도관계와 조합해보면 주계열별의 질량상한값을 얻을 수 있다. 그러면 주계열별이 상한질량을 지닌다고 기대할 수 있다.

5.6 표준모델

이렇게 간단하게 지엽적인 고찰을 해 본 후에 이제 소위 표준모델을 유도해보는 일을 진행하려 하는데, 이 표준모델은 에딩턴에 근거한다고 해서 에딩턴모델이라고 부른다.

우리는 η란 함수를

$$\frac{F}{m} = \eta \frac{L}{M} \tag{5.38}$$

로 정의하고, 이 함수를 식(5.33)에 대입해보면

$$\frac{dP_{rad}}{dP} = \frac{L}{4\pi cGM}\kappa\eta \tag{5.39}$$

를 얻게 된다. 표면에서는 $\eta = 1$이 되고, 핵연료가 주로 (작은)중심핵에서 일어나는 항성들, 그래서 핵 바깥쪽으로 거의 상수의 흐름양을 유지하는 항성들에 대해서 m이 감소하여짐에 따라, η는 안쪽으로 가면서 증가하게 된다. 반면 불투명도는 중심에서바

깥쪽으로 갈수록 항상 증가한다. 중심에서 바깥쪽으로 가면서 κ의 증가가 η의 감소에 의해 거의 보상이 된다면 그들의 곱은 상수로 여겨질 수 있다. 이것이 에딩턴모델의 균일 성질이다(수년간에 걸쳐 심각한 비평을 받아왔던 논쟁거리가 되는 가정이다). 표면의 불투명도가 κ_S일 때,

$$\kappa\eta = constant \equiv \kappa_s \tag{5.40}$$

을 가지고 적분방정식 (5.39)을 취해보면

$$P_{rad} = \frac{\kappa_s L}{4\pi c GM} P \tag{5.41}$$

을 얻게 되는데, 여기서 전체압력과 복사압력이 표면에서 0이 되는 경향을 이용하였다. 그래서 $\kappa\eta$의 상수성은 복사압의 전체압력에 대한 비가 항성전체에 걸쳐 일정하다는 것을 의미 한다 ; 다시 말하면 β가 상수가 된다(식(3.12)를 보라). 우리는 또한

$$L = \frac{4\pi c GM}{\kappa_s}(1-\beta) = L_{Edd}(1-\beta) \tag{5.42}$$

을 얻게 되는데, 이는 광도가 복사압력이 우세해지면서 ($\beta \to 0$) 한계값에 접근한다는 것을 의미한다. 가스압력이 식(3.28)의 이상기체법칙으로 주어진다고 가정하면

$$\frac{aT^4}{3(1-\beta)} = \frac{P_{rad}}{1-\beta} = P = \frac{P_{gas}}{\beta} = \frac{R}{\beta\mu}\rho T \tag{5.43}$$

이 성립한다. 왼쪽 극한과 오른쪽 극한을 조합하여보면

$$T = [\frac{3R(1-\beta)}{a\mu\beta}]^{1/3}\rho^{1/3} \tag{5.44}$$

이 성립하고, 상태방정식은

$$P = K\rho^{4/3} \qquad K = [\frac{3R^4(1-\beta)}{a\mu^4\beta^4}]^{1/3} \tag{5.45}$$

으로 표현되어질 수 있다. K가 상수이기 때문에 우리는 지수가 3인 폴리트롭을 얻게 된다.

이 식은 이전 장에서 유도된 K와 M사이의 유일한 관계인 식(5.24)를 의미하게 된다. 각항들을 재정리하고 상수 값을 대입해보면

$$1-\beta = 0.003(\frac{M}{M_\odot})^2\mu^4\beta^4 \tag{5.46}$$

을 얻게 되는데, $\beta(\mu^2 M)$의 4차방정식으로 에딩턴 4차방정식이라 불리는데, 그해가

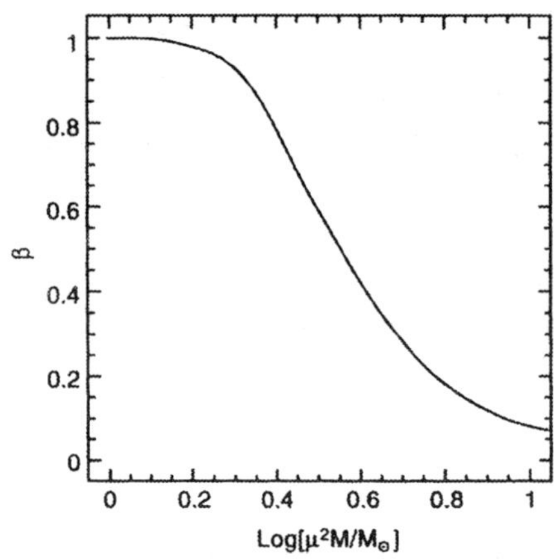

그림5.3 에딩턴 4차방정식의 해

그림5.3에 나타내졌다. 4차 방정식은 상당히 넓은 질량에 대해 성립한다. 그러나 우리는 오히려 제한된 영역에서만 β가 1(순수가스압)에서 상당히 차이가 나는 값을 지니거나 또는 0(순수복사압)과 상당히 차이가 나는 것을 주목해 보는데, (β에 대한 값이 존재하는)이 영역은 관측에서 유도된 항성질량의 영역과 다소 일치한다는 것에 주목한다. 에딩턴은 다음과 같이 말하였다.

> "우리는 구름이 중력에 묶여져 있는 행성에 살고 있는, 별에 대해 전혀 들어보지 못한 물리학자가 다양한 크기의 가스구에 대한 복사압력과 가스압력의 비(ratio)를 계산하고 있다고 상상해본다. 그는 가스구의 질량은 10그램에서 시작하여, 100그램, 100그램... 등으로 계산하여서 n-번째 가스구는 10^n그램을 보유하고 있는 것으로 계산한다... 물질과 에테르(가스압력과 복사압) 사이의 경합으로 간주한다면, 이 경합은 우리가 무엇인가 흥미로운 일이 일어날 것으로 기대되는 33-35번 가스구를 제외하고는 압도적으로 일방적이다.
> 무엇이 "일어나는 것"이 항성들이다.
> 우리는 물리학자가 일하고 있는 곳 위에 있는 구름의 베일을 살짝 젖혀서 그가 하늘을 바라보게 한다. 거기서 그는 33번째 가스구와 35번째 가스구 사이에 있는 모든 질량의 가스구들을 수백억 개 발견하게 될 것이다(이는 태양질량의 1/2배에서 50배정도에 해당한다)."
>
> Sir Arthur S. Eddington: The Internal Constitution of the Stars, 1926

4차방정식은 자연 상수의 조합인 질량 M_*의 항으로 표시되어 질수 있다. a) 이 질량에 대한 방정식을 찾아보고 계산해보라. (b) M_*의 항으로 챤드라세카질량을 나타내보라.

이런 간단한 모델에 의거하여 우리는 항성의 진화에 대해 무엇을 배울 수 있는가?

1. 주어진 화학적성분비 (고정된 μ)의 항성에 대해 M이 증가하면서 β는 감소하는데, 이는 복사압이 질량이 큰 항성에서 특별히 중요해진다는 것을 의미한다.
2. 식(5.42)을 식(5.46)에 대입해보면

$$\frac{L}{L_\odot} = \frac{4\pi cGM_\odot}{\kappa_s L_\odot} 0.003\mu^4 \beta(M, \mu)^4 (\frac{M}{M_\odot})^3 \tag{5.47}$$

   을 얻게 된다. 이는 광도와 질량사이의 멱급수관계와 비슷한데, 이는 주계열별의 관측에서 얻어지는 관계와 유사하다. 사실 에딩턴에 의해 유도된 질량-광도관계는 그 당시에는 나중에 관측에 의해 확인되어져야할 이론적 예측이었었다. 화학적성분비의 차이, 그래서 나타나는 μ값의 차이는 관측된 (M,L)관계에서 산란된 점들로 나타난다.
3. 주어진 M에서 μ가 변화하면(항성의 진화과정을 거치면서), β는 μ가 증가하면서 감소하게 된다. 핵반응은 μ의 점진적으로 증가를 야기하기 때문에 항성이 나이가 들면서 복사압이 점차적으로 더 큰 역할을 하게 된다고 예측할 수 있다. 식(5.42)에 의하면 이런 경우 광도가 그 극한값에 접근하게 된다. 이런 상황이 항성이 진화의 후기단계에서 그 질량의 일부를 손실하게 (방출하게)되어 μ가 증가하는 것을 상쇄하여 β가 너무 낮은 값으로 떨어지는 것을 방지하게 된다는 것을 의미하는가? 이런 상황을 항성풍의 존재에 대한 최초의 힌트로 간주할 수 있는데, 항성풍은 광도가 L_{Edd}으로 접근하면서 증가되게 된다.

우리는 이런 결론들을 아주 조심스럽게 정리 하였는데, 왜냐면 이들은 소위 간단한 모델로부터 유도되었기 때문이다. 그렇게 정리되는 한 이들 결론들은 인정될 수 있으며 항성들의 복잡한 구조와 진화에 대해 이해하는데 중요하고 쉬운 실마리를 제공해 준다.

이론적인 질량-광도관계 (식5.47)은 평균 분자무게와 불투명도라는 2개의 매개변수를 지니고 있다. 이들 중 하나를 가정하면, 다른 하나는 이 관계를 관측적인 결과와 비교하여서 유도될 수 있다. 에딩턴은 항성이 철 (또는 지구를 구성하고 있는 물질)로 구성되었다고 가정하고 시작하였는데, 이는 μ의 값이 2를 약간 초과하는 것을 의미하며, 심하게 이온화된 항성내부의 상태를 고려한 것이다. 이는 "천문학적 불투명계수"의 추정을 가능케 하였는데 Kramer이론에 의해 계산된 이론적인 불투명계수의 10배 이상이 되었다. 그는 항성의 화학적 구성에서 상당량의 수소를 포함하는 것이 모순을 해결해 줄 것이라는 것을 감지하였음에도 불구하고, 이 해결책이 처음에는 그 뿐만 아니라 다른 학자들에게도 사실이 아닌 것처럼 보였다. 그래서 당분간은 불투명 계수에 대한 수정을 가하는 대안들이 모색되어졌다. 그러나 1930년경이 되어서야, 태양의 대기에서, 그리고 일반적으로 항성대기에서 수소의 양이 질량의 절반정도를 차지하고 있다는 사실이 알려지게 되었다. 항성의 표면에 수소가 떠있을 가능성은 폐기되었다; 에딩턴은 항성에서의 확산(diffusion)이 무시될 정도로 천천히 일어난다는 것을 이미 보였었다. 그래서, 1932년에 항성내부에서 수소가 우세하게 존재한다는 사실이 결국 에딩턴에 의해 인정되었고, 이와 독립적으로 Bengt Stroemgren이 질량-광도관계를 근거로 이 사실을 주장하게 되었다.

5.7 점광원 모델

지금까지 다루어진 모델들은 처음의 3개 구조방정식들을 고려하였었다. 이장에서는 식(5.4)의 4번째 방정식을 고려하고 불투명도에 대해 멱급수를 가정하는 [식(5.6)의 형태로] 상당히 간단한 모델들의 다른 그룹을 언급하지 않고는 완전하지 못할 것이다. 항성의 핵에너지원이 아주 작은 중심영역으로 제한되어 있다면, 점광원으로 취급되어질 수 있어서 $r > 0$에 대해 $q = 0$이 될 수 있다. 이 경우 열적평형방정식은 항성전체를 통해 일정한 에너지흐름(단위시간당 에너지)을 의미하게 된다. 그래서

$$F = constant = F(R) \equiv L \tag{5.48}$$

은 점광원모델의 기본가정을 이루게 된다. 그런 모델은 1930년에 ThmasCowling에

의해 처음으로 연구되었기 때문에 Cowling모델이라 부른다. 점광원모델들에 대해 균일한 화학적성분비를 가정하는 것이 합리적이다. 식(3.63)에서처럼 불투명도를 ρ와 T로 표현하면, $\kappa = \kappa_0 \rho^a T^b$, 풀어져야할 방정식세트는

$$\frac{dP}{dr} = -\frac{Gm\rho}{r^2} \tag{5.49a}$$

$$\frac{dP_{rad}}{dr} = -\frac{\kappa_0 L}{c}\frac{\rho^{a+1}T^b}{4\pi r^2} \tag{5.49b}$$

$$\frac{dm}{dr} = 4\pi r^2 \rho \tag{5.49c}$$

로 줄어들게 되는데, 여기에 가스의 상태방정식 $P_{gas} = (R/\mu)\rho T$가 추가된다. 이는 결코 아주 간단하거나 평이한 모델이아니라 식(5.49)들은 주어진 불투명도법칙에 대해 수리적으로 적분되어질 수 있다. 약간 더 간단하고 더 그럴듯한 점광원 모델이 불투명도가상수라고 가정된다면 (a=b=0) 얻어질 수 있다. 식(5.49a)와 식(5.49b)는 이제

$$\frac{d(P_{gas}+P_{rad})}{dr} = -\frac{Gm\rho}{r^2} \tag{5.50a}$$

$$\frac{dP_{rad}}{dr} = -\frac{\kappa L\rho}{4\pi c r^2} \tag{5.50b}$$

로 표현되어질 수 있고, 이들을 나누어주면 (식(5.33)을 얻을 때와 같이)

$$\frac{dP_{gas}}{dP_{rad}} = \frac{4\pi cG}{\kappa L}m - 1 \tag{5.51}$$

이 얻어진다. 이제 식(5.51)을 미분해보면

$$\frac{d^2P_{gas}}{dP_{rad}^2}\frac{dP_{rad}}{dr} = \frac{4\pi cG}{\kappa L}\frac{dm}{dr} \tag{5.52}$$

이 얻어진다. 식(5.50b)를 왼쪽에 대입하고, 식(5.49c)를 오른쪽 항에 대입하고 각 항들을 정리해보면 최종적으로

$$\frac{d^2P_{gas}}{dP_{rad}^2} = -(\frac{64\pi^3c^2G}{\kappa^2L^2})r^4 \tag{5.53}$$

을 얻게 된다. P_{gas}와 P_{rad}의 항으로 ρ를 나타내보면

$$\rho = \frac{\mu}{R}(\frac{a}{3})^{1/4}P_{gas}P_{rad}^{-1/4} \tag{5.54}$$

이 되고, 방정식 (5.50b)는

$$\frac{d}{dP_{rad}}\left(\frac{1}{r}\right)=\frac{4\pi cR}{\mu\kappa L}\left(\frac{3}{a}\right)^{1/4}P_{gas}^{-1}P_{rad}^{1/4} \tag{5.55}$$

로 표시될 수 있다. 그래서 4개의 원래방정식세트가 3개변수를 지닌 두개의 미분방정식쌍 식(5.53)과 식(5.55)으로 감소되었다 ; 서로독립적인 P_{rad}, r, P_{gas}. 적당한 단위없는 변수를 도입하면(P_{rad}에 대해 x, P_{gas}에 대해 y,그리고 r^{-1}에 대해 z) 풀어야할 방정식들은

$$\frac{d^2y}{dx^2}=-z^{-4} \qquad \frac{dz}{dx}=y^{-1}x^{1/4} \tag{5.56}$$

이 된다. 해 y(x)와 z(x)가 구해지면, $P_{gas}(r)$과 $P_{rad}(r)$ 그리고 이들과 함께 항성전체에 걸친 온도와 밀도변화를 얻기 위해 역의 값을 취하게 된다. 이들 방정식 쌍의 해가 쉽게는 얻어지지 않는다(자세한 분석은 챤드라세카의 책, 항성구조의 연구개론, 1939에서 발견되어진다). 점광원 모델은 질량-광도관계를 얻게 해주는데, 그 기울기는 지수스케일에서 질량이 작은 경우보다 큰 경우에서 경사가 덜 급하게 되는데, 이런 경향이 관측들과 정성적으로 일치한다(그림1.6)는 것은 아주 흥미로운 일이다. 낮은 질량의 항성들에 대해 경사가 급해지는 것은 표준모델의 결과로 얻어진 관계에서 잘 보여 진다[식(5.47)].

우리는 질량-광도관계가 특히 에너지 생성을 초래하는 핵반응에 관한 여러 가지 혼란들이 팽배했던 항성진화이론의 초기단계에 기초적인 역할을 하였음을 강조한다 :

"우리의 토론은 일반적으로 질량-광도관계라 불리는 관계에 근거하였다... 그러나 이 관계는 여러 미지 사실들을 포함하고 있어서, 이들 중 몇몇에 대한 어떤 가정을 취하지 않고는 어떤

명확한 결과를 얻어낼 수 없다. 지금까지는 이 관계는 문제가 되는 미지수들 사이의 관계인데, 이는 증명될 가능성이 있었다. 항성에서 에너지생성에 대한 우리의 지식이 증가하여서 또 하나의 관계가 설정될 수 있다면, 우리는 토론에 의해 제기된 문제들에 대한 확실한 답을 제시할 수 있게 될 것이다.

Bent Stroemgren: On the Interpretation of the Hertzsprung-Russel-Diagram, in Zeitschrift fuer Astrophysik, 1933

그리고 수년 후에,

"항성구조에 대한 지난 20년간의 연구에서 항성내부에서 일어나고 있는 물리과정들에 대한 이해에 대한 발전이 이루어졌다. 연구의 주된 성공은 질량-광도관계의 증명이다. 이 관계는 항성에너지원인 실제 핵반응을 고려하지 않고, 단지 항성의 역학적 평형과 열역학적평형으로부터 얻어졌다. 그래서 원자내부에서 일어나는 에너지 생성율에 대한 정확한 지식은 질량-광도관계를 뒤집어 엎을 수는 없고, 단지 주어진 질량에 대응하는 [광도] 크기의 영역을 제한해주는 역할을 할 수 있다.

Fred Hoyle and Raymond A. Lyttleton : The Evolution of the Stars, in Proceedings of the Cambridge Philosophical Society, 1939

항성에 대한 핵에너지 생성이 최종적으로 이해되었을때, Cowling은 과거를 회상하면서 다음과 같이 기술하였다 :

"이런 새로운 물리적 정보가 도래함으로서, 항성모델을 구축하는데 완전한 자료가 처음으로 가능해졌다; 지금까지는 다리 3개밖에 없었던 의자에 4번째 다리를 공급해준 것과 같았다."

Thomas G. Cowling: The Development of the Theory of Stellar Structure, Quarterly Journal of the Royal Astronomical Society, 1966

여기서 간단하게 언급된 모델들은 컴퓨터가 사용되기 훨씬 전인 60여 년 전에 개발되었다. 컴퓨터가 출현된 후에 이런 모델들은 오히려 진부해져 버렸는데, 왜냐면 여기에 포함된 상당히 간단한 모델계산을 컴퓨터가 금방 해치워 버리기 때문이다. 여기에서는 주로 한 가지 목적으로 다루어졌다 : 거의 물리적인 실제와 일치하는 가정들을 심하게 간단화해서라도 구조방정식의 세트들의 해들이 얼마나 복잡한지를 보여주는 목적으로 다루어졌다.

06 항성의 안정성

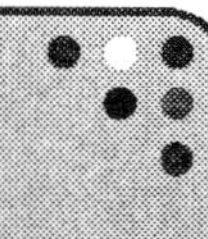

앞장에서 우리는 열적평형과 유체정역학적 평형상태에 놓인 항성의 구조모델을 다루었다. 그러나 항성진화의 과정을 이해하기 위한 첫 번째 작업(평형구조의 조사)을 실행하기 위해서는 안정성에 대한 평형이 형성되었는지 살펴보아야 한다. 안정평형과 불안정 평형 사이의 차이를 공 2개를 가지고 그림 6.1에 설명하였다 : 공 하나는 돔의 꼭대기에 놓여있고, 다른 하나는 사발의 바닥에 놓여있다. 분명히 전자는 불안정한 평형상태인 반면, 후자는 안정된 평형상태이다. 이 주장을 증명하거나 시험해보는 방법 또한 간단하고, 일반적으로 적용될 수 있다 ; 평형상태에 작은 섭동이 일어나게 된다. 공이 그의 위치에서 약간 섭동되어서 그 공에 작용하는 힘의 균형이 약간 깨어진다고 상상하여 보자. 첫 번째 경우는 공이 아래로 굴러져서 원래 위치에서 멀어지게 될 것이다. 두 번째의 경우에는 반면에 섭동은 평형위치에서 작은 진동을 야기하게 되는데, 마찰이 그 진동을 작게 하여서 결국 공을 원래의 위치에 갖다놓게 된다. 작은 불균형은 섭동에 대응하여 평형이 다시 형성되게 된다. 그래서 안정된 평형이 항상 유지되는 반면, 불안정한 평형은 결국 원래 상태로 복귀되지 않게 되는데, 왜냐면 임의의 작은 섭동은 항상 실제적인 물리시스템에서 기대되기 물리현상이기 때문이다.

항성이 그들의 물리량들을 아주 긴 시간동안 유지하기 때문에 우리는 그들의 평형상태가 안정하다고 추측한다. 그러나 이 평형이 항상 유지되는가? 안정성을 감소시키는 메카니즘은 무엇인가? 이 메카니즘은 항상 작동하는가? 그렇지 않으면 이런 메카니즘이 작동하는데 필요한 조건은 무엇인가? 여기서는 항성구조의 두 가지 평형(열적평형과 유체정역학적 평형)에 대해 이들 질문을 다루어보려 한다.

6.1 영원한 열적안정성(secular thermal instability)

유체정역학적 평형에서 항성의 전체에너지는 내부에너지 U와 중력위치에너지 Ω의 합으로 주어진다고 2장에서 살펴보았다. 이들은 식(2.23)의 비리얼정리에 의해 연관

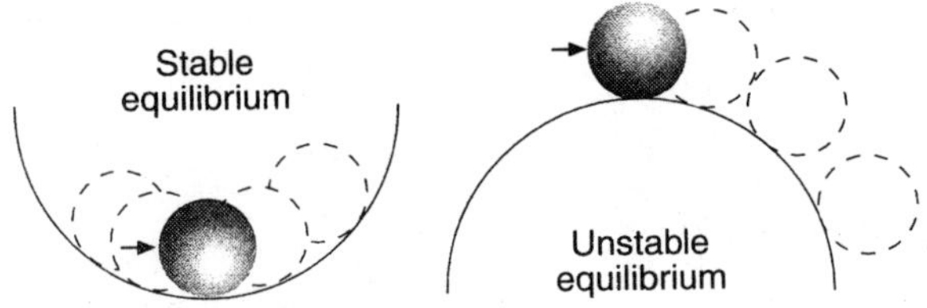

그림6.1 안정된 평형상태(왼쪽)와 불안정 평형상태(오른쪽)

이 지어 진다:

$$3\int_0^M \frac{P}{\rho} dm = -\Omega$$

복사압이 무시될 정도의 이상기체의 경우에는 식(3.44)를 이용

$$U = -\frac{1}{2}\Omega \tag{6.1}$$

을 얻게 되고, 결과적으로

$$E = \frac{1}{2}\Omega = -U \tag{6.2}$$

이 된다. 복사압이 무시될 정도의 이상기체의 경우에 대해 우리는 식(3.28), (3.40), (3.44)와 (3.47)로부터

$$\frac{P}{\rho} = \frac{P_{gas}}{\rho} + \frac{P_{rad}}{\rho} = \frac{R}{\mu}T + \frac{aT^4}{3\rho} = \frac{2}{3}u_{gas} + \frac{1}{3}u_{rad}$$

가 얻어진다. 여기에 비리얼정리를 적용해보면

$$U_{gas} = -\frac{1}{2}(\Omega + U_{rad}), \tag{6.3}$$

가 되는데, 여기서 U_{gas}는 가스의 전체내부에너지이고, U_{rad}는 전체 복사에너지이다. 이제

$$E = \frac{1}{2}(\Omega + U_{rad}) = -U_{gas} \tag{6.4}$$

가 된다. 복사효과는 중력인력을 감소시켜준다 ; $\Omega + U_{rad}$는 그래서 유효 중력위치에너지로 간주되어질 수 있다. 두 가지 경우에 항성은 수축할 때 가열되게 되고 ($|\Omega|$가 증가되면서 U_{gas}도 증가한다. 그래서 평균온도도 증가한다), 팽창할 때 냉각된다.

우리는 또한 에너지의 변화율이 핵에너지생성율과 복사방출율 사이의 차이로 주어진다는 것을 보았다 :

$$\dot{E} = L_{nuc} - L. \tag{6.5}$$

열적평형상태는 이들 항이 평형을 이룰 때, 즉 $L_{nuc} = L$일 때 형성되고 그래서 에너지는 상수가 된다($\dot{E} = 0$). 이제 작은 섭동이 약간의 불균형을 초래하여서 L_{nuc}이 L을 초과하였다고 가정하자. 식(6.5)에 의하면, 전체 에너지는 증가하게 되고($\dot{E} > 0$), E는 음수이기 때문에 그 절대 값은 더 작아진다는 것을 의미한다. 그래서 식(6.2)와 식(6.4)에 의해 평균온도는 감소한다. 그때 항성은 팽창하게 되고, 평균밀도는 그래서 감소한다. 결과적으로 ρ와 T의 멱급수에 비례하는 평균 핵반응율은 낮아지게 되고 L_{nuc}이 감소하게 된다. 섭동은 역전이 되어 열적평형이 다시 형성되어질 것이다. 비리얼정리에 의해 제공되는 이런 온도조절장치는 항성이 그렇게 오랜 기간 동안 열적평형을 유지할 수 있는 안정 메카니즘이다. 항성은 영원한 안정상태에 놓여있다고 말할 수 있다.

6.2 열적불안정성의 경우

영원한 안정성의 결론을 야기시키는 토론들에서 결정적인 연결점은 항성내부에너지의 온도종속성이었다; 더 자세하게 말하자면 항성들의 열용량이 음수라는 것이다. 내부에너지의 변화가 일어나기만 하면 온도의 변화는 에너지공급에 영향을 미쳐서 열적안정성을 보장하게 한다.

축퇴가스의 열적불안정성

압력이 주로 축퇴된 가스에 기인할 때는 온도에 민감하지 않는다는 것을 보았다. 이는 가스의 내부에너지에도 적용되고 (3.5절에서 본바와 같이), 그래서 식(6.2)가 아직 성립한다 할지라도(모든 비상대론적 가스에 대해), 내부에너지의 감소는($L_{nuc} > L$의 섭동결과로)팽창을 야기하게 될 것이지만, 온도의 하강을 수반하지는 않을 것이다. 핵에너지생성이 밀도보다 온도에 훨씬 더 민감하기 때문에 핵에너지 방출은 사라지지 않을 것이다. 열적평형이 재생되는 대신 평형으로부터 벗어나게 된다: 온도는 증가되는 핵에너지 방출 때문에 계속 올라가게 되어서 핵에너지 생성을 촉진시키게 되는 과정이 되풀이된다. 이런 불안정성이 열핵 runaway라 부른다. 핵반응이 축퇴된 별에서 점화될 때마다 이런 현상이 일어나고 결국 폭발을 일으킨다. 그러나 파국적인 방출은 피해지게 될 것이다 ; 가스는 경우에 따라 충분히 뜨겁게 되고 희석되어서 이상기체처럼 행동하게 될 것이다. 이 경우에 축퇴가 해제되었다고 말한다. 항성분출을 보이는(신성으로 알려진) 항성부류들은 이런 열핵 runaway의 소문난 예들로서, 이들은 백색왜성의 표면 팽창으로 이어졌다가 사라지게 된다.

축퇴된 물질에서 온도에 민감한 열핵반응에 의해 야기된 영년불안정성은 Tsung-Dao Lee(1950)과 Leon Mestel(1952)에 의해 처음으로 연구되었다. 1958년에는 Evry Schatzman이 백색왜성표면에서의 불안정 연소가 가스껍질의 반복적인 방출을 할 수 있다고 제안하였다. 이런 선구자적 제안은 관측에 의해 확인된 후에 바로 신성 분출에 대한 실제모델이 되었다.

연습문제 6.1

백색왜성의 표면에서 수소가 풍부한 얇은 층의 바닥에서 폭발적인 수소연소가 이 표면층의 분출을 야기하게 된다. (a) $M = M_{\odot}$이고 $R \sim 0.01 R_{\odot}$인 백색왜성에 대해 이 표면층이 태양과 같은 성분비를 지녔다고 가정하였을 때 폭발에 필요한 에너지를 공급하기 위해 헬륨으로 변화되어야 하는 층의 질량비 f를 계산하라. (b) $M < M_{Ch}$에 대해 f의 M종속성을 유도해보라.

안정성기준의 적용을 더 잘 이해하기 위해 중심에서 핵연료를 연소하는 항성을 생각하여 보자. 유체정역학적 평형에서 중심압력과 밀도는

$$\frac{dP_c}{P_c} = \frac{4}{3}\frac{d\rho_c}{\rho_c} \tag{6.6}$$

와 같이 관계 된다(식(5.28)). 압력, 밀도 그리고 온도는 상태방정식으로 연결되는데, 일반적으로

$$\frac{dP_c}{P_c} = a\frac{d\rho_c}{\rho_c} + b\frac{dT_c}{T_c} \tag{6.7}$$

의 형태로 표현된다. 여기서 a와b는 양수의 계수이다. 식(6.6)과식(6.7)을 조합해 보면

$$(\frac{4}{3} - a)\frac{d\rho_c}{\rho_c} = b\frac{dT_c}{T_c}. \tag{6.8}$$

을 얻는다. a<4/3이 되는 한 $sgn[d\rho_c/\rho_c] = sgn[dT_C/T_C]$가 성립하고, 그래서 수축

(에너지 손실에 의해생기는)은 가열을 동반하는 반면, 팽창(에너지 이득에 의해 생기는)은 냉각을 동반하면서 안정성을 유지한다. 이 경우가 a=b=1이 되는 이상기체의 경우이다. 반면 축퇴된 물질의 경우 $a \geqq 4/3$과 $0 < b \ll 1$이 성립한다. 그래서 $d\rho_C / \rho_C$와 dT_C / T_C는 양의부호를 갖는다. 이는 내부에너지의증가로 생기게 되는 팽창이(작은)온도증가를 초래하여서 또 다른 L_{nuc}의 증가를 초래함을 의미한다. 그런 상황은 분명 불안정하다 ; 그러나 가스가 팽창하면서 온도가 증가하기 때문에 가스는 점차 이상기체가 될 것이고(a는 감소하고 b가 증가하면서) 이 경우에는 안정성이 재생되게 된다. 식(6.8)을 일반화시켜보면, 이상기체와는 달리 에너지를 손실하는 축퇴별은 수축하게 되고 냉각되어진다는 것에 주목해보자.

얇은 껍질 불안정성

반경 R인 항성 내에서 안쪽 경계 r_0, 바깥경계가 r인 층의 질량이 Δm, 온도가 T, 밀도가 ρ가 되어서 그 두께가 $l = r - r_0 \ll R$이 되는 얇은 껍질을 고려해보자. 이 껍질에서 핵반응이 일어난다고 가정한다. 만일 껍질이 열적으로 평형상태에 놓여 있다면, 핵에너지 생성율은 껍질을 벗어나는 전체 열량과 같다[식(5.4)와 비교]. 만일 에너지생성율이 열 흐름양을 초과한다면 껍질은 팽창하게 되고, 그래서 그 위의 층을 바깥으로 밀어내게 된다. 이 층이 위로 올라가는 현상은 압력이 작아지는 결과를 초래한다. 유체정역학적 평형에서 껍질내의 압력은 바로 그 위층의 무게에 의해 결정되는데 r^{-4}으로 변화한다[식(5.1)참조] ; 그래서

$$\frac{dP}{P} = -4\frac{dr}{r} \tag{6.9}$$

이 된다. 껍질의 질량은 $\Delta m = 4\pi r_0^2 l\rho$로 주어지고, 그래서 밀도는 껍질의 두께에 따라

$$\frac{d\rho}{\rho} = \frac{-dl}{l} = \frac{-dr}{l} = \frac{-dr}{r}\frac{r}{l} \tag{6.10}$$

와 같이 변한다. 식(6.9)에서 dr/r을 치환하면 밀도와 압력변화사이의 관계를

$$\frac{dP}{P} = 4\frac{l}{r}\frac{d\rho}{\rho} \tag{6.11}$$

와 같이 얻는다. 온도의 변화를 얻어내기 위해 식(6.7)의 일반적형태의 상태방정식을 이용하면

$$(4\frac{l}{r} - a)\frac{d\rho}{\rho} = b\frac{dT}{T} \tag{6.12}$$

을 얻게 된다. 열적안정성에 대해 우리는 온도하강을 야기하는 껍질의 팽창을 요구하거나, 또는 b>0이기 때문에

$$4\frac{l}{r} > a \tag{6.13}$$

을 요구한다. 충분히 얇은 껍질에 대해서 ($l/r \to 0$)에 대해서는 분명히 안정조건이 경우에 따라 위반될 수 있다. 껍질이 너무 얇으면 온도는 팽창하면서 증가하고(그 속에 있는 가스가 이상기체일지라도), 이는 runaway를 야기하게 된다. 그래서 핵에너지생성 관점에서 볼 때 얇은 껍질은 축퇴된 가스와 아주 비슷하게 행동한다. 얇은 껍질의 열적 불안정성은 1965년에 Martin Schwarzschild와 Richard Haerm에 의해 처음으로 지적되었다.

우리가 열적안정성의 주제를 넘어가기 전에 한 가지 주의해야할 점을 지적해보자. 우리의 모든 지금까지의 토론에서 온도의 변화가 에너지 생성율 뿐만 아니라 열 흐름량에도 영향을 미칠 가능성에 대해서는 무시하여 왔다. 그래서 $L_{nuc} < L$의 결과로 온도가 증가하면 더 높은 L_{nuc}을 야기시킬 뿐 아니라 또한 높은 L을 야기 시키고, 그래서 결과(열적안정성으로 해석되는) $L_{nuc} > L$ 는 보장되지 않을 수도 있다. 얇은 껍질에 남아있는 잔여열량이 온도증가를 야기 시킨다면 껍질의 팽창에도 불구하고 비슷하게 껍질 밖으로 향하는 열 흐름양을 증가시킬 수 있어서 핵에너지 생성율이 증가한다 할지라도 runaway를 억제할 수 있게 된다. 이런 일이 일어날 때 열흐름양은 핵에너지 생성율의 온도민감도보다 훨씬 덜 민감하다. 그래서 일반적으로 L의 변화 또는 dF/dm 은 온도섭동에 기인하는 L_{nuc}나 q의 변화에 비해 무시될 수 있고, 그래서 우리의 이전 논의가 타당하게 되는 것이다.

6.3 동력학적 안정성

동역학적 안정성은 항성에서 질량덩어리의 운동에 관계되는데, 즉 거시적인 운동에 관계 된다; 거시적인 규모에서 가스입자는 항상 무작위의 국부적인 운동에 놓여있다. 유체 정역학적 평형에서는 거시적운동이 일어나지 않는다 ; 더 정확하게는 이들은 감지할 수 없을 정도로 미세하게 일어난다. 이런 평형의 안정성을 점검하기 위해 우리는 중력수축과 압력증분에 의해 행사된 바깥쪽으로의 힘 사이의 균형에 작은 섭동이 가해질 때 어떤 반응이 일어나는지 살펴보자. 우리는 구형대칭의 구조를 다루고 있기 때

문에, 수축 또는 팽창의 방사섭동을 고려할 수 있다. 기본적인 의문은 일시적인 수축이 원래 상태 쪽으로의 팽창을 야기하는지 또는 계속되는 수축을 야기하여서 runaway을 증가시키는지의 여부이다.

항성 내에서 동역학적 섭동을 전체적으로 다루는 것은 간단하지 않다. 그러나 여기에 포함된 기본원리들을 서술해보기 위해서는 아주 간단화 된 예면 충분하다. 유체정역학적 평형에 놓여있는 질량 M의 가스구를 고려해보자. 어떤 점 r(m)에서 압력은 m과 M사의의 층에서 단위면적당 무게와 같은데 이는 유체정역학적 평형방정식 식(5.1)을 적분하고 P(M)=0을 취해서 얻어 진다:

$$P = \int_m^M \frac{Gm}{4\pi r^4}\, dm \tag{6.14}$$

r(m)에서의 밀도는 식(5.2)에 의해 주어진다:

$$\rho = \frac{1}{4\pi r^2}\frac{dm}{dr} \tag{6.15}$$

이제 작고 균일하며 방사적으로 일어나는 압축을 고려해보자. 이때 새로운 반경은 작은 섭동에 의해 원래반경으로부터 어디서나 얻어질 수 있다:

$$r' = r - \epsilon r = r(1-\epsilon). \tag{6.16}$$

만일 $\epsilon \ll 1$이라면, 이항근사가 사용될 수 있다:

$$(1 \pm \epsilon)^n \approx 1 \pm n\epsilon \tag{6.17}$$

새로운 밀도는

$$\rho' = \frac{1}{4\pi r^2 (1-\epsilon)^2}\frac{dm}{dr}\frac{dr}{dr'} = \frac{\rho}{(1-\epsilon)^3} \approx \rho(1+3\epsilon). \tag{6.18}$$

가 된다. 나아가 수축이 단열적이라 가정하면(복사압력을 무시하고), 새로운 가스압력은 초기압력과 $(\rho'/\rho)^{\gamma_a}$의 관계가 존재하는데, 여기서 γ_a는 단열지수이다(3.6절에 소개됨):

$$P'_{gas} = P(1+3\epsilon)^{\gamma_a} \approx P(1+3\epsilon\gamma_a). \tag{6.19}$$

비슷하게 식(6.14)에서 새로운 유체정역학적 압력과 초기압력과의 사이에

$$P'_h = \int_m^M \frac{Gm}{4\pi r^4 (1-\epsilon)^4}\, dm \approx P(1+4\epsilon). \tag{6.20}$$

의 관계를 얻는다. 이런 섭동이 일어난 후 가스구는 더 이상 유체정역학적 평형상태가

아닌 것으로 기대된다. 즉, $P'_{gas} \neq P'_h$가 성립한다. 평형을 다시 회복하기 위한 조건은 이 경우

$$P'_{gas} > P'_h, \tag{6.21}$$

가 되어 구가 원래의 상태로 되돌아오는 팽창을 야기하게 된다. 식(6.19)와 식(6.20)을 식(6.21)에 대입하면

$$P(1+3\gamma_a\epsilon) > P(1+4\epsilon). \tag{6.22}$$

라는 요구조건을 얻게 된다. 그래서 안정된 유체정역학적 평형을 위한 조건, 다른 말로 표현하여 동역학적 안정조건은

$$\gamma_a > \frac{4}{3}. \tag{6.23}$$

이 된다. 똑같은 결과가 $\epsilon < 0$일 때 팽창하는 경우에서 얻어지며 조건(6.21)은 부호가 바뀐다.

모든 곳에서 $\gamma_a > \dfrac{4}{3}$인 항성은 동력학적으로 안정되어 있다고 하는 것을 보여줄 수 있다 (만일 모든 곳에서 $\gamma_a = 4/3$이면 중립적으로 안정). 어떤 곳에서 $\gamma_a < 4/3$이 되는 경우는 또 다른 점검이 필요하다. 일반적인 동역학적 불안정성은 전체항성에 대해 $\int (\gamma_a - 4/3)\frac{P}{\rho}dm$ 이 음수가 될 때 얻어진다. 그래서 P/ρ가 큰 충분히 큰 핵에서 $\gamma_a < 4/3$이 성립하면 항성은 불안정해진다. 그러나 P/ρ가 작은 바깥층에서 $\gamma_a < 4/3$이 성립하면 항성은 전체적으로 볼 때 불안정해질 필요가 없다.

6.4 동역학적 불안정성의 경우

우리가 해야 할 질문은 안전성기준의 위배를 야기하는 항성구조는 무엇인가 하는 것이다. 즉, $\gamma_a \leqq 4/3$인 항성구조는 무엇인가? 이미 우리는 이런 경우를 3.6절에서 다루었다.

상대론적-축퇴 전자가스

상대론적-축퇴전자가스에 대해 γ_a는 4/3이 되는 경향이 있다. $\gamma_a = 4/3$의 한계에

서 기대되는 불안정성은 챤드라세카 한계질량의 경우를 제공 한다(5.4절에서 유도됨) : 축퇴압력은 항성질량이 이 한계보다 작을 때만 중력수축을 견디어낼 수 있다. 더 높은 질량에 대해서는 수축이 폭축으로 끝나게 된다.

복사압력이 우세한 경우

γ_a가 4/3이 되는 경향이 있는 2번째 경우가(3.6절에서 본바와 같이) 복사압력이 우세한 경우 또는 β상수의 항으로(3.1절에서 소개된) $\beta \to 0$이 되는 경우이다. $\beta = 1$일 때 (복사 없는 이상기체) $\gamma_a = 5/3$이 되어서 이상기체가 그자체의 중력장내에서 동역학적으로 안정되게 될 것이다. β가 감소하면서 γ_a이 또한 감소하게 되고 $\beta = 0$(순수광자가스)의 한계에서 4/3이 되는 경향이 있다. 복사압력이 우세한 가스가 동역학적으로 불안정하다는 것을 보여주는 다른 방법은 비리얼정리를 이용하는 것이다. 순수복사에 대해 $P/\rho = u_{rad}/3$이 성립하고, 식(2.23)에 의해

$$-\Omega = 3\int_0^M \frac{P}{\rho} dm = U_{rad}, \tag{6.24}$$

이 성립한다. 이는 항성의 전체에너지 $E = \Omega + U$가 사라짐을 의미 한다 ; 즉, 항성이 속박되지 않은 상태가 된다. 그래서 우리는 동역학적 불안정성의 결과가 아주 다르다는 것을 본다.

이온화-형태 과정들

동역학적 불안정성, 또는 $\gamma_a \leq 4/3$은 또한 입자수가 보존되지 않고 변화하는 물리조건에 따라 변화하는 입자계에서 일어날 수도 있다. 이온화(3.6절)가 전형적인 예를 제공 한다: 한 단일원자는 다른 입자들과 충돌을 하거나 광자를 흡수하여 정확한 양의 에너지를 흡수하면 2개 입자, 이온과 전자를 생성할 수 있다. 동시에 역반응(재결합)이 일어나는데, 입자수를 감소시키는 경향이 있다. 시스템이 압축될 때 재결합이 증가되는 반면 체적이 증가될 때 이온화가 선호된다. 그래서 입자 수는 밀도에 반비례한다. 다음의 간단한 논증은 이런 성질이 γ_a의 값에 어떤 영향을 주는지 설명하기위해 시도되었다. 체적 V와 압력 P인 입자시스템을 고려해보자 : 한 시스템에 입자 수 N이 보존되고 다른 시스템에서는 입자수가 이온화반응 때문에 변화한다. 우리는 이상기체를 가정하고 압력이 입자 수(입자의 성질에 상관없이)에 비례하며, 체적에는 반비례한다는 것을 안다. 이제 체적이 약간 압축되어 $V' < V$가 되었다고 하자. 첫 번째 시스템에서는 N/V' >N/V이기 때문에 압력은 분명 증가한다. 다른 시스템에서는 그러나 N

이 변화하여서 N' < N이 된다. 그래서 N'/V'가 처음시스템에서보다 작게 된다 N'/V' < N/V'. 결과적으로 압력은 약간 증가하게 되고, 이는 압력의 체적종속성(그래서 밀도종속성)이 두 번째 시스템에서 약간 약해지게 됨을 의미한다. 이는 작은 γ_a값으로 변하게 될 것이고 4/3보다 아마 작게 될 것이다. 순수하고 단일 이온화가스의 경우를 예를 들면 식(3.60)에 의해 18%와 82%의 이온화사이에서 $\gamma_a < 4/3$이 성립 한다($kT \sim \chi$에 대해). 그래서 단지 거의 중성이거나 완전히 이온화된 가스만이 동역학적으로 안정하다.

항성내부에서 온도는 충분히 높아서 완전 이온화를 시킬 수 있기 때문에(적어도 주성분이 수소와 헬륨에 대해) 이온화 자체는 항성의 전체적 안정성에 관여하여 큰 영향을 주지 못한다(P/ρ가 작을 때 제한된 영역에서 $\gamma_a < 4/3$). 우리는 그러나 2개의 다른 이온화과정을 만나는데, 이는 높은 온도에서 일어난다 : 철 광분해(4.10절)과 쌍생성(4.9절). 우리는 다음 장에서 이들 2개 과정이 항성진화의 과정에 극적인 영향을 미친다는 것을 보게 될 것이다.

6.5 대 류

5.5절에서 우리는 유체정역학적 평형상태인 항성전체에 걸친 복사에너지는

$$\kappa F < 4\pi c G m$$

을 요구함으로 제한될 수 있음을 보았는데, 이 요구는 $F = \int q\,dm$이 아주 커질 때, 또는 불투명도가 아주 높아질 때는, 격렬한 핵연소 과정의 경우에서 위반되어진다. 식(5.3)에서, 큰 열흐름양 또는 큰 불투명도는 경사가 급한 온도증분을 야기한다는 것을 보았다. 그러나 온도증분은 대류가 일어나는 영역 밖에서의 한계까지만 증가하게 되는데, 대류가 일어날 때는 전체 에너지를 운반하는 거시적 질량운동(그러나 전체 질량흐름은 아니다)이 순환적으로 일어난다. 전체 흐름양이 식(5.4)를 만족할 때, (대류에 의한)열적평형이 형성된다. 그래서 대류가 어떤 파괴적인 결과를 초래하지 않는다 할지라도 역학적 불안정성의 한 형태로 간주되어 질 수 있다. 사실, 역학적 과정임에도 불구하고, 대류는 항성구조에 단지 효과적인 열전달자로서 그리고 혼합 메카니즘으로서만 영향을 미친다. 대류가 일어날 조건(또는 한계 온도증분)은 1906년 Karl Schwarzschild가 보여준 바와 같이 간단한 기준으로 결정되어진다.

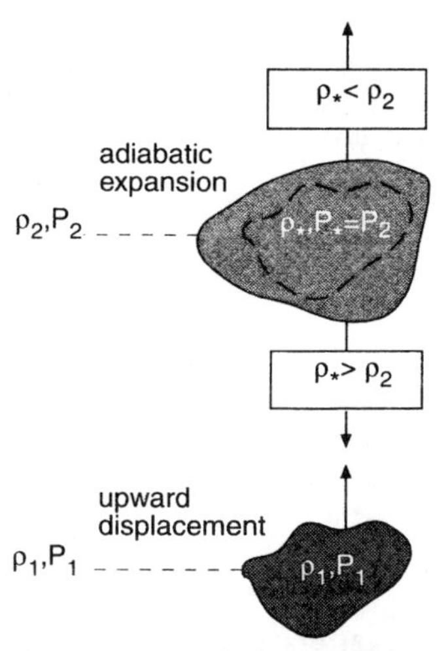

그림6.2 항성내에서 한점 1에서 다른 점 2로 급속하게 움직이고 있는 질량소, dm이 대류를 견디어 내는 안정성에 대한 Schwarzschild 기준의 도식화

대류에 대항하는 안정성에 대한 Schwarzschild 기준은 다음과 같은 논증으로부터 유도된다 : 그림 6.2에 보여준 바와 같이 항성 내 어떤 점에 있는 질량소, dm을 고려해보자. 이 점을 1이라 표시하고, 1지점에서의 국부적 밀도와 압력을 ρ_1과 P_1이라 한다. 이제 이 질량소가 방사방향으로 약간 움직여 2지점에 갔다고 상상해본다. 이때 밀도와 압력은 ρ_2과 P_2가 된다. 항성 내에서는 바깥쪽으로 가면서 압력이 감소하기 때문에, $P_2 < P_1$이 된다 ; 즉 2지점에서 주변압력은 질량소내의 압력보다 더 작게 될 것이다. 그래서 질량소는 내부압력과 외부압력이 평형을 이룰 때까지 팽창을 하게 된다. 역학적 특성시간과 열적특성시간이 크게 차이난다는 관점에서 볼 때, 질량소가 팽창할지라도 주변과 어떤 열교환도 일어나지 않을 것이라고 가정하는 것은 합리적이다. 그래서 질량소는 단열변화를 겪게되어, 그 주변밀도와 꼭 같을 필요 없이 최종 밀도 ρ_*에 도달하게 된다. 만일 $\rho_* > \rho_2$가 되면, 질량소는 다시 초기위치로 하강하게 될 것이다. 우연히 일어나는 어떤 질량운동의 기세가 꺽이게 되기 때문에, 우리는 그런 상황을 안정하다고 간주한다. 반면에, $\rho_* < \rho_2$가 되면, 질량소는 위쪽으로의 운동을 계속하게 된다(아르키메데스 법칙에 따라). 이 경우, 시스템은 대류에 대해 불안정하다; 즉, 대류운동이 형성되기 쉬워진다. 대류적으로 불안정한 영역의 크기는 점차 더 멀리 떨어진 지점들에 똑같은 기준을 적용해보면서 얻어질 수 있다. 한 별의 중심에서 표면까지 전반에 걸쳐 완전히 대류적인 상태가 형성될 가능성도 있다.

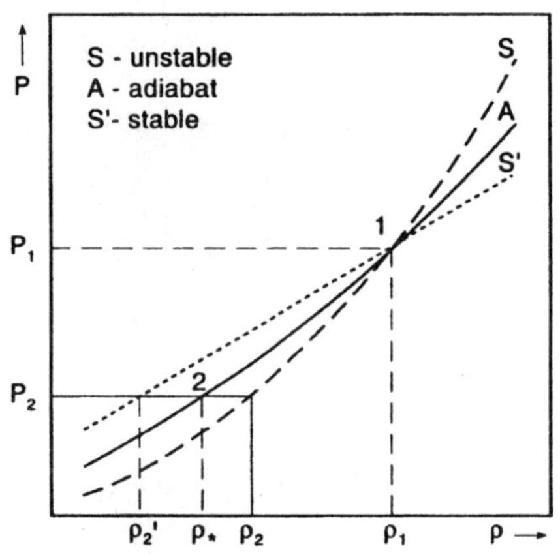

그림6.3 Schwarzschild의 대류에 대한 안정성기준을 수학적으로 기술할 수 있도록 해주는 도식적인 밀도-압력그림

대류안정도 조건을 수학적으로 기술하기 위해 우리는 그림 6.3같은 (ρ, P)-도를 다시 분류해본다. 여기서 시작점은 1로 표시되었다(ρ_1, P_1). 3.6절에서 본바와 같이, 단열과정에서 압력의 온도에 대한 종속성은 $P = K_a\rho^{\gamma_a}$로 주어진다. A라 표시된 곡선은 1지점을 통과하는 단열의(P, ρ) 관계인데, 이 지점에서 가스의 물리적 특징들로부터 얻어질 수 있다. S와 S'로 표시된 곡선들은 1지점의 주위에서 항성의 밀도에 따라 압력이 어떻게 변화하는지에 대한 가상적인 항성구조를 나타내주고 있다. 기울기 S는 더 경사가 급하고, S'의 기울기는 A의 기울기보다 더 편평하다. $P = P_2$인 수평선은 A, S, 그리고 S'의 곡선들을 만난다 : A곡선과 만나는 점은 질량소내의 ρ_*에 준하고, S와 S'와의 교차점은 각 경우에서 주변의 밀도에 상응한다. 만일 항성구조가 S에 의해 기술된다면, $\rho_2 > \rho_*$가 되는데, 이는 불안정성을 의미하게 되고, 반면 S'가 항성의 구조를 기술해준다고 하면, $\rho_2' < \rho_*$가 되어, 대류에 대해 안정함을 나타내게 된다. 결론적으로 안정성조건은

$$\left(\frac{dP}{d\rho}\right)_{star} < \left(\frac{dP}{d\rho}\right)_a \tag{6.25}$$

이 되고, 양변에 ρ/P를 곱하면

$$\gamma \equiv \frac{\rho}{P}\left(\frac{dP}{d\rho}\right)_{star} < \gamma_a \tag{6.26}$$

이 얻어진다. 이런 간단한 판단기준의 일반적인 타당성이, 이 판단기준이 사용되어진지 60년이 지난 1967년에 Shmuel Kaniel과 Attay Kovetz에 의해 정밀한 수학적방법

을 통해 증명되었다.

이상기체와 복사압이 무시되는 경우에 대해, 압력은 온도와 밀도에 비례하는데, 주어진 화학적 성분비에 대해

$$\frac{dP}{P}=\frac{d\rho}{\rho}+\frac{dT}{T} \tag{6.27}$$

이 성립한다. 식(6.26)과 식(6.27)을 조합해보면, 대류적 안정성 판단기준으로

$$\frac{P}{T}\left(\frac{dT}{dP}\right)_{star}<\frac{\gamma_a-1}{\gamma_a} \tag{6.28}$$

을 얻게 되고, 이는 또한

$$\left|\frac{dT}{dr}\right|_{star}<\left(\frac{\gamma_a-1}{\gamma_a}\right)\frac{T}{P}\left|\frac{dP}{dr}\right|_{star} \tag{6.29}$$

로 표현될 수 있는데, 온도증분과 압력증분이 음수임을 상기시켜준다. 그래서 우리는 대류가 형성되기 전에 허용된 온도증분 크기의 최대 상한값을 얻게 된다.

6.6 대류불안정의 경우

우리가 막 유도해본 대류안정성 판단기준은 아주 보편적이다 : 이 기준은 항성내부에도 적용될 수 있을 뿐만 아니라, 예를 들어 지구대기에도 적용될 수 있다. 그러나 항성의 대류불안정성을 야기 시키는 조건에 대해 더 구체적일 수는 없을까? 특히, 식(5.34)의 제한이 어떻게 대류안정성 판단기준에 연결이 될까?

우리는 3.6절에서 단열지수가 이온화과정이 진행되면서 낮아진다는 것을 보았다. 그래서, 가스가 부분적으로 이온화되어 있는 항성의 영역에서 이 대류안정성 판단기준은 만족되기 더 어렵다. 동시에 이런 영역들은 $\gamma_a<4/3$일 때 역학적으로 불안정하다.

판단기준 식(6.28)은 $\gamma_a=\gamma_a(\beta)$가 성립하는 복사압 효과를 포함하면서 더 일반화되어질 수 있지만, 식(6.26)과 식(6.28)에 나타나는 단열지수는 β의 서로 다른 함수가 된다. 이들 단열지수들은 $\beta\rightarrow 1$이 되면서 5/3에 접근하며, $\beta\rightarrow 0$이 되면서 4/3에 접근한다.

3.6절의 과정들을 따라가면서, 이상기체와 복사의 경우에 대한 식(6.26)과 식(6.28)의 판단기준에 나타난 단열지수를 β의 함수로 유도하라. $\beta = 1, 1/2$,그리고 1일 때 이들 값을 계산해보라.

온도증분에 대해 복사확산방정식 식(5.3)을 사용하고, 압력증분에 대해 유체정역학적 방정식 식(5.1)을 사용한다면, 우리는 대류안정성 조건을

$$\kappa F < 4\pi c G m \left[4\left(\frac{\gamma_a - 1}{\gamma_a}\right)(1-\beta)\right] \tag{6.30}$$

형태로 얻게 된다. 이는 κF의 상한값을 암시하고 있는 조건 (5.34)와 비슷한데, 이 온도보다 큰 경우 복사평형이 더 이상 성립할 수 없다. 오른쪽 항의 대괄호에 있는 항이 1보다 작기 때문에, 식(6.30)의 조건은 더 강해졌음에 주목한다. 그래서 대류는 κF의 상한값, 식(5.34)가 도달되기 전에 일어난다. β가 0이 되면서 두 개 조건들은 수렴하게 된다.

이온화의 경우에는, 높은 불투명도와 낮은 단열지수가 합력하여 대류를 야기 시킨다. 이 효과는 특히 항성의 바깥영역에서 중요한데, 그 곳에서 온도는 충분히 낮아서 헬륨과 수소가 단지 부분이온화만 겪게 된다. 항성내부에서는, 특히 불투명도가 상수가 되는 높은 온도의 영역에서는, 대류를 야기 시키는 우세한 요소는 높은 에너지흐름양이다. 그런 흐름양은 거대한 핵연소로 부터 얻어지는 것으로 기대된다. 핵에너지 생성율이 식(5.7) 형태의 멱급수형태, $q = q_0 \rho^m T^n$ $(n \gg m)$로 표현된다고 가정하면, 핵연소세기에 대한 조건을 n의 한계값으로 변환시킬 수 있게 된다. 이는 결코 간단한 작업이 아니다 ; 이 작업은 분석적으로는 불가능하고, 단지 항성구조방정식의 해를 요구한다. n의 한계값 문제는 이미 1930년대에 다루어졌다 ; 예를 들어 상당히 간단한 모델(5.7절에 기술된 모델들을 상당히 변화된 형태)을 사용하여, Cowling은 다음과 같은 조건을 얻어냈다 : 상수의 불투명도에 대해, n값이 3과 4 사이에 놓인 값을 초과한다면 대류안정구조가 형성될 수 없는 반면, Kramer불투명도 법칙(3.7절)에 대해서 8정도의 값을 초과하는 n값에 대해 그런 해가 존재하지 않는다. 1950년대 초반에, 이 문제가 Roger Tayler에 의해 자세히 연구되어 비슷한 결과들을 얻게 되었다. 일반적으로, 에너지 생성율이 온도에 아주 민감하다는 사실이 대류를 야기 시킬 수 있게 된다.

조건(6.30)은 κF가 클 때 뿐만 아니라, β값이 또한 1과 큰 차이 나지 않을 때 대류

가 일어나게 될 것이라는 것을 나타내주는데, 이는 결국 가스압력이 우세해진다는 것을 뜻하게 된다. 간단한 표준모델에 근거하여, 5.6절에서는 β가 항성질량과 강한 상관관계를 지니고 있음을 보았는데, β는 M이 감소하면서 증가하게 된다. 그래서 핵연소가 일어나고 있는 낮은 질량의 항성에서 대류가 우세하다는 것은 놀랄 일이 아니다. 낮은 질량의 별들이 충분히 차갑고, 밀도가 커서 축퇴압력이 우세하게 될 때, 대류안정성이 다시 설정된다. 여기에는 2가지 이유가 있다 : 첫째로 축퇴된 물질은 전도성이 높아서, 즉 유효 불투명도가 상당히 낮기 때문이고, 두 번째로는, 안정된 핵연소가 축퇴조건에서 가능하기 때문인데 (6.2절), 그런 별들은 활동성이 없음이 분명하다. 결론적으로 대류가 백색왜성의 내부에서는 형성되지 않는다고 할 수 있다.

대류적 에너지 전달이 이루어질 때, 오른쪽 항에 나타나는 열흐름양은 복사흐름양이란 점에서, 식(5.3)은 더 이상 성립되지 않는데, 이 흐름양은 이제 전체흐름양 F (식(5.4))와 달라져서, F의 일부분인 아주 작은 양이 된다. 그래서 식(5.3)은 대류를 설명해주는 다른 방정식으로 보충되어지거나 대체되어져야 한다. 대류운동이 분명 완전히 방사적으로 일어나지 않기 때문에, 구형의 1차원 항성모델에 대해 대류흐름양을 추정하는 어림이 취해져야 한다. 이런 방법에 대한 고찰은 더 고급과정의 교과서에서 다루어질 수 있다. 우리의 목적을 이루어내기 위해서는, 항성내부의 대류영역내에서 단열성이 아주 미미하게 위배된다($\gamma \approx \gamma_a$)는 것을 지적하는 것이 중요하다. 이 작업이 1930년대에 Ludwig Biermann에 의해 처음으로 보여 졌는데, 그의 논증은 기본적으로 아래와 같이 요약된다.

중심에서 거리 r떨어져 있는(질량 m), 질량 m_c와 두께 r_c인 대류껍질을 고려해보자. F는 단위시간당 대류껍질의 안쪽경계를 통과하는 에너지라 하자. 대류열전달의 경우, 에너지는 처음에는 흡수되었다가, 난류운동하는 질량운동에 의해 전도된다. 그래서 부상하는 질량소는 열을 전달하기 위해서 주변의 온도, T보다 큰 잉여온도, δT를 획득하게 되고, $\delta T/T$는 초단열성의 척도가 된다. 질량소가 그 주변과 역학적 평형을 이루고 있기 때문에, $\delta P = 0$이 된다. 그래서, 식(6.27)로부터, 그 밀도결핍은 $|\delta\rho/\rho| = |\delta T/T|$에 의해 온도초과와 관계된다. 질량소가 거리 r_c동안 대류로 열을 내보내면서 열을 전달하는 시간은 r_c/v_c이 되는데, 여기서 v_c는 평균속도이다. 그래서, 전체적으로 $F(r_c/v_c)$에 달하는 에너지가 바깥경계면을 통해 바깥으로 전달되기 전에 껍질에서 흡수된다. 상대적인 온도증가는 이제

$$\frac{\delta T}{T} \sim \frac{F(r_c/v_c)}{um_c} \tag{6.31}$$

로 주어지는데, 여기서 u는 단위질량당 에너지이다(3.5절). 대류속도는 대략 $v_c \sim \sqrt{g' r_c}$로 대략 추정될 수 있는데, g'는 국부적인 중력가속도로, 아르키메데스의 부력법칙에 의해 주어지는데, $\delta\rho/\rho$만큼 작아진다. 그래서

$$v_c \sim \sqrt{\frac{Gm}{r^2}\left|\frac{\delta\rho}{\rho}\right| r_c} \quad \sim \sqrt{\frac{Gm}{r^2}\frac{\delta T}{T} r_c} \tag{6.32}$$

이 된다. 식(6.31)과 식(6.32)를 조합하면,

$$\left(\frac{\delta T}{T}\right)^{3/2} \sim \frac{Fr}{um_c\sqrt{Gm/r_c}} \tag{6.33}$$

이 얻어진다. 크기를 추정해보기 위해, F를 항성광도 L로, m과 m_c를 항성질량 M으로, uM을 U로 그리고 r과 r_c를 항성반경 R로 바꾸어보면,

$$\left(\frac{\delta T}{T}\right)^{3/2} \sim \frac{L}{U}\frac{1}{\sqrt{GM/R^3}} \tag{6.34}$$

을 얻게 된다. 우리는 오른쪽의 곱의 첫 번째 항은 $10^{15}s$ 정도 크기가 되는 열적특성시간(Kelvin-Helmholtz, 식(2.60))의 역수가 되고, 두 번째 항은 $10^3 s$ 되는 역학적 특성시간 (식(2.56))이 됨을 알 수 있다. 결과적으로,

$$\frac{\delta T}{T} \sim \left(\frac{\tau_{dyn}}{\tau_{th}}\right)^{2/3} \sim 10^{-8} \tag{6.35}$$

이 되는데, 이는 우리의 주장을 분명하게 증명해준다. 그래서, 아주 좋은 어림으로, 온도증분은 깊숙한 대류영역에서 단열적이라고 가정될 수 있고 (식(5.3) 대신), 그래서 그런 영역은 폴리트롭이 된다. 이 가정은 $uM \ll U$인 항성표면 가까이에서는 성립되지 않는다.

연습문제 6.3

균일한 κ(불투명도)와 β를 지닌 항성이 대류 중심핵을 지니고 있고, 또 중심핵 바깥쪽에 핵에너지 생성원이 없다고 가정할 때, 이 중심핵의 질량비가 $\dfrac{\gamma_a}{4(\gamma_a - 1)}$로 주어짐을 보여라.

이제, 역학적 안정성이 $\gamma > 4/3$을 요구하기 때문에, 유체정역학적 평형에 놓여있는

별은

$$\frac{4}{3} < \gamma_a \leq \frac{5}{3} \tag{6.36}$$

을 만족하게 된다. 이 조건은 만일 항성구조가 폴리트롭에 의해 어림으로 기술될 수 있을 때(여기서 γ와 γ_a가 일치), 지수 n은 1.5와 3사이에서만 변화하게 될 것임을 의미한다.

6.7 결 론

이번 장의 첫머리에서 야기되었던 항성에서 평형이 안정성이 있는가(복사적이든 또는 대류적이든)에 대한 문제를 요약하기 위해, 우리는 안정성이 주어진 어느 점에서 그 위에 놓여진 층의 무게를 압력을 행사하면서 지탱하거나, 섭동이 있다할지라도 정확하게 균형을 유지할 수 있는 가스(입자와 광자)의 능력에 따라 달라진다고 말한다. 마지막으로, 압력은 온도와 밀도 모두에 아주 심하게 종속이 된다. 온도에 대한 민감성은 열핵 runaway를 방지하기위해서 요구되고, 그리고 밀도에 대한 민감성은 폭축을 피하기 위해 요구된다. 항성의 불안정성에 대한 또 다른 경우들이 존재하는데, 기본적으로는 이 원칙이 위배되면서 생성되는 불안정성이지만, 그들이 어떤 특별한 내부구조가 형성되는 진화의 과정 속에서 일어나기 때문에, 우리는 그런 불안정성이 일어날 때 그들을 다루게 될 것이다.

07 항성의 진화 - 개요적 설명

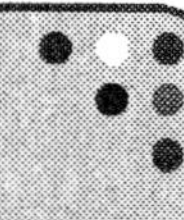

2장의 마지막에 제시된 두 가지의 기본 질문에 답을 하고났으니, 이제 지금까지 얻어진 지식들을 항성의 진화에 대한 일반적인 그림을 그려보는데 활용하여보도록 하자. 우리는 항성진화의 시간규모가 핵연료의 (느린) 소모율에 의해 결정되어진다는 사실을 떠올려본다. 이제 핵연소율은 밀도가 높아지면서 증가하고 온도가 높아지면서 급격히 증가하기 때문에, 항성의 구조방정식은 온도와 밀도 모두 중심에서 바깥으로 갈수록 감소함을 보여준다. 그래서 항성의 진화는 중심영역(핵)에서 주로 일어나고 그 후에 바깥부분에서 진행된다고 결론짓는다. 화학적 성분비의 변화는 먼저 핵에서 일어나고, 그리고 핵에서 각 핵연료들이 고갈되면서 항성진화가 진행된다.

그래서 항성의 진화과정에 대한 개관적인 설명은 항성의 핵에서 일어나는 변화들을 고려할 때 가능해진다. 항성진화에 대한 간단한 그림을 얻어내기 위해서는 중심조건으로 항성을 특정 짓고 이들 조건이 시간에 따라 어떻게 변화하는가를 살펴보아야 한다. 화학적 성분비 외에 온도와 밀도도 어떤 물리량을 결정하기위해 꼭 필요한 양인 것을 이미 살펴보았다. 중심온도를 T_c, 중심밀도를 ρ_c라고 표현하면, 항성의 상태는 주어진 시간에 한 쌍의 값들로 정의된다 : $T_c(t)$와 $\rho_c(t)$. 이제 온도축과 밀도축을지닌 그래프를 생각해보자. $[T_c(t), \rho_c(t)]$쌍은 이런 그래프에서 한점을 나타내는데, 그래서 항성의 진화는 시간 $t_1 < t_2 < t_3 < t_4, \ldots$에 대해 $[T_c(t), \rho_c(t)]$선을 이루고 있는 $[T_c(t_1), \rho_c(t_1)]$, $[T_c(t_1), \rho_c(t_1)]$, $[T_c(t_3), \rho_c(t_3)]$, $[T_c(t_4), \rho_c(t_4)]$, … 같은 일련의 이런 점들로 묘사될 수 있다. 한 항성의 진화 궤적이 같은 성분비를 지닌 다른 별과 구별되게 하는 유일한 물리량은 질량이기 때문에 우리는 서로 다른 질량에 대해서는 (T, ρ)평면에서 서로 다른 선들을 얻어낼 것을 기대한다.

노트

균일하고 단열(엔트로피가 일정한)모델에 근거한 항성진화의 만기상태에 대한 연구는 Rakavy & Shaviv(1968)에 의해 수행되었다. 시간에 따른 변화경로는 엔트로피가 감소시키면서 계산되어졌고, 그래서 $[T_c(s), \rho_c(s)]$쌍이 서로 다른 항성질량에 대해 얻어졌다.

항성의 마지막 단계에 대해 아주 일반적인 그림이 나오게 되었고 1년 후에 Kovetz는 정성적인 설명(그리고 타당성)을 제공하였다. 이들 연구에서 사용된 간단한 기법들을 소개하려 하는데, 여기에 아주 간단한 논쟁들을 덧붙이면 더 포괄적인 설명들을 유도할 수 있을 것이다.

한 항성에서 일어나는 모든 물리 과정들은 특성 온도범위와 밀도범위를 지니고 있어서 서로 다른 온도-밀도 쌍은 항성물질에 우세한 상태와 우세한 물리과정을 결정해준다. 그래서 (T, ρ)평면은 서로 다른 물리상태 또는 물리과정이 일어나는 여러 영역으로 나누어질 수 있다. 우리들이 취해볼 첫 번째 단계는 항성중심의 진화경로가 바뀌는 영역을 자세히 살펴보는 것이다 ; 두 번째 단계는 각 항성질량에 상응하는 궤적을 대응시켜보는 것이고; 세 번째 단계는 이들 영역에서 각 궤적을 추적하여 항성의 진화를 만들어내는 물리 과정들을 추적해볼 수 있게 되는 것이다.

7.1 $(\log T, \log \rho)$ 평면의 특징

서로 다른 상태방정식과 서로 다른 핵과정들이 일어나고 있는 영역들로 (T, ρ)평면을 나누어 볼 수 있다. 특별히 관심이 있는 부분은 역학적인 불안정성을 야기 시키는 조건들의 영역들이다. 항성내부에 전형적인 밀도와 온도영역들은 아주 크게 변화하기 때문에 지수함수 스케일이 사용되어진다.

상태방정식 영역

다음의 논의들은 3장의 내용을 근거로 이루어지는데 그림 7.1로 정리된다. 이온화된 항성가스의 일반적인 상태는 이온과 전자에 대한 이상기체의 상태이다. 그래서 상태방정식의 일반적인 형태는

$$P = \frac{R}{\mu}\rho T = K_0 \rho T \tag{7.1}$$

가 되는데 여기서 K_0는 상수이다(식3.28을 보라). 높은 밀도와 상당히 낮은 온도에서

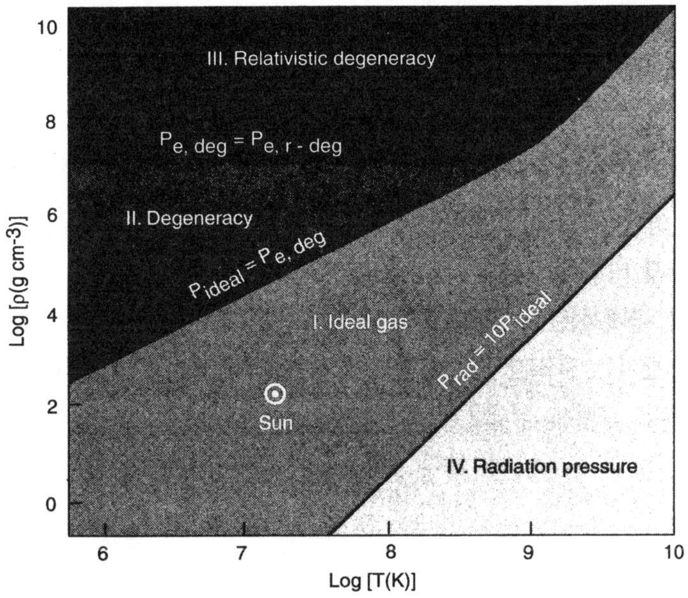

그림7.1 상태방정식에 따른($\log T$, $\log\rho$) 도표화

전자는 축퇴되고, 압력에 대한 기여가 우세해지기 때문에 상태방정식은

$$P = K_1\rho^{5/3} \tag{7.2}$$

로 어림되어질 수 있다(식(3.35)를 보라). 이 식은 식(7.1)을 대체해준다. 한 상태에서 다른 상태로 전이하는 것은 밀도와 온도가 변화하면서, 물론, 점차적으로 일어나지만, ($\log T$, $\log\rho$) 평면에서 축퇴효과가 분명하게 중요한 영역과 이상기체법칙이 우세한 영역으로 어림적인 궤적을 그려볼 수 있다. 이 경계는 식(7.1)에서 얻어진 압력을 식(7.2)에서 얻어진 압력과 같다고 했을 때 얻어진다 :

$$\log\rho = 1.5\log T + constant \tag{7.3}$$

그림 7.1에서 볼 수 있듯이 이 직선의 기울기는 1.5가 된다. 그림 7.1에서 II라고 표시된 전자축퇴영역에서는

$$K_1\rho^{5/3} > K_0\rho T$$

이 성립되는데, 기울기 1.5인 이 직선의 (왼쪽)위에 놓이게 된다. 이상기체 영역은 I로 표시되어있는데 이 직선의 아래에 놓여있다.

밀도가 높아서 상대론적 효과가 중요한 역할을 할 때 상태방정식은

$$P = K_2\rho^{4/3} \tag{7.4}$$

로 변하게 된다(식(3.38)을 보라). 이상기체영역과 상대론적 축퇴영역사이의 경계 또한

$$K_2 \rho^{4/3} = K_0 \rho T$$

의 조건으로 얻어지는데, 이는 기울기 3을 지닌

$$\log \rho = 3 \log T + constant \tag{7.5}$$

의 직선으로 정의된다. 그래서 이상기체영역과 전자축퇴영역의 경계는 밀도가 증가하면서 더 급격하게 커진다.

전자축퇴영역 내에서는 비상대론적인 축퇴에서 상대론적 축퇴로 넘어가는 전이가 일어나는데, 이 전이는 밀도가 증가하면서 압력이 증가하는 것이 빛의 속도에 의해 제한될 때 일어난다. 그래서 상대론적 축퇴는

$$K_1 \rho^{5/3} \gg K_2 \rho^{4/3}$$

이거나

$$\rho \gg \left(\frac{K_2}{K_1} \right)^3 \tag{7.6}$$

일 때 고려되어져야 하는데, 이는 높은 압력위에 놓인다 ($(\log T, \log \rho)$평면에서 수평선). 이는 그림 7.1에서 상대론적 축퇴영역으로 III영역으로 대략적으로 표시되었다.

I영역에서 복사압은 무시되었다. 그러나 높은 온도와 낮은 밀도영역(그림의 오른쪽 아래)에서는 전체압력에 대한 기여도가 커지게 되어서, 이 기여도가 가스압력에 더해 주어야 한다. 결국 복사압이 우세해지게 되어 상태방정식은

$$P = \frac{1}{3} a T^4 \tag{7.7}$$

이 된다(식(3.40)을 보라). $P_{rad} = 10 P_{gas}$정도여서 가스압력이 무시될 수 있을 때는

$$\log \rho = 3 \log T + constant \tag{7.8}$$

이 얻어지는데 이는 그림 7.1에서 IV로 표시되었고 기울기는 3이 된다(물론 식(7.5)와 상수값이 다르다).

핵연소영역들

4장에서의 결과를 근거로 다음과 같은 논의를 해볼 수 있다. 어떤 종류의 핵연소과정은 그 과정에 의한 에너지방출율이 복사되는 에너지, 즉 항성광도에 상당부분을 기여할 때 중요하게 다루어진다. 항성광도들은 넓은 영역에서 변화한다 할지라도 핵연소영역에서 우세한 조건의 변화는 아주 제한되어 있는데 이는 핵반응율이 온도에 아

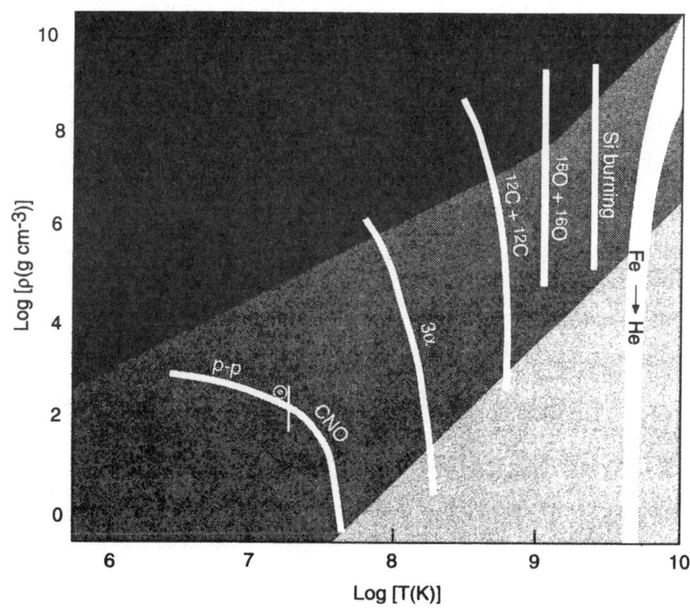

그림7.2 핵연소 과정에 의한 $(\log T, \log\rho)$도표화

주 민감한데서 기인한다. 그래서 항성에서 일어나는 각 핵융합과정에 대해 좁은 한계값이 정의될 수 있다. 이 한계값은 한쪽에서는 핵연소율이 무시될 수 있지만 다른 한쪽에서는 상당히 크게 작용한다. 각 과정에 대한 한계값은 $(\log T, \log\rho)$평면에서 직선으로 나타나는데 이 직선은 핵에너지생성율 q가 어떤 최소값 $q_{\min}$, 즉 $0.1 J\text{kg}^{-1}\text{s}^{-1}(10^3 \text{erg}\,\text{g}^{-1}\text{s}^{-1})$,보다 커질 때의 선으로 정의된다. 각 물리과정에 대해 q값이

$$q = q_0 \rho^m T^n \tag{7.9}$$

의 형태로 어림될 수 있기 때문에 $q = q_{\min}$으로 주어지는 한계값은

$$\log\rho = -\frac{n}{m}\log T + \frac{1}{m}\log\left(\frac{q_{\min}}{q_0}\right) \tag{7.10}$$

이 된다.

수소에서 철그룹 원소로 에너지 방출이 일어나면서 전이되는 과정은 5개의 단계를 거치게 된다 : p-p고리 또는 CNO사이클을 통한 수소가 헬륨으로 연소되는 과정, 3α 과정을 통한 헬륨의 탄소로 융합과정, 탄소연소과정, 산소연소과정 그리고 실리콘 연소과정. 이 5개 과정에 상응하는 한계값들이 그림 7.2에 그려졌다. 대부분의 경우에는 m=1이고 $n \gg 1$이어서 식 (7.10)에서 (음수의)기울기가 너무 커서 한계값은 거의 수

직선을 이루게 된다.

엄격하게 말하자면 식(7.10)에 의해 정의되는 한계값은 수직선이 되어야한다; 실제로는 식(7.9)의 멱지수값들이 서로 다른 온도영역에서 약간 변화한다; 이는 그림 7.2에서의 선들이 왜 완전히 직선이 아닌 이유가 된다. 수소연소에 대해 기울기는 낮은 온도에서는 완만하게 되는데 이 영역은 p-p고리에 해당한다($n \approx 4$). 이 기울기는 높은 온도에서 급격하게 커지는데 이때는 CNO사이클 ($n \approx 16$)이 우세해진다.

가벼운 원소들이 무거운 원소로 융합되면서 에너지를 방출하는 핵합성은 철에서 끝이 난다. 아주 높은 온도로 가열된 철핵은 높은 에너지의 광자에 의해 헬륨핵으로 분해된다. 이런 에너지 흡수과정은 평형에 도달하게 되는데(소위 실리콘 연소경우에서처럼 통계적 핵평형), 이 때 철과 헬륨핵의 상대적 성분비는 온도와 밀도에 의해 결정된다. 철광분해과정에 대한 한계값이($\log T, \log \rho$)평면에서 따로 나타내지는데(그림 7.2), 이때 헬륨 핵자수와 철의 핵자수가 같다는 조건이 이용된다.

불안정성영역

이제 6장에서 다루어진 내용에 근거한 논의들을 아래에 언급해보자. 역학적 안정조건은 $\gamma_a > 4/3$이다(6.3절). 그래서 우리는 γ_a가 4/3이나 이보다 작게되는($\log T, \log \rho$) 영역에서 역학적으로 불안정해 질 거라고 기대한다. 그런 영역들은 γ_a가 4/3정도 되는 상대적인 축퇴영역 III와 복사압이 우세한 영역 IV에서 아주 멀리 떨어져 있다. 항성의 중심을 다루고 있기 때문에 수소와 헬륨의 이온화에 기인한 제한된 불안정영역은 우리가 다루고 있는 온도와 밀도영역 밖에 놓여있다. 이온화 형태의 과정이기도 한 쌍생성은 또 하나의 불안정영역을 정의해주는데 그림 7.3에 제시된바와 같이 $\gamma_a<4/3$이 성립한다. 이렇게 표시된 불안정영역들과 함께 ($\log T, \log \rho$)평편의 안정부분은 완전히 고밀도와 고온에서의 두개의 영역으로 분리되게 된다. 그래서 가능한 항성의 진화궤적은 특정영역에 한정되게 된다. 마지막으로 핵연소는 축퇴된 가스에서 열적으로 불안정하다는 것을 상기해보자. 이때 축퇴된 가스는 상대론적일수도 있고 비상대론적일 수도 있다. 그래서 그림 7.2의 핵연소 한계는 축퇴영역 II의 경계를 지나면서 불연속이 되어버린다.

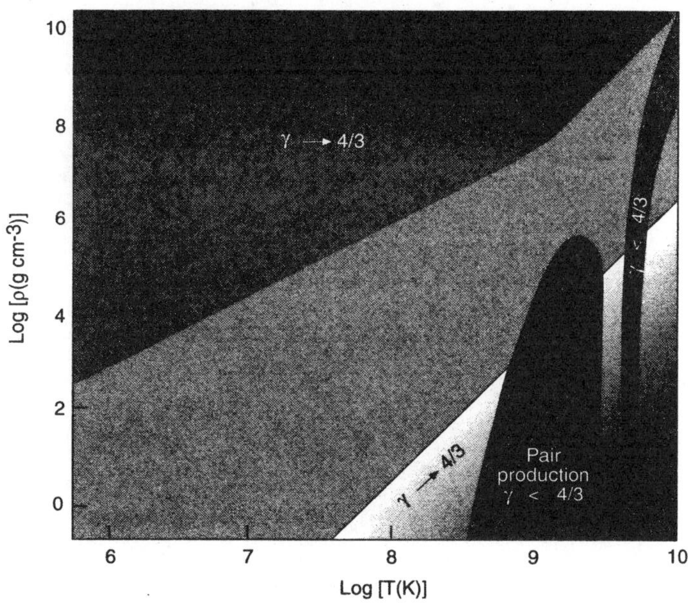

그림7.3 ($\log T, \log\rho$)도에서 안정영역과 불안정영역

7.2 ($\log T$, $\log\rho$) 평면에서 항성의 중심점 진화경로

($\log T, \log\rho$)평면에 익숙해졌으니 이제 우리가 다루는 문제는 주어진 질량M의 항성중심은 어떤 온도값과 밀도값의 조합을 취할 수 있는가? 즉, 이 평면의 어느 곳에서 자리를 차지할 수 있는지, 또는 이들 값이 M에 어느 정도 제한되었는지의 여부이다. 이제 ($\log T, \log\rho$)평면을 ($\log T_c, \log\rho_c$)평면으로 간주하고 항성중심을 고려해보자. 유체정역학적 평형에 놓인 항성에 폴리트롭(식(5.10))가정을 가정하면, 중심밀도는 식(5.28)에 의해 중심압력에 관계된다.

$$P_c = (4\pi)^{1/3} B_n G M^{2/3} \rho_c^{4/3} \tag{7.11}$$

이 관계는 폴리트롭지수, n에 민감하지 않은데, 특히 n이 1.5와 3 사이의 값으로 변화하고, 계수 B_n이 0.157과 0.206 (표5.1을 참고)을 지닐 때 그렇고, 이 관계는 K에 종속되지 않는다. K가 전자축퇴같이(3.3절) 미시적인 규모의 물리과정에 의해 결정되든가 아니면 대류(6.6절)같은 거시적 규모의 물리과정에 의해 결정되는지 상관없이 이 관계는 성립한다. 유체정역학적 평형에 있는 항성이 완전한 폴리트롭이 아니다 할지라도(그 성분들이 균일하다 할지라도), 식(7.11)의 관계식은 어떤 구조에 대한 유체정역학적 평형의 좋은 어림을 제공해준다. 유체정역학적 방정식에 대한 단위분석을 간

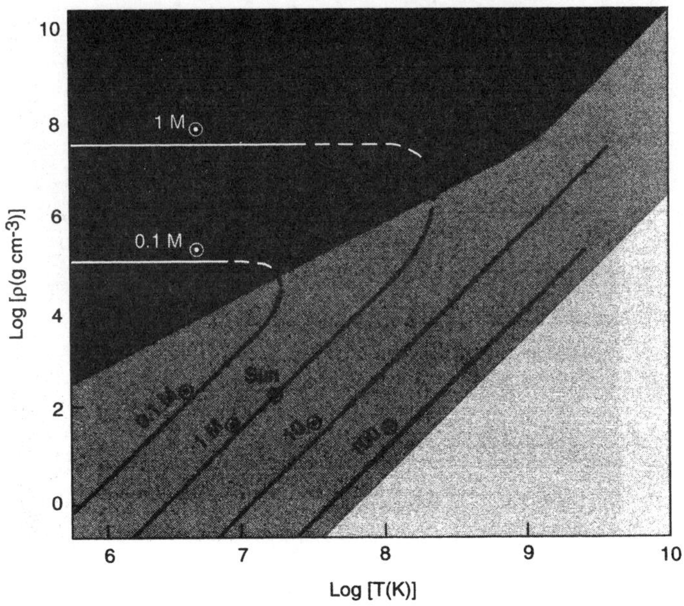

그림7.4 안정된 이상기체와 축퇴가스영역에서 서로 다른 질량을 지닌 항성들의 중심밀도와 중심온도와의 관계

단히 해보면 중심압력은 $GM^{2/3}\rho^{-4/3}$에 비례한다는 것을 알 수 있다.

또한 중심압력은 상태방정식에 의해 중심밀도와 중심온도에 관계된다. $(\log T, \log\rho)$ 평면의 서로 다른 영역에서는 서로 다른 상태방정식이 적용된다. 각각의 상태방정식을 식(7.11)과 조합해보면 P_c을 소거하고 ρ_c와 T_c의 관계를 얻어낼 수 있다.

중심이 이상기체영역 I에 놓여있는 질량 M인 별을 고려해보자. 이 별에는 식(7.1)이 성립한다. 이 경우 ρ_c와 T_c의 관계는

$$\rho_c = \frac{K_{0^3}}{4\pi B_n^3 G^3} \frac{T_c^3}{M^2} \tag{7.12}$$

의 형태로 주어지는데 이는 주어진 질량에 대해 중심밀도가 중심온도의 세제곱에 비례한다는 것을 의미한다. 질량은 다르지만 중심온도가 같은 항성들에 대해서 질량의 제곱이 증가하면서 중심밀도는 감소하게 된다. 로그스케일로 그려보면 식(7.12)는 기울기 3인 직선이 된다. 그래서 서로 다른 질량은 서로 다른 평행선으로 표시되는데, 이 평행선은 log M에 비례하는 간격을 두고 온도 축과 교차하게 된다. M= 0.1, 1, 10과 $100M_\odot$에 상응하는 선들이 그림 7.4에 그려졌는데, $10M_\odot$의 멱급수가 되는 이들 질량들에 대해 선들의 간격은 똑같게 된다.

항성중심에서 전자가 비상대론적으로 심하게 축퇴되었다면 중심점은 II영역에 놓이

게 되고 식(7.2)가 성립한다. n=1.5를 지닌 식(7.11)로부터 P_c를 제거하면

$$\rho_c = 4\pi\left(\frac{B_{1.5}G}{K_1}\right)^3 M^2 \tag{7.13}$$

이 얻어지는데, 이식은 이상기체 관계식인 식(7.12)를 대체해준다. 여기서 ρ_c는 T_c와 무관하며 ($\log T, \log\rho$)평면에서 여기에 상응하는 선은 그림7.4에 제시된바와 같이 질량에 따라 증가하는 높이에서 수평선을 나타낸다. 엄격히 말하자면 식(7.13)으로부터 중심밀도는 질량의 제곱에 따라 변해야 하지만, 상대론적 효과는 그 종속성을 더 심하게 만든다. 영역 I과 영역 II는 ($\log T, \log\rho$)평면에서 유일한 안정영역들이서, 우리는 다른 영역들을 고려할 필요가 없다.

상대적으로 낮은 질량에 대해 식(7.12)와 식(7.13)은 그림 7.4의 점선부분으로 표지된 것처럼 영역 I과 영역 II사이의 경계에서 같아지는데, 이는 각 질량의 경로특성을 연속적으로 휘어지게하는 결과를 초래한다. 우리는 5.3절에서 축퇴된 별의 밀도는 항성질량이 챤드라세카 질량, M_{Ch},에 접근하면서 무한대가 된다는 것을 보았다. 챤드라세카 한계질량은 전자축퇴압에 의해 유체정역학적 평형이 유지될 수 있는 최대질량이다. 그래서 증가하는 질량에 상응하는 경로는 ($\log T, \log\rho$)평면에서 더 높은 밀도에서 휘어질수록, 상대적인 축퇴영역은 더 깊어지게 된다. 축퇴영역 II로 휘어지는 경로와 영역 I에 남아있는 경로사이의 분리가 직선으로 표시되는 제한된 경우가 있다는 것을 보이는 것은 간단하다. 이상기체영역과 전자축퇴가스영역 사이의 경계가 상대론적 영역에 가까이 있어 기울기가 3이라는 사실을 상기해 보자. 이상기체영역에서 ($\log T, \log\rho$) 곡선 또한 기울기 3을 지니고 있기 때문에 상대적인 축퇴경계에 일치하는 질량값 M이 존재한다. 이 질량이 M_{Ch}로서 식(7.4)와 식(7.11)의 오른쪽 항을 계산하여 얻어지는 반면, 영역 I과 영역 III사이의 경계는 식(7.11)과 식(7.1)을 계산하여 얻어진다. 그래서 영역 I과 영역 II사이의 경계는 ($\log T_c, \log\rho_c$)평면에서 M_{Ch}에 상응하는 경로와 일치된다.

결과적으로 고정된 질량을 지닌 항성은 ($\log T_c, \log\rho_c$)평면에서 자신의 고유의 궤적을 지니게 되는데 이 궤적을 Ψ_M이라 부르자. Ψ_M의 특징적인 형태가 두 개 존재한다. 하나는 $M > M_{Ch}$에 해당하는 직선이고 다른 하나는 $M < M_{Ch}$에 해당하는 휘어진 형태이다. 일반적으로 우리는 서로 다른 질량들에 상응하는 궤적들 사이의 관계를 다음과 같이 이해한다. 항성질량이 증가하면 중심쪽으로 향하는 중력이 커지게 되고, 그래서 더 높은 압력이 중력과 균형을 이루기 위해 요구된다. 이런 일은 이상기체에서는 밀도가 높아지거나 또는 온도가 높아질 때 일어난다. 그러나 더 높은 밀도가 된다는

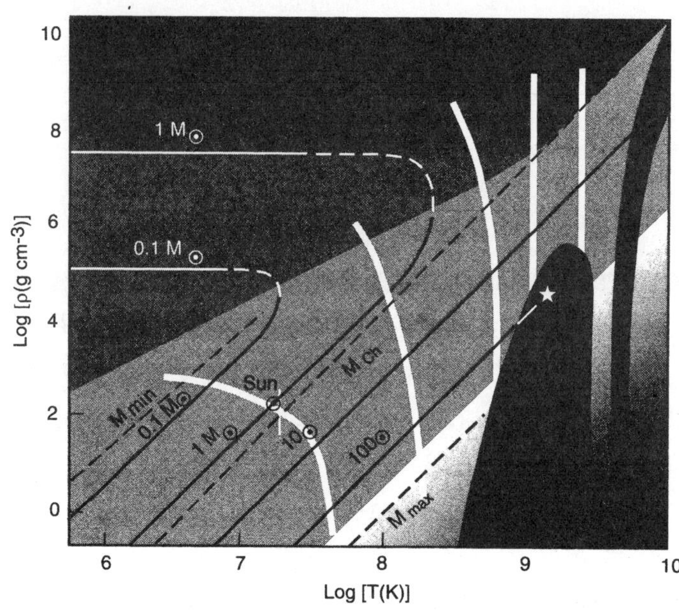

그림7.5 중심온도-밀도궤적에 상응한 항성의 진화 개요도

것은 물질입자들 사이의 거리가 작아진다는 것을 의미하게 되고, 그래서 계속되는 중력장의 증가를 야기하게 된다. 실제로 유체정역학적 압력은 가스압력보다는 밀도에 더 민감하게 변화하기 때문에(멱지수 1과 4/3) 더 높은 밀도는 불균형을 초래하게 될 것이다. 그래서 만일 항성질량이 증가된다면 더 낮은 밀도 또는 더 높은 온도가 평형에 요구된다. 축퇴된 전자가스의 경우 온도는 훨씩 덜 중요한 역할을 한다. 그러나 이제 유체정역학적 압력은 가스압력보다 더 낮은 밀도의의 멱급수에 비례하여서(4/3과 5/3의 비교) 더 높은 밀도는 질량이 더 큰 별에서의 평형에 필요하다.

이제 우리가 대답해야할 질문은 한 별의 진화궤적에서 별의 중심점이 어디 있는가?에 대한 질문이다.

7.3 중심에서 볼 때 항성의 진화

그림 7.1에서 그림 7.4까지를 하나의 그림으로 조합해보면 항성진화에 대한 하나의 자세한 개요도를 얻을수 있는데 그림 7.5에 나타내었다. 이제 하나의 질량 M을 택하고 그 궤적을 찾아보고(그림 7.5에 질량 M값에 따라 표시해놓았다), 그 궤적을 따라 $(\log T_c, \log \rho_c)$평면을 움직여보며 그 경로가 어디를 만나는지 살펴보자. 별들은 가스구름에서 형성되는데, 그곳의 밀도와 온도는 항성내부의 밀도와 온도보다 훨씬 낮다.

그래서 진화의 출발점은 경로의 아래 부분이다. 시작할 때 별은 내부에너지원 없이도 에너지를 복사하는데, 이는 별이 수축되면서 가열되는 것을 의미한다(2장과 6장에서 이미 다룬바와 같이). 그래서 $(\log T_c, \log\rho_c)$평면상에서 중심점은 Ψ_M을 따라 더 높은 온도와 밀도를 향해 올라가게 되는데 그 직선의 기울기는 3이 된다. 경우에 따라서 첫 번째 핵연소 한계값에 도달할 수 있다. 항성진화의 이 단계에서 수소는 중심에서 연소되기 시작하고 별은 L_{nuc}와 L이 균형을 이루는 열적평형상태가 이루어진다. Ψ_M을 따라 중심점의 이동은 아주 긴 휴식에 들어가게 된다. 낮은 질량에 대해서 Ψ_M은 윗부분에서 핵연소 한계값에 도달하는데 이는 p-p고리에 해당하게 되며, 반면 질량이 큰 경우는 더 아래 부분에서 핵연소 한계값에 도달하는데 이는 CNO사이클에 해당한다. 그래서 항성의 질량에 따라 서로 다른 수소 핵연소 과정을 거치는 항성들을 기대하게 된다.

앞 절에서 이상기체영역과 복사압 불안정영역사이의 경계는 기울기 3을 나타내며, (정의에서 채택한 판단기준과는 상관없이), 또한 Ψ_M곡선의 경우도 역시 기울기 3이 되는 것을 보았다. 그래서 질량이 증가하면서 Ψ_M은 분명 이 경계에 도달하게 된다. 이는 질량이 큰 별에서 복사압이 점차적으로 더 중요해지고 경우에 따라서 가스압력을 능가한다는 것을 의미한다. 복사압이 우세한 항성은 역학적으로 불안정하고(속박되지 않게 됨), 그래서 그 상한값은 그림 7.5에서 $\Psi_{M_{max}}$로 표시된 약 $100M_\odot$정도가 된다.

항성질량영역의 하한값은 $(\log T_c, \log\rho_c)$ 평면에서 찾아질 수 있다. 수소 핵연소 한계값은 수 10^6K아래로 내려가지 않는다(그림 7.2). Ψ_M이 축퇴영역으로 휘어지기 전에 이 한계값에 도달할 수 있는 질량 중 가장 큰 값은 그림 7.5에서 $\Psi_{M_{min}}$으로 표시된 항성질량의 하한값으로 간주될 수 있다. 이 한계값 이하의 질량을 지닌 천체들은 수소 핵연소 뿐만 아니라 어떤 핵연소도 일으키지 못하게 된다. 그들은 우선 수축하게 되고 온도가 높아졌다가 다시 냉각되면서 더 천천히 수축하게 된다. 그런 천체들은 항성의 정의에 해당하지 않는다(1장 참조). 그림 7.5를 근거로 판단해보면 항성 질량의 하한값은 $0.1M_\odot$이하가 된다.

항성 핵에서 수소공급이 최종적으로 끝나게 되면 항성은 다시 에너지를 잃게 되며 핵은 수축되면서 가열이 된다. 중심점은 Ψ_M의 경로에서 다시 올라가는 것을 시작하게 된다. 질량이 낮은 별의 경우 Ψ_M은 곧 축퇴압력 경계에 도달하게 되고 왼쪽으로 꺾여 수평선으로 향하게 된다. 축퇴된 전자가스에 의해 행사되는 압력은 중력과 맞서기에 충분하게 된다. 이때 수축은 서서히 느려지게 되고 별은 축적된 열에너지를 복사하면서 냉각되어 밀도와 반경을 일정하게 유지하는 경향을 보이게 되는데 이때의 밀도와 반경은 질량 M에 따라 달라진다. 질량이 크면 클수록 최종 밀도는 커지게 되고 최종반경은 작아지게 된다.

큰 질량의 별에 대해 Ψ_M은 그 다음 핵연소 한계값에 도달하게 된다. 헬륨이 핵에서 연소되기 시작하고 또 다른 열적평형이 형성되는데 중심점의 이동과정에서 또 한번의 휴식이 시작되는 것이다. 헬륨 핵연소 한계값을 만나는 Ψ_M의 경로 중에서 낮은 질량에 해당하는 경로는 축퇴경계에 아주 가까이 있다는 것에 주목해보자. 그런 질량의 별에서 약간의 열핵불안정성이 형성되는 것이 기대된다.

헬륨이 소진되고 나면 이야기는 다시 반복이 된다. 헬륨을 다 연소하고 난 별들 중 낮은 질량의 별은 수축하면서 축퇴 전자가스핵을 형성하면서 냉각되기 시작한다. 수축은 질량 M에 의해 주어지는 최종밀도(그리고 반경)에 도달했을 때 정지된다. 그래서 우리는 두 가지의 형태의 냉각되는 밀집성을 분류한다. 한 부류는 아주 낮은 질량의 별로 주로 헬륨으로 구성된 경우이고 다른 부류는 질량이 큰 별로 헬륨연소의 부산물들, 탄소와 산소로 구성된 부류이다.

축퇴가 되면서 밀집천체로서 냉각되는 별들과 높은 밀도에 도달했을지라도 자체의 높은 온도 때문에 이상기체상태를 유지하고 있는 별 들 사이의 구분선은 우리가 이미 본바와 같이 $\Psi_{M_{Ch}}$에 상응한다. 원칙적으로는 $M = M_{Ch}$에 대해 수축은 역학적 안정성의 경계영역을 향하게 될 것이다.

그러나 $\Psi_{M_{Ch}}$는 축퇴영역 아주 근처에서 탄소 핵 연소 한계 값에 도달한다. 이는 탄소가 심하게 축퇴된 물질 안에서 핵연소를 한다는 것을 나타낸다. 핵 연소는 그런 상황에서는 열적으로 불안정하고(6.2절을 보라), 그래서 열핵 탈출(runaway, 또는 탄소 폭발)을 초래하기도 하는데 이때 격변현상들이 나타나기도 한다. 그러나 이런 운명은 우리가 고려하고 있는 고정된 질량을 가진 고립된 홑별에 대해서 단지 추측되는 것에 불과하다. 왜냐면 M_{Ch} 정도의 질량을 가진 별이 탄생될 확률은 무시할 정도로 작기 때문이다(실제적으로 탄소폭발에 기인한 항성 폭축이 근접쌍성계에서 질량교환의 결과로 일어나는 것으로 알려졌다).

질량이 $\sim 1.46 M_{Ch}$의 임계값보다 더 클 때는 중심점은 Ψ_M을 따라 계속 올라가다가 핵 연소 한계 값에 도달했을 때 일시적으로 멈추게 된다. $M > M_{Ch}$인 경우에 모든 Ψ_M의 경로는 불안정한 철의 광분해 경계에서 끝나게 된다. 그래서 질량이 큰 별들은 수축을 겪으면서 철이 형성이 될 때까지 더 무거운 원소로의 핵융합을 일으키는 열적 평형을 통해 가열과정을 겪게 된다. 계속되는 철의 가열은 불가피하게 광분해현상을 야기시키는데, 이는 아주 불안정한 과정이다. 그래서 우리는 이런 별들의 생애가 파국적으로 끝이 난다고 기대한다!

아주 질량이 큰 경우, Ψ_M경로는 무거운 원소의 핵연소 한계값에 도달하기 전에 불안정영역에 들어간다. 그래서 아주 질량이 큰 별들은 극도로 짧은 수명을 지닌 것으로 기대되는데, 이때 쌍생성 불안정도가 형성이 되어 그들 삶의 초기단계에서 파국적인 사건을 초래하게 된다. 결론적으로 파국적 사건들 중 두 개의 주된 부류가 상대적으로 질량이 큰 별들의 삶에 종지부를 찍게 해주는데, 그 하나는 탄소폭발이고 다른 하나는 철광분해이다(그리고 세 번째는 쌍생성에 의해 야기되어질 수 있다). 탄소폭발과 철광분해로 이끄는 경로는 $(\log T_c, \log \rho_c)$평면에서 오른쪽 위에 도달한다(왜냐면 광분해 때문에 야기된 폭축은 불안정 영역 내에서 Ψ_M의 수직상승을 나타내기 때문이다). 그래서 이 두 종류의 불안정성의 차이는 일반적으로 상당히 크게 된다. 이런 불확실한 관점은 나중에 다시 다루기로 하자.

요약해보면 항성의 질량은 $0.1M_\odot - 100M_\odot$ 정도에 국한되어진다. 모든 별들은 중심에서 수소핵 연소를 겪고 있고, 그리고 수소가 핵연료 중 가장 많이 있기 때문에 우리는 가장 일반적이며 오래 머무르는 항성의 단계로 중심핵연소를 기대하게 된다. 수소가 소진된 후의 진화는 질량에 따라 아주 다르게 진행된다. 임계질량 $M_{Ch} \sim 1.46M_\odot$ 이하의 별들은 수소핵 연소가 끝나거나 헬륨연소가 끝나고 나면 수축하여서 냉각이 된다. 임계질량에 가까운 별들에서는 탄소폭발이 열핵불안정성을 야기시켜 폭축으로 끝나게 한다. 임계질량보다 무거운 별들은 모든 핵연소 과정을 거치면서 철을 합성시켜 놓고 죽게 된다. 철핵의 계속되는 가열은 심하게 불안정한 상태를 야기시키는데, 결국 파국적인 폭축 또는 폭발(또는 두 경우가 다 일어남)을 겪으며 생을 마무리하게 된다. 아주 높은 질량을 지닌 별들은 아마 쌍생성 때문에 더 빨리 역학적 불안정성에 도달하게 될 것이다.

그러나 이런 설명이 관측된 별의 영역과 어떻게 관계가 되는가? 관측된 별들의 가장 일반적인 경우는 1장에서 언급된 대로 주계열별이다. 그렇다고 이들 별들이 그 중심에서 수소핵 연소를 하고 있다고 추론할 수 있을까? 이런 추론을 증명하기 위해 우리는 수소핵 연소별들에 대해 광도와 유효온도 사이에 상관관계가 존재하고, 이런 관계가 H-R도에서 주계열을 정의해준다는 것을 보여주어야 한다. 이 작업을 다음 절에서 해보도록 한다. Ψ_M의 수평부분에 해당하는 냉각되고 있는 밀집성이 곧 관측된 백색왜성이라고 확인하는 것은 아주 간단하다. 이는 8장에서 더 자세히 다루어 질 것이다. 실제로 관측에 의하면 백색왜성도 질량이 낮은 부류와 질량이 큰 부류로 구분되어진다. 또한 이 두부류는 관측된 표면 화학성분비와 내부의 화학성분비가 아직은 논란이 되고 있기는 하지만 서로 다른 화학성분비를 지니고 있다. 적색거성은 이 그림에서 어디에 위치할까? 적색거성이 수소핵연료가 소진되고 난 진화과정에서 핵이 다음 핵연소가 일어나는 방향으로 수축하는 사실과 연관되어진다고 추측할 수 있을까? 이런 다루기 힘든 문제가 7.5절에서 간단하게 다루어질 것이다.

마지막으로 관측된 항성폭발들(초신성)도 Type I과 Type II의 두 가지 다른 부류로 나누어지고 이들 또한 Type Ia, Ib등으로 세분화되어 질 수 있다. 항성진화에 대한 이해가 부족한 시점일지라도 한 부류는 탄소폭발로, 또 한 부류는 철광분해로 연관지어 질 수 있다. 관측적으로 뿐만 아니라 이론적으로 각 부류들을 자세히 분석해보면 우리는 9장에서 이런 연관성이 사실임을 확인할 수 있다.

7.4 주계열별 이론

관측적으로 주계열은 광도와 유효온도 사이의 경험적 관계에 의해 정의되는데, 주계열에 놓인 별을 주계열별이라 부른다. 이 관계는

$$\log L = \alpha \log T_{eff} + consatnt \tag{7.14}$$

로 표시되는데 기울기 α는 아래쪽(낮은 광도)에서 더 좁아지고, 광도가 커지면서 커진다. 주계열별에 대한 또 다른 성질은 질량과 광도사이에 보여지는 겉보기 관계인데, 멱급수형태로

$$L \propto M^{\nu} \tag{7.15}$$

로 나타내진다(1장의 식(1.6)관계를 보라). 이론에 근거한 우리의 가정은 주계열 별들은 그 중심에서 수소핵연소가 일어나고 있으며, 그 중심은 그림 7.5에서 수소핵연소 한계값을 따라 놓여있다는 것은데, Ψ_M의경로가 이 한계값과 만나게 된다. 그래서 우리는 그런 별들에 대해 식(7.14)의 관계가 존재하고 질량과 광도사이에 또 다른 관계가 식(7.15)처럼 존재하는가를 증명해야 한다.

중심에서 수소핵연소가 시작되어 열적으로 그리고 유체정역학적으로 평형인 별들을 고려해보자. 별 전체에 걸쳐 균일한 화학적 성분비를 취할 수 있는데, 이는 모든 별에 대해 사용될 수 있는 것으로 이미 가정된 초기 화학적성분비와 같다(1장을 보라). 복사평형에 놓여있다면 그 구조는 식(5.1) - (5.7)에 의해 묘사된다. (a) 복사압이 무시되고, (b) 분석적 불투병도 법칙 (간단하게 하기 위해 상수의 불투명도를 취할 수 있다)이라는 추가 가정을 취하면 이 방정식들은

$$\frac{dP}{dm} = -\frac{Gm}{4\pi r^4} \tag{7.16}$$

$$\frac{dr}{dm} = \frac{1}{4\pi r^2 \rho} \tag{7.17}$$

$$\frac{dT}{dm} = -\frac{3}{4ac}\frac{\kappa}{T^3}\frac{F}{(4\pi r^2)^2} \tag{7.18}$$

$$\frac{dF}{dm} = q_0 \rho T^n \tag{7.19}$$

$$P = \frac{R}{\mu}\rho T \tag{7.20}$$

의 형태가 되는데 $0 \leqq m \leqq M$일 때 주어진 **M**에 대해 $r(m), P(m), \rho(m), T(m), F(m)$의 값들로 풀어져야 한다. 여기서 **M**은 유일한 자유함수이다. 비선형 미분방정식들이 포함된 복잡한 방정식세트를 실제로 풀지 않고 이들 해들의 특징에 대해 무언가를 알아내는 것이 가능한가? 복잡한 물리시스템들의 다른 경우와 같이 방정식들의 단위분석만 해봐도 많은 것들을 알아낼 수 있다.

우선 단위 없는 변수 x를

$$x = \frac{m}{M} \tag{7.21}$$

와 같이, 전체질량에 대한 비로 정의해보자. 함수 $r(m), P(m), \rho(m), T(m), F(m)$는 이제 단위없는 함수 $f_1(x)$, $f_2(x) \cdots$ 로 표시될 수 있어

$$r = f_1(x) R_\star \tag{7.22}$$

$$P = f_2(x) P_\star \tag{7.23}$$

$$\rho = f_3(x) \rho_\star \tag{7.24}$$

$$T = f_4(x) T_\star \tag{7.25}$$

$$F = f_5(x) F_\star \tag{7.26}$$

을 얻게 된다. 여기서 별표가 된 계수들은 각각 원래 함수들의 단위를 지니고 있다.

다음으로 식(7.21)-(7.23)을 식(7.16)에 대입하면

$$\frac{P_\star}{M}\frac{df_2}{dx} = -\frac{GMx}{4\pi f_1^4 R_\star^4} \tag{7.27}$$

을 얻는다. 물리적 방정식에서 양변의 단위는 같아야하므로, x, f_1과 f_2가 단위가 없는 식 (7.27)에서 $P_\star$는 $GM^2/R_\star^4$ 에 비례해야 한다. 일반성을 손실하지 않고도 비례상수를 1이라 취하면 식(7.27)은

$$\frac{df_2}{dx} = -\frac{x}{4\pi f_1^4}, \quad P_\star = \frac{GM^2}{R_\star^4} \tag{7.28}$$

와 같이 두 부분으로 나누어질 수 있고, 식 (7.17)의 과정을 반복하면 식(7.20), 식 (7.18)그리고 식(7.19)는

$$\frac{df_1}{dx} = \frac{1}{4\pi f_1^2 f_3} \qquad \rho_\star = \frac{M}{R_\star^3} \tag{7.29}$$

$$f_2 = f_3 f_4 \qquad T_\star = \frac{\mu P_\star}{R\rho_\star} \tag{7.30}$$

$$\frac{df_4}{dx} = -\frac{3f_5}{4f_4^3(4\pi f_1^2)^2} \qquad F_\star = \frac{ac}{\kappa}\frac{T_\star^4 R_\star^4}{M} \tag{7.31}$$

$$\frac{df_5}{dx} = f_3 f_4^n \qquad F_\star = q_0 \rho_\star T_\star^n M. \tag{7.32}$$

가 된다. 식 (7.28)-(7.32)의 왼쪽은 비선형 미분방정식의 세트들인데, 함수 f_{1-5}가 주어졌을 때 질량 M에 종속되지 않는다. 함수 f_{1-5}는 식(7.22)-(7.26)에 의해 정의되는데 $0 \leqq x \leqq 1$의 영역에서 변화한다. 식(7.22)-(7.26)의 오른편에 나타난 단위계수들은 식 (7.28)-(7.32)의 오른쪽의 대수방정식을 풀어낼 때 항성질량 M의 함수로 구해진다. 미분방정식들의 해와 대수방정식들의 해를 조합해보면 우리는 식(7.22)-(7.26)으로부터 주어진 질량 M에 대해 어떤 물리적 특징들(온도, 밀도, 압력 등)의 윤곽(profile)을 얻어낼 수 있다. 중요한 결론 하나는 질량비의 함수로서 윤곽들의 형태가 모든 별에 대해 같다는 것인데, 질량에 따라 결정되는 상수를 곱한 만큼만 달라진다. 이런 유사성질을 동질성(homology)라 부른다.

미분방정식들을 실제 풀어보지 않고, 단지 주어진 물리량사이의 간단한 관계들 세트만을 풀어보아도 우리는 항성질량에 따른 물리량들의 종속성들을 유도해낼 수 있다. 식(7.28)과 식(7.29)를 식(7.30)에 대입해보면,

$$T_\star = \frac{\mu G}{R}\frac{M}{R_\star}, \tag{7.33}$$

이 얻어지고, 이 관계를 다시 식(7.31)에 대입하면,

$$F_\star = \frac{ac}{\kappa}\left(\frac{\mu G}{R}\right)^4 M^3 \tag{7.34}$$

을 얻게 된다. 그래서 서로 다른 질량을 가진 항성에서 질량비가 주어질 때 플럭스는 질량비의 세제곱에 비례한다. 예를 들어, 닫혀진 구형표면을 통과하는, 말하자면 전체 질량의 절반 정도의 구면을 통과하는 복사플럭스는 $1M_\odot$ 인 별에서보다 $10M_\odot$ 인 별

에서가 천 배정도 더 크다. 같은 방법이 x의 다른 값에도 적용된다. 특히 표면($x=1$) 방출량, 또는 광도는 질량의 세제곱에 비례한다.

$$L \propto M^3 \tag{7.35}$$

이 관계는 광도와 질량사이에 구하길 원하는 관계로서 주계열별들에 대해 관측적으로 유도된 관계와 비교되어져야 한다(아래를 참조). 비슷한 관계가 5장에서 논의된 간단한 표준모델에서 얻어졌다는 것을 상기해본다. 식(7.34)와 식(7.32)를 조합하고, (7.28)-(7.32)들을 치환해보면, $R_\star$의 M에 대한 종속성을

$$R_\star \propto M^{\frac{n-1}{n+3}}, \tag{7.36}$$

과 같이 얻게되는데, 이는 서로 다른 질량의 별에서 주어진 질량비에 상응하는 반경과 같다. 특히 $x=1$(즉 항성반경 R)에 대해 이 관계가 성립한다. 그래서 큰 값의 n에 대해, 예를 들어 CNO수소핵연소에 상응하는 $n \approx 16$에 대해 반경은 거의 질량에 비례한다. p-p고리 수소핵연소를 하는 경우에 대응하는 n=4의 경우에 그 종속성은 더 약해져서 $R \propto M^{3/7}$이 된다. 모든 경우에서 반경은 질량이 커지면서 증가한다는 것에 주목해보자. 이와 반대로 축퇴된 밀집성(백색왜성)에서 반경은 질량의 멱급수에 역비례한다. 식(7.36)에서 멱지수는 항상 1보다 작다(원칙적으로는 $n \to \infty$이 될 때 1에 가까워진다). 식(7.36)을 식(7.29)에 대입해보면 밀도의 질량 M에 따른 변화를 얻는다.

$$\rho_\star \propto M^{2\frac{3-n}{3+n}} \tag{7.37}$$

$n > 3$이기 때문에 밀도는 항성질량이 커지면서 감소된다. 그래서 낮은 질량을 지닌 별들의 밀도는 주어진 x에서 질량이 큰 별에서 보다 더 밀해지는데, 반면 축퇴별에서는 이와 반대이다. 항성 중심($x=0$)에서도 이것이 성립한다는 것은 그림 7.4에서 분명히 알아낼 수 있다.

다음의 경우에 압력 $P_\star$와 온도 $T_\star$의 질량에 대한 종속성을 유도해보라
(a) 일반적인 형태 ; (b) n=4의 경우와 n=16의 경우

이제 식(7.16)-(7.20)이 주계열별들을 기술한다고 한 가정에 대한 어려운 시험을 해

볼 준비가 되었다. 광도와 유효온도 사이의 관계 $L=4\pi R^2\sigma T_{eff}^4$ (식1.3)에서 반경 R은 식(7.35)와 식(7.36)의 관계를 이용하여 소거되어

$$L^{1-\frac{2(n-1)}{3(n+3)}} \propto T_{eff}^4. \tag{7.38}$$

이 얻어진다. 양변에 로그함수를 취해보면 n=4에 대해

$$\log L = 5.6\log T_{eff} + constant \tag{7.39a}$$

가 얻어지는 반면, n=16에 대해

$$\log L = 8.4\log T_{eff} + constant \tag{7.39b}$$

가 얻어진다. 이들은 ($\log L, \log T_{eff}$)도에서 주계열의 아래 부분(낮은 광도와 질량)과 위쪽 부분(높은 광도와 질량)에 대해 계산된 기울기로서 관측적으로 유도된 값들과 일치한다.

주계열에 대한 다른 특징들이 쉽게 설명되어진다. 한 별의 핵에너지 저장량은 분명 그 별의 질량에 비례한다. 열적 평형에서 핵연료소모율은 에너지방출율 L과 같다. 그래서 주계열단계(수소핵연소단계)에 머무르는 기간, τ_{MS}는 대충

$$\tau_{MS} \propto \frac{M}{L} \propto M^{-2} \tag{7.40}$$

을 만족하는데 여기서 식(7.35)의 관계를 이용하였다. 항성질량이 크면 클수록 별이 주계열별에 머무르는 기간은 짧아진다. 이는 동시에 태어난 별들 중에서 질량이 더 큰 별들이 주계열을 더 빨리 떠나는지를 설명해준다. 시간이 지나면서 이들 별들의 주계열은 점차 짧아지면서, 더 질량이 작은 별들만 남게 된다. 이것이 1장에서 우리가 본 서로 다른 나이를 지닌 성단들에 상응하는 주계열의 끝이 서로 다른 이유이다.

항성진화에 대한 도식적 그림(그림 7.5)에 근거하여 우리는 수소핵연소를 일으킬만 한 별들의 최소질량이 존재한다는 결론을 냈었다. 이제 그 하한값을 좀 더 정확하게 계산해 보자. 식(7.33)과 식(7.36)에 의하면 서로 다른 질량을 지닌 별에서 온도는 M에 대한 양수의 멱지수를 지닌 $M/R_\star \propto M^{4/(n+3)}$의 형태로 변화한다. 이는 특히 M이 감소되면서 작아지는 중심온도(주계열별에서 가장 높은 온도)에 대해,

$$T_c \propto M^{4/7} \tag{7.41a}$$

이 성립하는데, 여기서 낮은 항성질량 (낮은 온도)에 적합한 n=4를 취했다. 수소가 헬륨으로 핵연소되기에 필요한 가장 낮은 온도는 $T_{\min} \approx 4\times10^6 K$정도로 p-p고리에 해당한다. 태양은 H-R도에서의 위치와 그 내부에 대한 자세한 연구들을 통해 주로 p-p

고리를 통해 수소핵연소가 일어나는 주계열별임이 밝혀졌다. 그래서 관계식 (7.41a)를 표준화하면

$$\frac{T_c}{T_{c,\odot}} = \left(\frac{M}{M\odot}\right)^{4/7}, \tag{7.41b}$$

를 얻는다. 수소핵연소 조건

$$T_C \geq T_{\min}$$

은 이제 질량에 대한 조건으로 바뀌어질 수 있다.

$$\frac{M}{M\odot} \geq \left(\frac{T_{\min}}{T_{c,\odot}}\right)^{7/4} \tag{7.42}$$

이 식으로 태양에 대해 추정된 값 $T_{c,\odot} \approx 1.5 \times 10^7 K$에 대해 $M_{\min} \approx 0.1 M_\odot$을 얻을 수 있다. 이 질량에 상응하는 광도는 $L_\odot$과 $T_\odot$으로 표준화한 후 식(7.35)식으로부터 얻어질 수 있다.

$$\frac{L_{\min}}{L_\odot} = \left(\frac{M_{\min}}{M_\odot}\right)^3 \approx 10^{-3}, \tag{7.43}$$

이렇게 주계열의 낮은 쪽 끝이 정의된다.

연습문제 7.2

주계열의 낮은 쪽 끝에 상응하는 유효온도를 계산해보라.

연습문제 7.3

$L \leq L_{Edd}$조건 (식5.37에 의해 주어진 L_{Edd}을 이용)을 이용하여 주계열별의 질량과 광도의 상한값을 유도해보라. 주계열의 위쪽 끝의 유효온도를 추정해 보라.

연습문제 7.4

불투명도 법칙 $\kappa = \kappa_0 \rho T^{-7/2}$(크라머법칙)과 n=4을 이용하여 주계열별의 L과 M의 관계와 기울기를 구해보라.

우리는 이제 간단하게 질량-광도관계(7.35)를 살펴보려 한다. 일반적으로 멱지수는 채택된 불투명도 법칙과 n에 따라 달라지는데, 우리가 가정한 상수의 불투명도(높은 온도에서 우세한 전자산란의 경우에 적합함)라 할지라도 멱지수 3은 n에 무관하다. 상대적으로 낮은 온도에 적합한 크라머 불투명도법칙에 대해 멱지수는 $\frac{5+31/2n}{1+5/2n}$이 되는데(연습문제 7.4), 이는 $n \geq 4$에 대해 5에 가깝다. 온도 규모는 질량과 거의 비슷하다는 것을 우리가 보았기 때문에, 이런 결과는 관측된 질량-광도관계의 기울기가 아래부분에서는 5에서 윗부분에서 3으로 변하는 것을 설명해준다. 이전에 유되된바와 같이 주계열의 기울기는 다른 불투명도 법칙이 적용될 때 약간 변화하지만 아래부분은 위쪽부분보다 더 기울기가 가파른 상태는 유지한다.

연습문제 7.5

단위분석을 반복하여 완전히 대류적인 별에 대해 그 결과를 유도해보라. 이 경우 구조방정식 (7.18)과 (7.20)은

$$P = K_a \rho^{\gamma_a}$$

$$T = K'_a P^{(\gamma_a - 1)/\gamma_a}$$

로 대치될 수 있고(6.5절과 6.6절을 보라), 이들 별에 대해 $\gamma_a = 5/3$, K_a(그리고 K'_a)이 같다고 가정된다.

결론적으로 우리는 관측된 주계열의 대부분의 특징들을 설명하는데 성공했다. 더욱이 우리가 초기 화학적 성분비가 모든 별에 대해 똑같지는 않다는 사실을 고려한다면 우리는 왜 주계열별이 선보다는 띠형태를 나타내는지의 이유를 이해할 수 있다. 주계열별들이 상당히 작은 핵에서 수소핵연소를 하는 별들이라는 가정은 그래서 주계열이론으로 확인되었다. 엄격히 말해 이론은 화학적 성분이 실제로 균일할 때 영년주계열(zero-age main sequence)로 적용된다. 그리고 대류는 무시되었다는 것을 명심할 필요가 있다. 그러나 여기에 채택된 간단하고 아주 일반적인 과정이 왜 단지 수소 핵연소에만 적용될 수 있는가? 이 이론이 다른 형태의 별들(다른 진화단계)에 적용될 수 없는 이유는 균일성가정이(화학적 성분비의 균일성 및 물리상태의 균일성) 다른 진화된 단계에서는 더 이상 적용될 수 없기 때문이다.

7.5 진화의 후기단계에 있는 항성구조의 개요

항성의 진화를 기술하기 위해 사용된 같은 기본그림이 다른 진화상태에 있는 별의 구조를 설명하는데 사용되어 질 수 있다. 질량 M인 항성을 고려해보자. 항성 내부의 어느 질량점 m에 대해 우리는 $(\log T, \log\rho)$평면에서의 한 점을 나타내는 국부적인 온도 $T(m)$, 국부적인 밀도 $\rho(m)$를 취할 수 있다. 0과 M사이의 m값에 상응하는 점들을 조합해보면 우리는 $(\log T, \log\rho)$평면에서의 항성구조의 궤적을 나타내는 선을 얻어낼 수 있다. 이 선의 한쪽 끝은(중심점) Ψ_M 곡선에 놓여 있고, 다른 한쪽은(표면) $10^6 K$보다 상당히 낮은 온도와 아주 낮은 밀도를 지닌 것이 특징이다. 그래서 구조를 나타내는 선들은$(\log T, \log\rho)$ 평면에서 왼쪽 구석을 향해 움직인다. 이 선들의 정확한 형태는 아주 복잡하고(폴리트롭의 경우에만 로그함수 좌표에서 직선으로 표시된다), 중심점이 Ψ_M을 따라 움직임에 따라 시간에 따라 변화하게 된다. 그럼에도 불구하고 이 곡선들은 변함없이 중심점에서 단조롭게 낮은 온도와 밀도를 향해 움직이게 될 것이다.

그림 7.6에 $10M_\odot$인 항성에 대해 A,B,C,··· 등으로 표시되어진 구조들을 한 예로 나타내었는데, 그림 7.5에서 Ψ_{10}의 진화궤적을 따라 놓여진 일련의 점(O)에서 시작해서 왼쪽 아래로 내려온다. 이들은 별들의 진화하는 구조들을 대략적으로 나타내 준다. 우리는 선 A를 주계열별의 구조(MS)를 나타내는 것으로 인정한다. 그 다음선 B는 수소가 핵에서 고갈되었을 때 나중 상태의 별을 기술한다. 수소 연소에 대한 조건이 이제 핵의 바깥부분 어느 점에서 만족되었을 때 A는 수소 핵연소 한계값에 도달하게 됨에 주목하자. 그래서 수소연소는 헬륨핵의 바깥쪽 껍질에서 계속된다. 핵연소 껍질의 바깥에 있는 상당히 차가운 영역은 화학적으로 균일한 표피를 구성하고 있다. 이제 에너지원이 없는 핵자체는 수축이 되면서 가열이 된다.

이런 특별한 진화과정과 관련지어 슈바르츠실드는 그의 책에서 다음과 같이 기록하고 있다.

> 그래서 우리는 항성진화에 대한 논의를 여기서 멈추고, 가까운 미래에 등장할 것으로 보이는 거대컴퓨터로부터 계산될 결과를 기다리는 것이 분명 안전할 것이다. 그러나 안전함에 대한 열망보다도 호기심이 더 강한 사람들을 위해 우리는 계속 연구를 할 것이다(모험을 무릅 쓰고).
>
> Martin Schwarzschild: Structure and Evolution of the Stars, 1958

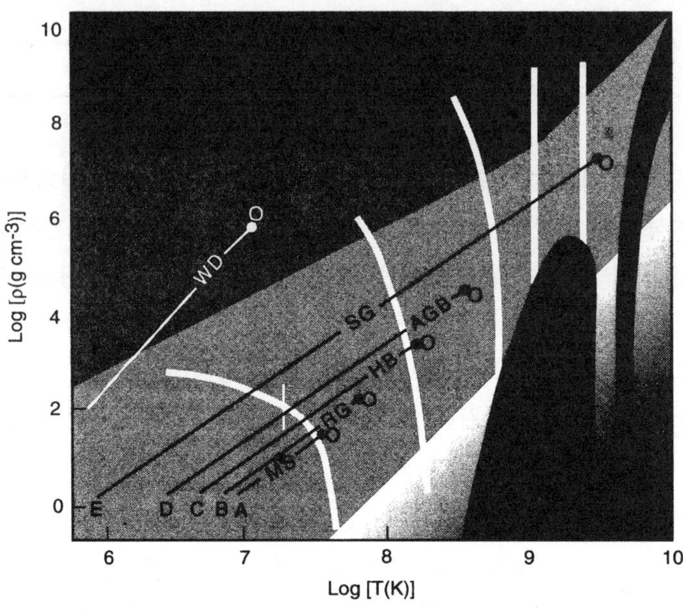

그림7.6 $10M_{\odot}$인 항성(A,B,C,D,E)과 백색왜성(WD)에 대한 서로 다른 진화단계의 그림

우리 역시 모험을 감수하고 계속 나아가서 8장에 수리적인 계산의 결과들을 소개하려 한다.

핵에서의 수축이 거의 정적으로 진행된다고 가정하면, 즉 역학적 시간규모보다 상당히 긴 시간규모에서 수축이 일어난다고 할 때 비리얼정리가 성립될 것이다. 이 과정에서 얻어지는(또는 잃어지는) 에너지양이 전체 항성에너지에 비해 무시할만 하다면(즉, 열적 평형이 유지된다), 전체 항성에너지는 변하지 않는다고 볼 수 있다. 2.8절에서 논의된 바와 같이 그런 상황에서 중력의 위치에너지와 열에너지는 각각 보존이 된다. 결과적으로 중력 위치에너지가 보존되게 하기 위해 핵이 수축되면 표피는 팽창을 수반해야 한다. 동시에 핵의 가열은 표피의 냉각을 초래해야 하는데, 왜냐면 열에너지가 보존되어야 하기 때문이다. 특히 표면(유효)온도는 떨어지고, 흑체복사는 그래서 빨강쪽으로 이동한다. 별은 적색거성(RG)에서 나타날 것으로 예상된다.

일어날지도 모르는 팽창의 정도에 대한 대략적인 아이디어를 얻기 위해 아주 간단한 연습을 해보자. 항성의 중심으로부터 거리 r_0떨어진 곳에 있는 질량소 Δm_1과 Δm_2의 질량이 같다고 하고, $m(r_0)$를 점질량으로 간주하자. 한 질량소가 중심쪽으로 이동하면서 r_1으로 향하고, 다른 질량소는 바깥쪽으로 이동하면서 r_2로 향하게 되어 시스템의 중력에너지가 보존된다고 가정하자. r_0의 단위로 측정된 거리와 $\tilde{r_2}= r_2/r_0$는 $\tilde{r_2}= (2-\tilde{r_1}^{-1})^{-1}$로 표현된다. 한 질량소가 r_0의 ~10%만 안쪽으로 움직일 때

($\tilde{r}_1 = 0.9$), 다른 질량소는 바깥쪽으로 같은 양만큼 움직인다($\tilde{r}_2 = 1.13$). 안쪽으로의 이동이 20%라면 ($\tilde{r}_1 = 0.8$) 그러나 바깥쪽으로의 이동은 30%가 넘게되고 ($\tilde{r}_2 = 1.33$) 그래서 그 차이는 증가되어서 r_1이 원래 거리의 절반정도 접근할 때에 r_2는 무한대가 되는 경향이 있다. 이런 연습은 글자그대로 이해되어서는 안 된다. 중력에너지는 전체적으로 보존되지만 떨어진 질량소에서는 보존되지 않는다. 운동은 별의 질량 내에서 일어나지, 별 밖에서는 일어나지 않는다. 그럼에도 불구하고 강조될 필요가 있는 일반적인 결론 하나는 핵이 상당히 수축하기 위해서는 껍질이 상당히 팽창하는 것을 필요로 한다는 사실이다.

만일 전체에너지가 가정된바와 같이 상수로 머물지 않고 오히려 증가하게 된다면 (평균적으로 $L_{nuc} > L$), 핵수축에 대한 껍질팽창효과가 더 중요해질 것이라는 것을 보이는 것은 아주 쉽다. 그래서 적색거성이 도달하게 될 엄청난 크기는 우리를 놀라게 하지 않는다. 그러나 만일 핵이 수축하는 반면 항성의 전체에너지가 감소하게 된다면 ($L_{nuc} < L$), 우리는 어떠한 명확한 결론도 내릴 수 없다는 점에 주의하자. 껍질은 이제 팽창하게 되거나, 변하지 않고 머물게 되거나 오히려 수축하게도 되는데 이는 핵수축에서 생기는 에너지 하강과 전체에너지 하강사이의 차이 ($L_{nuc} - L$)값에 따라 달라진다. 자세한 항성진화 계산만이 열적평형으로부터 벗어나는지 (벗어나는 경향과 정도)에 대한 대답을 제공할 수 있다. 그러나 $L_{nuc} \geq L$가 된다면 우리는 수축하는 핵을 지닌 별이 적색거성으로 진화한다고 안전하게 주장할 수 있다.

1952년 Allan Sandage와 Martin Schwarzschild에 의해 수행된, 진화하는 불균일 항성모델에 대한 최초의 계산은 실제 이 효과를 보여주었다. 모델은 수축하는 핵과 껍질로 구성되었는데 수소핵연소껍질로 두 부분이 구별되었다. "…핵이 수축하면서 껍질은 크게 팽창한다. 그래서 주계열에 가까웠던 초기 구조로부터 별은 H-R도의 오른쪽으로 급격하게 진화한다…"
이런 계산들은 3α 과정에 대한 Salpeter의 풀이와 3α 과정의 공명특징에 대한 Hoyle의 예견(4.5절을 보라)사이의 짧은 기간동안 이루어졌다는 것을 주목하는 것은 흥미롭다. 그 당시에는 그래서 헬륨점화로 추정된 한계온도는 $\sim 2 \times 10^8 K$ 정도였다. Sandage와 Schwarzschild는 낙심스럽게도 핵이 수축하고 헬륨점화로 가열되는 반면 껍질은 관측된 적색거성 줄기을 넘어서 팽창한다는 것을 발견하였다. 그들은 중심온도가 $1.1 \times 10^8 K$

에 도달하게 되면 핵의 수축과 껍질의 팽창을 정지하게 하기 위해 "…기존 계산에 포함되지 않는 물리과정이 중요한 역할을 수행하기 시작한다…"는 결론을 추론해 냈다. 이것은 탄소핵에서 공명에너지 준위를 가정하는 두 번째의 독립된 논증이 될 수 있었다. 사실 이 준위는 3α 과정에 대한 한계온도를 10^8K 정도로 감소시킨다!

헬륨 점화온도가 중심에서 최종적으로 도달하게 되면 핵 수축은 정지하게 된다. 별의 구조는 그림 7.6의 선 C로 표시되었다. 두 개의 에너지원이 이제 작용되었는데 하나는 핵에서의 헬륨연소이고 또 하나는 핵주위를 둘러싸고 있는 껍질에서의 수소연소이다. 헬륨이 핵에서 고갈되면, 핵 수축과 껍질팽창의 새로운 단계가 시작된다. 핵은 이제 밀도가 더 높기 때문에 껍질팽창은 오히려 더 뚜렷해져서 별을 초거성단계로 가게한다. 이 점에서의 별의 구조는 그림 7.6에서 선 D로 표시하였다. 헬륨연소의 결과로 생긴 탄소-산소핵의 바깥에는 두 개의 껍질이 존재하는데, D는 헬륨 핵연소한계값과 수소핵연소 한계값과 각각 교차한다. 별의 구조는 층층으로 구성된다. 탄소-산소핵을 둘러싸고 있는 층이 헬륨층이고 그들 사이에 헬륨 연소껍질이 존재한다. 헬륨층의 바깥 경계는 수소연소껍질로 제한되어지는데, 이층은 헬륨층을 수소가 풍부한 껍질로부터 분리해 준다. 수소연소껍질은 헬륨연소껍질에 에너지를 제공하면서 두 껍질은 바깥쪽으로 나아가게 된다. 8장에서 우리가 보게 되겠지만 이런 과정들을 자세히 살펴보면 아주 복잡하다(수평가지 HB와 AGB가 설명될 것이다). 마지막으로 모든 핵반응들이 별의 중심에서 끝나게 되면 항성구조는, 그림 7.6에서 선 E로 표시되는데, 양파껍질같은 형태의 층이 생기게 되는데, 각 층은 서로 다른 화학성분을 지니게 되며 가벼운 원소는 무거운 원소위에 놓이게 된다. 초거성(SG)은 이제 초신성의 원조이다. 항성의 진화과정에서 비록 짧은 시간이지만 놀란만한 이 부분은 9장에서 논의될 것이다.

비슷한 논증들이 다른 질량을 지닌 항성들에게도 적용될 수 있다.

7.6 간단한 진화경로의 단점들

항성의 전반적 진화에 대한 최초의 대략적 스케치는 1939년(!) Bethe에 의해 정리되었다는 것은 주목해볼 가치가 있다. Bethe가 항성진화에 대한 현대이론으로 길을 터놓은 항성의 에너지 생성에 대한 논문을 어떻게 마무리하였는지 살펴보자.

"…항성의 수소가 거의 소진되었을 때 어떤 일이 일어날 것인지 물어보는 것은 아주 흥미로운 일이다. 분명하게 에너지 생성은 평형요구와 보조를 더 이상 맞출 수 없어서 별은 수축하기 시작할 것이다. 중력수축은 이제 큰 양의 에너지를 공급하게 된다. 새로운 평형이 도달될 때까지 수축은 계속된다. 태양질량의 $6\mu^{-2}$보다 작은 가벼운 별들에 대해서 별의 전자가스는 축퇴되게 되어 백색왜성이 생기게 된다. 백색왜성상태에서 필요한 에너지생성은 극도로 작아서 그런 별들은 거의 무제한의 수명을 지니게 될 것이다…
무거운 별에 대해서는 수축은 중성자 핵이 형성될 때 비로서 중단된다. 그런 핵을 지닌 경우 생기는 어려운 점들은 우리의 경우에 극복할 수없는데 왜냐면 대부분의 수소가 거의 무겁고 안정된 원소로 변환되어서 핵표면의 에너지 진화는 핵반응으로가 아니라 중력적으로 이루어지기 때문이다. 그러나 이런 질문은 분명 더 계속되는 연구를 필요로 한다.

Hans A. Bethe: Physical Review, 1939

이번 장에서 우리는 항성진화라는 주제의 골격을 세웠고 더 세심한 스케치(같은 기본선을 따라서!)를 요약해보았지만, 그 그림은 아직 완전하지 못하다. 자세하게 알아보기 위하여 우리는 항성진화의 수리적 계산(항성의 컴퓨터 실험실)에 의존해야 한다. 이는 8장의 주제가 되겠지만, 우리 스케치에 권위를 부여하기 위해 다양한 질량에 대한 항성진화에 대한 복잡한 수리적 계산의 결과들을($\log T_c, \log\rho_c$)평편에서 보여지는 형태로 그림 7.7에 나타내 보았다. 일반적인 경향은 간단한 논증들에 기초한 그림 7.5의 결과와 아주 비슷하다. 핵연료의 점화와 관련된 차이를 차치하더라도(특히 $1M_\odot$ 별의 중심에서 기대되는 폭발적인 헬륨점화), 우리는 $7M_\odot$ 정도 질량을 지닌 별들과 아마 $9M_\odot$를 넘는 별들은 그 삶을 백색왜성으로 끝낸다는 것을 발견하게 될 것이다. 우리는 단지 M_{Ch}보다 작은 경우에서는 백색왜성을 기대하였다!

이는 진화가 일어나는 동안 항성질량의 보존에 관련된 우리의 가정에 대한 잘못된 추론임이 분명하다. 우리는 이 가정이 틀리지는 않는지 의심해보아야 하는데, 특히 질량이 큰 별에 대해 표준모델의 결론들을 살펴보아야 한다(5.6절). 관측적인 고려 역시 질량손실이 일어나야 함을 제시해준다. 태양주변에 있는 여러 작은 질량의 백색왜성들은 이미 오래전에 알려졌는데 그들의 질량은 상당히 정확하게 결정되었다($0.4M_\odot$ 또는 약간 낮게). 만일 항성들이 그들의 질량을 보존한다면, 우리은하는 $0.4M_\odot$ 또는 약간 낮은 질량의 별들을 주계열에서 진화시키기에 충분할 만큼 나이가 들었다. 그러면 우리는 적어도 몇몇 성단들이 $0.4M_\odot$의 질량을 지닌 별의 광도아래에서 끝나는

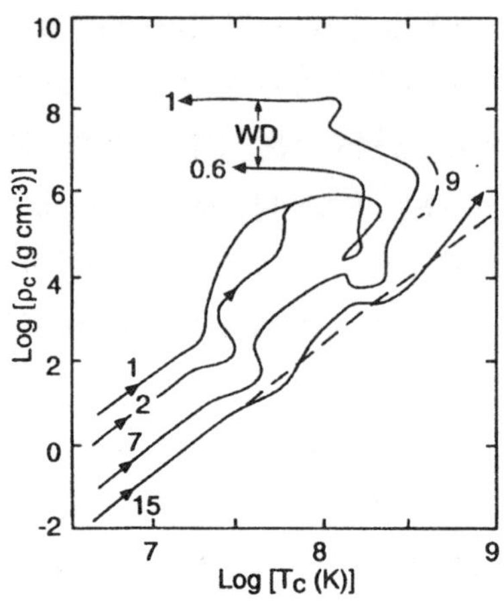

그림7.7 다양한 질량을 지닌 항성의 진화에 대해 복잡한 계산을 통해 얻어진 중심밀도와 중심온도 사이의 관계 [J.Iben(1974), Ann. Rev. Astron, Astro plys., 12에서 발췌]

주계열을 지닌 것이 관측될 것을 기대할 수 있지만, 그런 성단들은 아직 발견되지 않았다. 사실 지금까지 알려진 모든 성단들의 주계열은 상당히 높은 광도에서 끝이 나는데 ($0.7M_{\odot}$보다 큰 질량에 상응함), 이는 젊은 나이를 나타낸다. 왜 모든 성단들이 그들이 존재하고 있는 우리은하보다 훨씬 더 젊은가를 설명하는 것은 아주 어렵다. 우리은하가 가장 오래된 성단만큼은 늙었다고 가정하는 것이 오히려 자연스러운데, 이는 항성들이 질량을 손실하는데, 특히 주계열을 떠난 후에는 더욱 그렇다는 결론에 이르게 한다.

> "…우리는 대부분 성단들이 짧은 나이를 지니고 있음을 인정해야 하며 또 질량이 큰 진화된 별이 그 질량의 상당량을 잃어버려서 냉각되고 있는 백색왜성으로 안주할 수 있는 물리과정을 찾아야 한다. 그래서 우리는 백색왜성의 근원에 관한 문제를 찬드라세카 한계 훨씬 위에 있는 별의 궁극적 운명의 문제와 연결한다."
>
> Leon Mestel : The Theory of White Dwarfs, 1965

최신 망원경들이 밀도 높은 구상성단에서 백색왜성을 찾아낼 수 있는 요즘은 이런 논증이 오히려 더 격렬하다 : 백색왜성은 같은 성단에 있는 주계열별보다 더 낮은 질량을 지니고 있다.

항성들은 태양으로부터 방사되는 것과 같은 항성풍에 의해 질량의 상당부분을 손실하는 것으로 알려졌는데, 복사압이 중요해지는 질량이 큰 항성의 경우에서만 아주 중요하다. 그래서 그림 7.5에서 Ψ_M의 진화경로는 초기질량 M이 증가하면서 경사가 더 커지면서 증가하게 된다. 이는 초기에 M_{Ch}보다 큰 별들이 백색왜성이 되고, 그들의 Ψ 경로가 더 낮은 질량에 상응하는 경로쪽으로 급히 이동하게 되고, 진화과정은 $1M_{\odot}$의 질량에 대해 이전에 서술된 것과 비슷한 경로를 거치게 된다. 그래서 백색왜성으로 삶이 끝나는 별들과 초신성이 되는 별들 사이를 갈라놓는 질량은 실제 $1.46M_{\odot}$보다 더 높다는 것은 제외하고는 일반적은 설명들은 성립한다. 얼마나 큰지를 결정하기 위해서는 질량손실에 대한 모델이 필요하다. 불행하게도 이런 현상에 대한 간단한 이론적 모델은 아직 보고되지 않았다.

연습문제 7.6

초기질량 M_0를 지닌 별의 가상적 진화를 고려하자. 별의 핵은 핵연소의 결과로 질량이 커진다. 핵과정은 연소된 물질의 단위 gram당 Q의 에너지를 방출한다. 이별은 일정한 광도 L에 비례하는 비율, $\dot{M}=-\alpha L$로 질량을 손실한다(항성풍의 형태로). (a) $M_c(0)=0$을 가정하고, 핵의 질량을 시간의 함수, $M_c(t)$로 구하라. (b) 껍질의 질량을 시간의 함수로 구하라 ($M_e(t)$). 이때 $M_e(0)=M_0$를 가정하라. (c) 껍질질량이 사라질 때 핵의 질량은 얼마인가? (d) 별이 백색왜성이 되는 M_0의 상한값을 계산해보라. $Q=5\times10^{14}J/kg$(태양화학성분에서 탄소와 산소로 변하면서 생기는 결과)와 $\alpha=10^{-14}kg/J$이 주어졌다.

무시되어진 또 다른 물리과정은 밀도가 높은 핵에서의 중성미자 방출인데, 이 과정은 아주 두드러진 냉각효과이다. 후기의 핵연소 단계들 사이에서 온도가 상승되는 현상은 중성미자 냉각으로 억제되어지기 때문에 Ψ_M곡선의 기울기는 3보다 약간 크게 되어진다. 그러나 이 효과는 우리가 내린 어떤 결론에도 영향을 주지 않는다.

간단한 설명의 주된 단점들은 (a) 서로 다른 물리과정들에 대한 시간범위가 주어지지 않았고, (b) 각 단계에서 별은 바깥쪽으로 나타내는 현상을 무시하였다는 것이다. 두 가지 요인들이 관측과의 비교를 불가능하게 만든다(통계적으로 뿐만 아니라 개별적으로). 우리의 주된 목적은 관측된 별들의 특징을 그들이 변하는 경향뿐만 아니라, 가능한 자세하게 재생해보는 것이었기 때문에 자세한 항성모델들을 재분류해봐야 한다. 포함된 원리들에 대한 기본이해를 한 후에야 진화론적 계산들을 쉽게 이해할 수 있게 될 것이다.

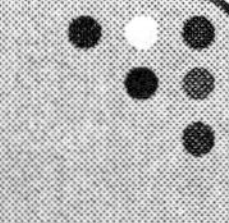

08 항성의 진화 - 자세한 설명

8장은 분석적으로 설명한 7장과는 달리 서술적으로 항성진화를 설명한다. 완전한 수리계산으로부터 얻어진 항성의 진화에 대한 설명을 하려 한다. 수리계산은 식(2.54)의 진화방정식 세트의 해를 구하는데 정확한 상태방정식들, 불투명도들 그리고 핵반응율들이 사용되었다. 이런 항성진화의 수리적인 연구들은 최초로 컴퓨터 코드가 개발된 1960년대 초부터 시작되었다. 1956년에 Haselgrove와 Hoyle이 컴퓨터에 항성진화모델을 최초로 프로그램 하였다. 이들은 방정식들을 수리적으로 직접 적분하는 방법을 사용하여 외부경계조건에 짜맞추기를 하였다. 항성구조방정식에 더 실제적인 2개의 경계조건들에 대해 훨씬 더 적합한 수리적인 과정들(본래 이완방법)이 Louis Henyey에 의해 채택되었다 ; 이 방법은 때로 Henyey 방법이라 인용되고 있고 오늘날까지 가장 잘 사용되는 항성진화 코드로 인정받고 있다. 1960년대 초 이후 전세계의 많은 천체물리학자들에 의해 개발된 수리적인 계산 중에서 Icko Iben Jr.의 계산이 가장 중요한 역할을 하였다. 그런 계산들의 세부결과들은 근본원리들의 기본으로 쉽게 얻어질 수 없으며, 간단하고 직관적인 설명들이 언제나 제공될 수는 없다. 진화방정식들은 아주 심하게 비선형적인 상태로 굉장히 복잡한 해들을 가질 것으로 예상된다는 사실을 인정해야만 한다.

특히 진화 방정식들의 완전한 해는 특히 항성들의 관측가능한 표면물리량들을 제공해주기 때문에 우리는 8장에서 이전에 해왔던 것보다 더 많이 이론적인 결과들을 관측과 비교하는데 초점을 맞추려 한다. 항성진화이론의 궁극적인 실험은 H-R도를 모든 관점에서 이해하는 것이다(1장에서 간단하게 설명한바와 같이). 그래서 우리는 이론적 모델이 예상하는 H-R도상에서의 위치에서 항성들이 찾아질 것을 기대한다. 더욱이 1장에서 언급된 기본의 통계적 원리들이 적용될 것이다, 즉 개개 항성의 진화기간이 길수록 그 단계에 별들이 더 많이 관측될 것이다. 이론적인 예측과 관측의 자세한 비교는 그래서 수소핵연소단계같은 긴 진화단계에서 헬륨핵연소단계같은 더 짧은 단계까지 가능한 것이다. 더 진화된 단계로 가는 과정인 질량이 큰 별들의 뜨겁고 밀도 높은 핵에서 나오는 중성미자 방출은 효과적으로 에너지를 빼앗는 요소로 작용하기 때문에 핵에너지공급이 증가될 것을 요구하면서 진화속도를 가속시키게 된다. 그래서 약한 핵연료(탄소에서 철까지 원소들의 경우, 연소된 물질이 단위질량당 방출하는 에너지양이 상대적으로 작다)가 빨리 소모된다. 결과적으로 이런 간단한 진화단계에 있는 항성들을 발견할 확률은 낮아진다. 상대적으로 낮은 질량의 항성에서 핵연소 후에 생기는 냉각과정은 아주 느린 과정이지만, 냉각되는 항성들(백색왜성)은 점차 희미해지면서 관측되기 더 어렵게 된다.

8.1 하야시영역과 전주계열과정

7장은 ($\log T$, $\log \rho$)평면에서 항성중심의 경로를 따라서 진행되는 항성진화를 다루었다. 8장에서는 항성표면에 초점을 맞추고 이론천문학자들의 H-R도인 ($\log L, \log T_{eff}$) 평면에서 진화궤적을 추적해본다. ($\log T$, $\log \rho$)평면에서우리는 항성들의 진화경로가 제한된 불안정영역을 발견하였다. 이제 ($\log L, \log T_{eff}$)평면에서도 자체적으로 "금지된 영역"이 존재함을 보려한다. 이는 하야시 금지영역으로 알려졌고 그 경계를 하야시 궤적이라 부르는데, Chushiro Hayashi가 1960년대 초 이런 형태의 불안정성을 지적하고 연구한 최초의 학자이다. 금지된 영역의 경계는 완전히 대류를 하는 별의 가상적인 진화에 의해 결정된다.

대류가 항성의 광구까지 도달한 질량 M인 완전대류하는 항성을 생각해보자. 6.6절에서 우리는 대류영역에서 온도증분은 거의 단열에 가깝다는 것을 보았다. 반면 아주 작은 양의 열공급이 일어나도 높은 열흐름양을 야기시키면서 온도증분을 감소시키게 된다. 또한 아주 작은 열손실이 일어나도 대류는 억제되면서 열흐름양이 감소된다 ; 결과적으로 온도증분은 가파르게 된다. 그래서 대류가 지속된다면 온도증분은 단열에 아주 가깝게 유지된다. 질량과 항성질량 M에 관계된 광구의 두께 그리고 반경 R을 무시하면 우리는 완전대류인 항성의 내부에 대해 $n=(\gamma_a-1)^{-1}$의 지수를 가진 폴리트롭으로 간단하게 표시할 수 있다(5.3절을 보라).

$$P=K\rho^{1+\frac{1}{n}} \tag{8.1}$$

계수 K는 식(5.23)에서 M과 R에 관계되어 있다.

$$K^n=C_nG^nM^{n-1}R^{3-n} \tag{8.2}$$

n에 종속되는 상수 C_n은 $C_n = \frac{4\pi}{(n+1)^n}\frac{R_n^{n-3}}{M_n^{n-1}}$로 주어진다. 하나의 자유상수 R 이 남게 되는데, 이 값은 완전 대류인 항성내부를 r=R의 경계에서 복사하는 광구와 조합할 때 얻어진다. 광구가 이 경계면을 통과하여 에너지흐름양을 복사할 수 있는 능력은 이 경계선을 지날 때 밀도, 온도 그리고 압력의 변화에 의존한다. 유체정역학적 평형은

$$\frac{dP}{dr} \approx -\rho\frac{GM}{R^2} \tag{8.3}$$

을 요구하고, 압력이 P_R일 때 R에서 압력이 없어지는 지점 또는 간단히 말해 무한대까지 적분을 하면

$$P_R = \frac{GM}{R^2}\int_R^\infty \rho dr \tag{8.4}$$

를 얻게 된다. R에서의 온도는 항성의 유효온도로서 $L = 4\pi R^2 \sigma T_{eff}^4$을 만족한다. 광구의 광학적 깊이는 1정도 되는데(3.7절을 보라), 정확한 값은 복사전달방정식의 해가 어떠한지에 따라 달라진다. 그래서 $\int_R^\infty \kappa\rho dr = \bar{\kappa}\int_R^\infty \rho dr = 1$이 성립하고, 여기서 $\bar{\kappa}$는 광구에 걸쳐 평균된 불투명도이다. R에서의 불투명도를 $\bar{\kappa}$라 취하고 밀도 ρ_R, 온도 T_{eff}의 관계를 식(3.63)에서처럼 멱급수로 표현하면 대충의 어림을 통해

$$\kappa_0 \rho_R^a T_{eff}^b \int_R^\infty \rho dr = 1 \tag{8.5}$$

를 얻게 된다. 식(8.4)와 식(8.5)를 조합해면

$$P_R = \frac{GM}{R^2\kappa_0}\rho_R^{-a}T_{eff}^{-b} \tag{8.6}$$

을 얻는다. R에서의 압력, 밀도 그리고 온도사이의 자세한 관계는 상태방정식으로 주어지는데, 우리는 가장 간단한 경우인 이상기체의 경우를 택하였고 무시할 정도의 복사압력을 가정하였다(식3.28, $P_R = \frac{R}{\mu}\rho_R T_{eff}$). 그래서 4개의 방정식세트를 얻게 되는데, 이들 모두는 물리량들의 멱급수형태로 표시되며, 선형 로그방정식으로 바꾸어져서 쉽게 풀어지게 된다 :

$$\log P_R = \log M - 2\log R - a\log\rho_R - b\log T_{eff} + constant \tag{8.7}$$

$$n\log P_R = (n-1)\log M + (3-n)\log R + (n+1)\log\rho_R + constant \tag{8.8}$$

$$\log P_R = \log \rho_R + \log T_{eff} + constant \tag{8.9}$$

$$\log L = 2\log R + 4\log T_{eff} + constant \tag{8.10}$$

log R, $\log \rho_R$와 log P_R을 소거하면 log L, log T_{eff}, log M사이의 관계를

$$\log L = A\log T_{eff} + B\log M + constant \tag{8.11}$$

$$A = \frac{(7-n)(a+1)-4-a+b}{0.5(3-n)(a+1)-1}, \quad B = \frac{(n-1)(a+1)+1}{0.5(3-n)(a+1)-1} \tag{8.12}$$

의 형태로 얻게 되는데, 이는 주어진 각각의 M에 대해 $(\log L, \log T_{eff})$도에서의 한 선, 즉 하야시궤적을 나타낸다. 이들 궤적은 $(\log T, \log\rho)$평면에서의 Ψ_M의 궤적과 비슷한 역할을 하지만, Ψ_M의 궤적처럼 진화경로를 나타내는 것으로 간주될 수 없다. 왜냐면 유도될 때 취해진 가정들이 일반적으로는 성립하지 않기 때문이다. 그들은 나중에 간단히 보게 되겠지만 진화경로의 점근선을 나타내준다.

논의를 간단하게 하기 위해 a=1을 가정하는 데, 이는 그럴듯한 어림이다. 그러나 멱지수 b는 주로 양수의 형태로 넓은 영역의 값을 취할 것으로 여겨지는데(그림 3.3을 보라), 왜냐면 광구온도는 상당히 낮기 때문이다. 식(8.12)의 계수는 그래서

$$A = \frac{9-2n+b}{2-n}, \quad B = -\frac{2n-1}{2-n} \tag{8.13}$$

으로 변형된다. 또한 폴리트롭 지수는 역학적 안정성에 의해 $n < 3$로 제한되고(6.3절), 그래서 전체적으로 $1.5 \leq n < 3$이 된다는 사실을 상기해본다. 방정식 (8.11)에서 (8.13)까지 로부터 얻어낼 수 있는 처음 결론은 하야시 궤적의 기울기는 아주 가파르다는 것이다. 낮은 온도의 경우에 전형적인 b=4와 n=1.5에 대해 A=20을 얻는데 이는 거의 수직선에 가깝다. 이것은 sgn[B]=-sgn[A]이고 그래서 $A > 0$에 대해 M이 커질수록 선은 낮아지는 반면 A<0에 대해서는 M이 커질수록 선은 높아지기 때문이다. (우리는 H-R도에서 유효온도는 왼쪽으로 증가한다는 것을 상기해본다). 또한 n>2에 대해 기울기의 부호가 바뀐다는 것에 주목해보자. 예를 들자면, 기울기는 수소원자로 구성된 광구(n=1.5)에 대해서와 수소분자로 구성된 광구(n=2.5)에 대해서 서로 다른 값을 지닌다. 대류성 항성모델을 정확하게 계산해보면 주어진 M에 상응하는 하야시 궤적은 기울기를 변화하여 낮은 L에서 왼쪽으로 약간 휘어졌다가 높은 L에서 오른쪽으로 이동하는 것을 알 수 있다.

하야시 궤적의 중요성을 이해하기 위하여 한별의 특징을 말할 때 전체별에 $\gamma = \dfrac{d\ln P}{d\ln\rho}$의 평균을 취하여 $\bar{\gamma}$의 값을 이용해보자. 이와 비슷하게 평균 단열지수를

나타내는 값은 $\overline{\gamma_a}$로 나타낸다. 완전히 대류성 별의 경우 $\bar{\gamma}=\overline{\gamma_a}$이다. 만일 별이 복사영역을 지닌다면 $\gamma<\gamma_a$인 어떤 영역이 존재하고 그래서 $\bar{\gamma}<\overline{\gamma_a}$이 성립한다. 그런 별에 대해 여기에 상응하는 폴리트롭 지수 n은 $n > n_a$를 만족하는데, n_a는 하야시 궤적을 정의하는 단열 폴리트롭 지수를 나타내기 위해 사용되었다. 그래서 $\bar{\gamma}>\overline{\gamma_a}$, 또는 $n < n_a$는 초단열인 경우에만 일어날 수 있는데, 이때는 불안정하고 그래서 "금지되었다"고 말할 수 있다. 이제 질량 M과 광도 L을 지닌 항성을 고려해보자. 이 경우 위에서처럼 광구에 덮혀져있는 폴리트롭에 의해 그 구조가 설명될 수 있다. 이 별의 유효온도가 폴리트롭 지수 n에 따라 어떻게 변화하는가? 이 질문에 답을 하기 위해 우리는 식 (8.7)-(8.10)을 재구성해야 하고, 함수 $\log T_{eff}(n)$을 얻기 위해 이 식들의 오른쪽에 있는 상수들이 폴리트롭 지수에 어떻게 종속되는지를 고려해야 한다. 이런 따분한 작업들이 이미 수행되어져서 $d\log T_{eff}/dn > 0$라는 결과를 얻어냈다. 결론적으로 $n < n_a$에 상응하는 금지영역은 H-R도에서 하야시영역의 오른쪽영역에 놓여있다.

하야시 궤적과 금지된 영역의 역할은 항성의 전주계열진화에 의해 잘 조명되어진다. 별의 생애의 아주 초기에는 불안정한 가스구름들이 급속도로 폭축하는 것이 특징이다. 항성에서 일어나기보다는 은하에서 일어나는 그런 폭축의 기폭제에 대해서는 10장에서 다루어질 것이다. 처음에 물질들은 서로 투명하겠지만 밀도가 높아지고 온도가 높아지면서 서서히 불투명해지게 된다. 내부는 이제 물질들로 쌓여지게 되고 복사가 방출되는 경계층은 별로 탄생되는 식별가능한 천체를 정의해준다. 이런 과정은 $10^{-10}-10^{-9}kg/m^3$의 밀도와 수백도 K의 온도에서 일어난다. 그런 조건에서 수소는 분자(H_2)형태로 존재한다. 가스는 너무 차가워서 중력에 저항할 수 있으며 수축은 역학적 시간규모로, 경우에 따라서 방사적인 자유낙하형태로, 진행 된다($1/\sqrt{G\rho}$의 크기로, 식(2.57)). 이 시간규모는 일반별에서 수축시간규모보다는 아주 길고, 밀도는 훨씬 낮다는 사실에 주목하자. 가스온도가 충분히 상승되어서 수소분자이 분해가 일어나게 된다. 그때 수소원자의 이온화와 헬륨원자의 이온화도 일어난다. 이런 모든 과정들은 방대한 양의 에너지를 흡수하는데 이 에너지는 수축하면서 방출되는 중력에너지에 의해 공급된다. 가스온도가 이제 더 이상 증가할 수 없게 되는데, 이는 마치 끓는 물에서 불이 계속 물을 끓게 에너지를 공급해준다 할지라도 물의 끓는점이 일정하게 유지되는 것과 같다. 그래서 자유낙하는 이런 상태에서 계속되게 된다. 수소와 헬륨의 이온화가 완전히 이루어지면 중력에너지가 방출되는 것 때문에 가스온도는 다시 증가한다. 중력의 인력에 반대하기에 충분한 압력을 생성할 때가 오는데 이때 유체정역학적인 평형이 형성된다. 가스의 응축은 이제 원시별(protostar)이 되었다.

표8.1 진화수명(년)

$M/M_\odot$	1-2	2-3	3-4	4-5
15	6.7(2)	2.6(4)	1.3(4)	6.0(3)
9	1.4(3)	7.8(4)	2.3(4)	1.8(4)
5	2.9(4)	2.8(5)	7.4(4)	6.8(4)
3	2.1(5)	1.0(6)	2.2(5)	2.8(5)
2.25	5.9(5)	2.2(6)	5.0(5)	6.7(5)
1.5	2.4(6)	6.3(6)	1.8(6)	3.0(6)
1.25	4.0(6)	1.0(7)	3.5(6)	1.0(7)
1.0	8.9(6)	1.6(7)	8.9(6)	1.6(7)
0.5	1.6(8)			

무한대의 거리에 있는 물질들이 원시별의 반경 R_{ps}로 폭축될 때 방출되는 모든 중력에너지($\alpha\, GM^2/R_{ps}$)가 수소원자의 분해와 수소와 헬륨의 이온화과정에 흡수된다고 가정하면 원시별의 특징을 대충 알아볼 수 있다. 물론 실제상황에선 그 일부가 복사로 방출이 된다. H_2의 해리전위 (4.5eV)를 χ_{H_2}라 표기하고, 수소의 이온화전위(13.6eV)를 χ_H, 그리고 헬륨의 전체이온화 전위(79eV=24.6eV+54.4eV)를 χ_{He}이라 표기하면,

$$\alpha\frac{GM^2}{R_{ps}}\approx\frac{M}{m_H}\left(\frac{X}{2}\chi_{H_2}+X\chi_H+\frac{Y}{4}\chi_{He}\right)\tag{8.14}$$

이 얻어지는데, $Y\approx 1-X$와 $\alpha\approx\frac{1}{2}$를 취하면

$$\frac{R_{ps}}{R_\odot}\approx\frac{50}{1-0.2X}\frac{M}{M_\odot}\tag{8.15}$$

이 얻어진다. 유체정역학적 평형에 놓인 원시별에서 평균 내부온도는 2.4절(식2.29)에서처럼 비리얼정리에 의해 추정되어질 수 있는데, $X\approx 0.7$에 대해 식 (8.15)의 어림을 사용하면

$$\overline{T}=\frac{\alpha}{3}\frac{\mu}{k}\frac{GMm_H}{R_{ps}}\approx 6\times 10^4 K\tag{8.16}$$

이 얻어지는데 이는 항성질량과는 무관하다. 이 온도에서 불투명도는 아직 아주 높고 (그림 3.3을 보라), 복사흐름은 막혀있어서 원시별은 완전히 대류적이다. 이는 하야시

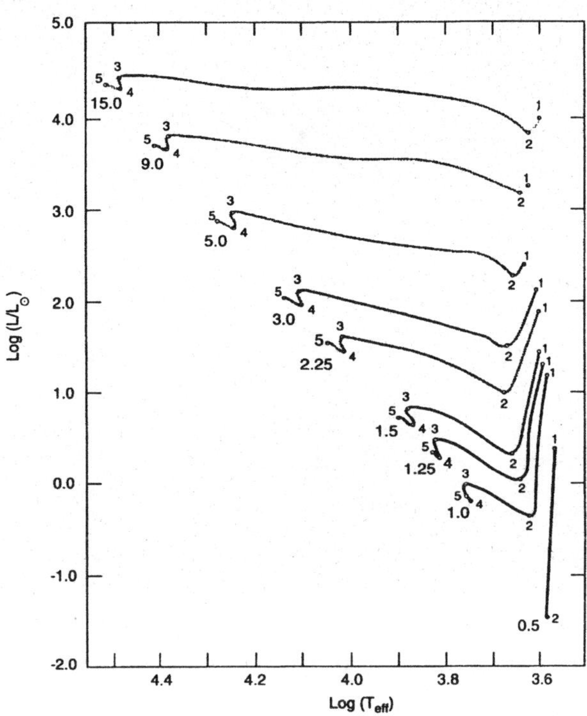

그림8.1 전주계열과정동안 서로 다른 초기질량을 지닌 항성의 HR도에서 진화경로. 각 선들의 명암은 각 경로에서의 소요되는 시간을 나타내준다. 희미한 선은 10^3yr 이하이고, 짙은 선은 10^7yr 이상으로 표 8.1에 주어진 것과 같다(I. Iben Jr. (1965), Astrophys.J. 141에서 인용).

진화단계의 시작점이다. $(\log L, \log T_{eff})$도에서 별은 거의 상수인 유효온도에서 하야시 궤적을 따라 내려오게 되고, 그 반경은 급속도로 감소되면서 광도는 거의 R^2에 비례하여 감소된다. 이때 내부 온도는 올라가며, 이온화가 완전히 이루어지면서 불투명도는 떨어지게 된다. 대류영역은 중심으로부터 멀어지게 되고, 별은 하야시 궤적을 떠나 디 높은 유효온도로 움직이게 된다. 증가하는 핵온도는 핵반응이 시작되게 하고, 우선은 천천히 일어나지만, 열적평형이 깨지면서, 계속 복사강도가 증가하게 된다. 이런 과정은 항성광도의 방향을 바꾸게 하여 광도가 증가하게 만든다. 열적평형으로 진화는 수소 핵연소 고리의 서로 다른 반응에 대한 점차적 점화에 의해 아주 복잡해진다. 자세한 진화론적 계산에 의하면 $(\log L, \log T_{eff})$도에서 여러 질량의 항성들에 대해 꼬불꼬불한 경로를 보이는데 그림 8.1에 나타내었다. 여기에 상응하는 시간간격을 표 8.1에 제시하였다.

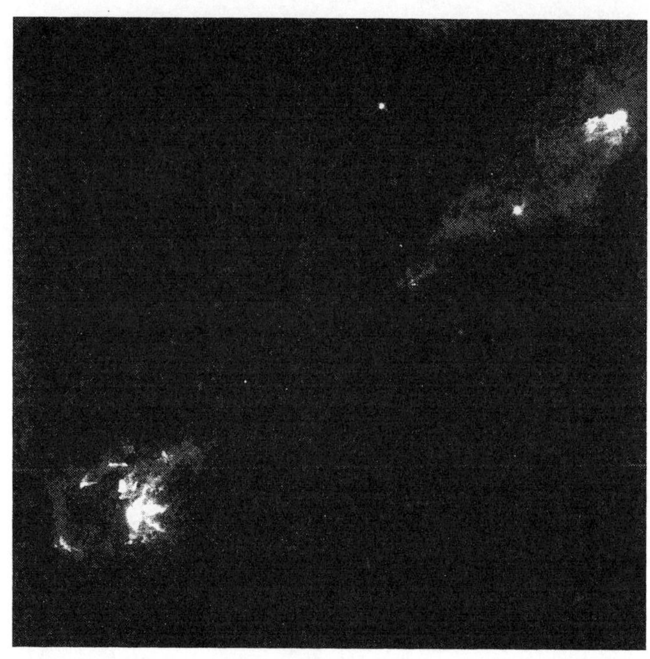

그림8.2 젊은 별에서 방출되는 제트가스. 제트는 1광년보다 더 크게 펼쳐진다. 젊은 별은 티끌의 어두운 구름 뒤에 숨겨져서 보이지 않는다(NASA의 허블우주망원경을 이용하여 찍은 J. Hester의 사진)

원시별 단계 전반에 걸쳐 중요한 시간규모는 상당히 짧은 Kelvin-Helmholtz(열적) 시간규모로서 식(2.59)로 주어진다. 전주계열 진화단계에 있는 항성들은 관측하기가 아주 어려운데 왜냐하면 이 단계는 아주 빨리 진행되어 희귀하기 때문 뿐만 아니라 그들이 아직은 별을 형성하고 남은 잔여 구름에 둘러쌓여 있기 때문에도 관측하기 어렵다. 이들 중에서 질량이 작은 별들은 더 천천히 진화하여서 아주 변광이 심한 질량 분출 천체로 관측이 되기도 하는데 이런 천체를 T Tauri형 별이라고 부른다. 이런 부류의 별들은 주변원반에 둘러쌓여 있으며, 행성형성의 원산이 되기도 하는데 $10^7 yr$이 넘는 확산시간규모를 지니고 있는 것으로 여겨진다. 가스와 티끌성운에 감추어진 젊은 별에 의해 방출되는 질량제트의 예가 그림 8.2에 보여졌다.

주계열에서만 진화특성시간이 핵특성시간이 되어 별들이 많아지게 된다. 주계열로의 수축은 항성생애의 1%보다 짧은 시간에 일어난다. 반면에 항성은 자기생애의 80% 이상을 주계열별에서 보낸다. 예를 들어 $1M_\odot$의 별은 수소연소이전에 $3\times10^7 yr$의 수축시간을 갖는 반면, 수소 핵연소를 하면서는 $10^{10} yr$을 보내게 된다. 초기에 아주 질량이 큰 별에 대해서는 시간규모는 상당히 단축된다. $9M_\odot$인 별에 대해 수축시간은 단지 $10^5 yr$에 불과하고, 주계열과정에서는 $2\times10^7 yr$을 머물게 된다.

8.2 주계열 단계

모든 별들은 중심에서 수소핵연소하는 것으로 특징지어지는 주계열 단계를 거친다. 핵연소의 주 산물은 헬륨이지만 다른 중요한 동위원소들이 주계열단계동안 합성이 되는데, 별 중심핵에서 탄소핵에 광량자가 포획되어 생기는 질소와, 별 중심핵 바깥의 차가운영역에서 생성되는 ^{3}He과 ^{13}C같은 동위원소들이 그 부산물이다. 긴 시간에 걸쳐 항성구조는 유체정역학적인 평형과 열적평형을 이루고 지내기 때문에, 별의 이전 구조와 진화단계를 "잊어버리게"된다. 그래서 주계열은 항성진화의 시작점으로 간주되기도 한다. 다행스럽게도 진화의 초기단계에 대해서는 아직 잘 이해되지 못한 상태인데, 그 부분적인 이유로는 주계열 전단계가 빨리 진행되기 때문에 아마 관측에 의해 알아낼 수 있는 정보들에 제한이 있기 때문이다.

중심핵에서 수소핵연소에 의해 생겨나는 핵에너지는 복사나 대류에 의해 바깥쪽으로 전달된다. 질량이 작은 별에서($M \leq 0.3M_{\odot}$), 주된 에너지 전달원은 대류인데, 6.6절에서 다루어 본바와 같이 이들 별들은 완전히 대류적이다(물론 광구는 제외하고). H-R도에서 하야시 궤적이 주계열을 만나는 영역이 발견되어 진다. 질량이 큰 별일수록 바깥 대류층이 작아지게 된다. 태양의 경우 예를 들자면, 대류영역은 광구밑에서 태양질량의 2%에 불과하다. 태양보다 더 질량이 큰 별들은 주로 온도에 민감한 CNO 사이클에 의해 핵연소가 일어나는데, 중심핵에 대류층을 형성하는 반면 껍질은 복사평형에 놓이게 된다. 복잡한 항성모델계산으로 얻어지는 주계열이 그림 8.3에 제시되었는데, 주계열을 따라 상응하는 질량이 표시되었다. 대류층의 두께는 그림 8.4에 제시되었다.

대류층 전체에 걸친 화학성분비가 균일하다는 것을 강조하는 것은 중요한데, 이 균일성은 핵반응율이 변한다 할지라도 대류에 의해 계속적으로 혼합되는 결과로 나타난다. 결과적으로 수소연소에서 나오는 생성물들이 별의 차가운 영역으로 침투하게 되는데, 그들이 다른 곳에서는 발견되지 않는다. 그리고 중심의 대류층이 줄어들거나 함께 사라진다해도 그 원소들은 거기에 존재하게 된다. 항성껍질이 나중에 대류적이 될 때 껍질의 안쪽 경계층은 원래 대류핵의 바깥 경계와 겹쳐지게 되면서, 수소연소의 생성물은 항성의 표면을 구성하게 되고 거기서 스펙트럼을 통해 관측이 될수 있게 된다. 이렇게 계속적으로 겹쳐지는 대류층 효과는 생성되는 물질을 표면에 뿌려주면서, 덮어 쌓여있는 항성중심핵에서 일어나는 핵연소과정이 일어나고 있다는 것을 우리에게 알려주는 역할을 감당한다. 그래서 진화된 별들의 스펙트럼에서 발견되는 중원소들과

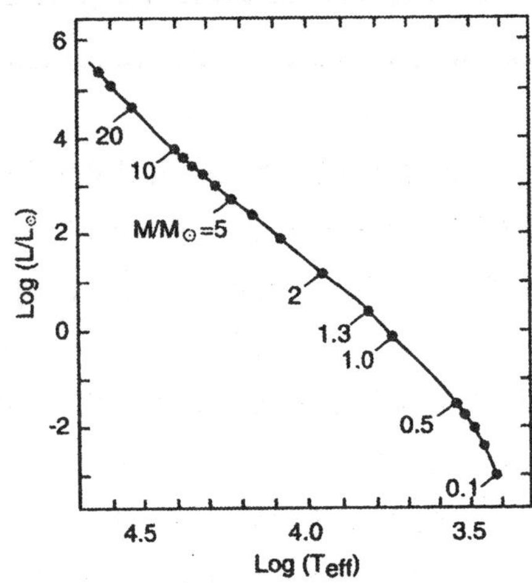

그림8.3 태양성분을 지닌 수소핵연소 별들및 다양한 질량의 별들에 대한 모델계산에서 얻어지는 광도와 유효온도 관계와 H-R도에서의 주계열(R. Keppenhan & A. Weigert (1990), Stellar Structure and Evolution, Springer-Verlag에서 발췌)

진화된 별들의 동위원소 비가 젊은별에서의 동위원소비와 다른 점들은 항성진화이론을 시험해보는 또 하나의 중요한 요소이자 지침이 된다. 항성내부에서 핵에너지 생성을 간접적으로 입증해주는 관측적인 증거들이 많이 있음에도 불구하고, 이것을 직접 시험하기 위한 노력이 많이 경주되어져 왔다. 태양의 중심핵에서 일어나는 단순한 수소핵연소과정을 시험해보기 위한 실험들은 8.3절에서 다루어 질 것이다.

항성진화에서 두드러진 특징 중 하나는 질량손실이다. 항성들은 주계열을 포함한 모든 진화단계에서 질량을 손실한다. 그러나 질량손실율은 아주 크게 변화한다. 그래서 낮은 주계열에서 질량손실율은 아주 느려서 항성질량에 어떤 감지할 만한 효과를 내지 못한다. 예를 들어 태양풍은 태양으로부터 $\sim 10^{-14} M_{\odot}/yr$의 비율로 질량을 빼앗아가는데 이는 주계열단계에 도달했을때 태양질량의 1/10,000도 안되는 양이다.

연습문제 8.1

구형대칭을 가정하고 태양으로부터 질량손실율을 추정해보라. 지구에서 측정된 태양풍의 속력은 $\sim 400km/s$이고, 태양풍에서 양성자밀도는 $7particles/cm^3$이다.

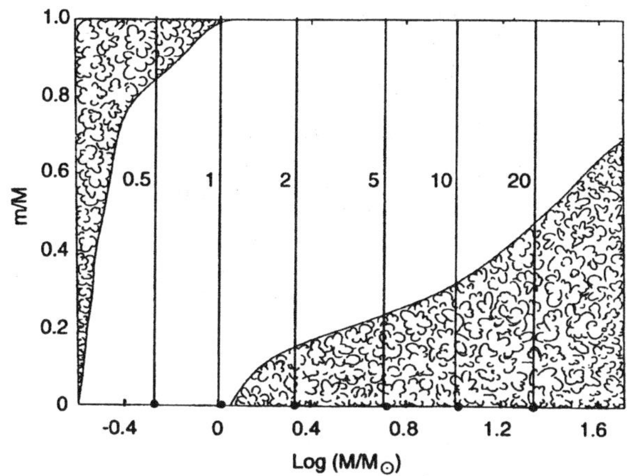

그림8.4 주계열항성모델에서 항성질량의 함수로서 대류영역(그물표시영역)의 분포(R. Keppenhan & A. Weigert (1990), Stellar Structure and Evolution, Springer-Verlag에서 발췌)

낮은 질량의 별을 다루기 시작해서 질량이 큰 별로 이동해 가면서 항성풍은 더 커지게 된다. 결과적으로 주계열에서 지내는 시간이 항성질량이 증가되면서 급격하게 감소하게 된다 할지라도, 질량이 큰 별의 진화속도는, 항성풍에 의해 상당량의 질량을 손실하고 난 후, 이들 별들의 진화속도와 비교하여 볼 때, 감속되지만, 그들의 질량은 보존된다. 이 효과를 설명하기 위해 우리는

$$\alpha = \frac{\log(\tau_{MS}/\tau_{MS,\odot})}{\log(M/M_\odot)}.$$

라는 매개변수를 정의한다. 7장에서 우리는 진화시간규모가 항성질량에 의해 결정되는데, 질량의 제곱(또는 더 높은 멱급수)에 반비례한다는 것을 보았다. 태양모델이 이들을 현재의 태양나이에서의 태양반경과 광도로 표시해보기 위해 표준화되었는데, 태양나이는 지구나이의 추정에 근거하여 지질학적으로 알려진 값이다. 이런 표준화작업은 넓은 영역의 질량을 지닌 별들의 주계열단계를 계산하는데 사용된다. 초기 질량영역이 $0.1M_\odot \le M \le 25M_\odot$인 항성들이 주계열별에 머무는 시간을 표 8.2에 제시하였고, 그림 8.5에 상응하는 항성질량의 위치에 주계열에 표시하였다. α값은 표 8.2의 세 번째 열에 제시되었다. $|\alpha|$는 상수가 아니다. 상당히 큰 M에 대해 이 값은 질량이 증가하면서 감소한다. 주계열 나이는 아주 넓게 분포되어 있다는 것을 주목해보자. 주계열의 낮은 끝부분에서는 우주전체 나이를 능가하게 된다. 반면 위쪽 끝부분에서 나이는 태양의 열적시간규모보다도 더 짧게 된다.

이제 주로 동시에 탄생한 별들의 그룹인 성단을 살펴보자. 성단의 나이는 성단의 H-R도의 위쪽 끝, 또는 주계열의 전향점에서 알아볼 수 있다. 성단나이보다 더 짧은

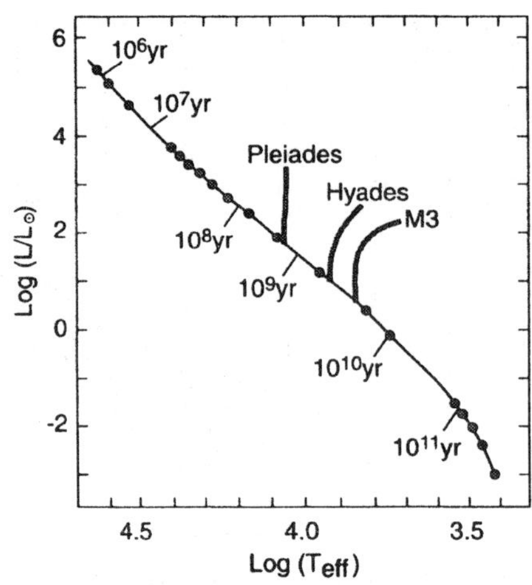

그림8.5 HR도(그림 8.3을 보라)에서 주계열을 따라 표시된 서로 다른 항성질량에 따른 주계열에 머무르는 시간. 주계열의 "전향점"에 의해 성단의 나이를 결정하는데 사용된다.

은 주계열 나이를 지닌 별들은 이미 주계열을 떠나 적색거성가지를 향해 떠나버렸다. 다시 말해 그런 별들은 그들 중심핵에 수소를 전부 소진해버리고, 핵은 다음 핵연소단계를 향해(또는 백색왜성이 되기 위해) 수축하고 있는 상태이다. 성단나이보다 긴 주계열 머무르는 시간을 지닌 별들은 아직도 H-R도에서 확실하게 건재하고 있다. 그래서 또 하나의 시계로서 서로 다른 성단의 H-R도인 그림 8.5에서 설명되었듯이, 이 방법은 성단의 나이를 측정하는 아주 신뢰할 만한 도구(시계)가 된다. 가장 늙은 성단의 나이는 그 성단이 속해있는 은하의 나이에 뿐만 아니라 우주자체의 나이에 대한 하한값을 제공해준다.

성단의 주계열은 시간 도구로 뿐만 아니라 거리를 결정해주는 도구로도 사용된다. 관측으로부터 직접 얻어진 H-R도는 세로좌표에 광도대신에 식(1.1)에 의해 정의된 겉보기 밝기를 지닌다. 로그함수 규모에서 이는 $\log(4\pi d^2)$크기로 일정하게 수직이동하게 되기 때문에 표준화된 H-R도와 맞추어보면 이동된 양을 결정할 수 있고, 그래서 성단까지의 거리를 알아낼 수 있다. 주계열의 아래 부분이 어느 성단의 H-R도에서든 가장 많은 별들이 놓여있기 때문에 맞추는 작업은 주로 주계열에 의존하게 되고, 그래서 이런 거리결정방법(실제에서는 금속함량과 성간흡수 때문에 더 복잡하다)은 주계열 짜맞추기라 부른다.

표8.2 주계열별의 수명(주계열에 머무는 시간)

$Mass(M_\odot)$	$Time(yr)$	α
0.1	6×10^{12}	-2.8
0.5	7×10^{10}	-2.8
1.0	1×10^{10}	
1.25	4×10^{9}	-4.1
1.5	2×10^{9}	-4.0
3.0	2×10^{8}	-3.6
5.0	7×10^{7}	-3.1
9.0	2×10^{7}	-2.8
15	1×10^{7}	-2.6
25	6×10^{6}	-2.3

모든 질량을 가진 별들은 주계열 단계를 거치지만, 그 후의 진화는 질량에 따라 달라진다. 주계열에 머무르는 시간이 우주의 현재나이($1-2\times10^{10}yr$로 현재 추정됨)를 능가하는 별들과 주계열을 떠나 진화할 수 있는 별들 사이의 구분을 하는 방법은 아주 오래 전에 알려졌다. 항성모델에서 주계열에 도달할 수 있는 별의 상한값(그들이 우주의 나이와 같다할지라도)으로 $0.7M_\odot$이 제시된다. 이들은 낮은 표면온도와 그래서 성간 적색화 때문에 이런 별들은 적색거성으로 알려진다. $0.7M_\odot$보다 질량이 큰 별들은 그들의 질량에 따라 두 부류로 나누어지는데, 한 부류는 초기 질량이 9-10$M_\odot$인 별과 다른 부류는 그 나머지 별들이다.

초기 질량이 9-10$M_\odot$인 별들은 그들의 삶을 백색왜성으로 마무리하고(초기질량의 상당부분을 잃어버린 후에), 그 나머지 부류는 초신성폭발을 거치게 된다. 전자를 질량이 낮은 별($0.7\le M\le 2M_\odot$)과 중간정도 질량의 별($2\le M\le 9-10M_\odot$)이 되고, 후자는 질량이 큰 별이 된다. 낮은 질량의 별과 중간질량의 별의 구분은 중심핵에서 헬륨점화방법에 근거해서 이루어지는데, 말하자면 축퇴조건아래서 헬륨점화가 이루어지는지의 여부에 따라 결정된다.

이제 우리는 항성진화의 과정에 대한 논의에서 벗어나 태양중성미자 대한 중요한 논쟁을 다루어보려 한다.

8.3 태양의 중성미자

항성에서 광자의 평균자유거리가 거의 1cm이기 때문에, 핵반응이 일어나고 있는 항성 중심핵은 직접 관측되어 질 수 없다. 핵반응이 일어나고 있다는 것은 별이 빛나고 있고 그 광도가 핵에너지생성에 근거한 항성진화이론에 의해 잘 예견된다는 사실과 또한 항성표면에서의 화학성분비와 동위원소비로부터 밝혀졌다. 그러나 이론을 직접 시험해보는 것은 핵반응에서 방출되는 중성미자를 포획하는 기술에 의해서 가능하게 될 것이다. 중성미자에 대해 평균자유거리는 항성크기의 10의 10승을 능가한다. 그러나 물질이 이들 잘 도망가는 입자에 대해 완전히 투명하다면 우리가 어떻게 중성미자를 포획하기를 기대할 것인가? 태양(가장 가까운 중성미자 원)에서 나오는 거대한 중성미자 흐름양중 아주 작은 부분만이 지구에 도달하는데, 이 중성미자는 아주 정교한 실험기구에 의해 포획될 수 있다.

시험되어지는 에너지생성과정은 4개의 양성자가 헬륨핵으로 융합되는 과정인데, 이때 2개의 양전자(positron)와 2개의 중성미자가 방출되면서

$$4p \rightarrow {}^4He + 2e^+ + 2\nu + Q$$

의 열에너지가 방출되는데, 중성미자에 의해 빼앗기는 평균에너지를 소거하면 $Q \approx 25MeV$ 정도 된다. 태양으로부터 단위시간당 발산되는 중성미자의 수는 쉽게 유도된다: $2L_\odot / Q \approx 2 \times 10^{38}\, s^{-1}$. 태양에서 수소연소는 주로 p-p고리에 의해 일어나는데(4.3절에 기술된바와 같이), 사실 이는 별들에서 가장 일반적으로 일어나는 에너지 생성과정이다. 우리가 알고 있는 바와 같이 p-p고리는 세 가지 단계가 있는데, 3개의 중성미자 방출반응이 포함되어 있다. p-p고리에서 각 단계들이 일어나는 비율에 근거하여 각 경우에 방출되는 중성미자는 표 8.3에 제시된 바와 같이 아주 다른 흐름양을 지니게 되며, 또한 서로 다른 에너지를 지니게 된다. 각 단계에서의 비율은 태양에서 중심핵온도 윤곽과 관계된다(이들은 별들에 따라 달라진다). 이제 중성미자의 흡수확률(작을 것으로 추정되지만)은 에너지가 증가하면서 커진다. 그래서 가장 높은 에너지를 지닌 ^{8}B 중성미자가 가장 쉽게 검출 될 것이다.

연습문제 8.2

표 8.3의 자료를 이용하여 다음을 계산하여 보라 : (a) p-p고리의 각단계의 비, (g) 태양의 중성미자 광도, 그리고 (c) p-p고리의 각 단계비가 알려지지 않았다면 기대되는 중성미자 방출의 범위(단위초당 입자 수)

표8.3　태양중성미자의 성질들

Source	*Flux at Earth* $(m^{-2}s^{-1})$	*Energy* (*MeV*)	*Average* (*MeV*)
$p+p \rightarrow {}^2D+e^+ +v$	6.0×10^{14}	≤ 0.42	0.263
${}^7Be+e^- \rightarrow {}^7Li+v$	4.9×10^{13}	0.86(90%), 0.38(10%)	0.80
${}^8B \rightarrow {}^8Be+e^+ +v$	5.7×10^{10}	≤ 15	7.2

실제로 ^{8}B중성미자는 1960년대 초에 Raymond Davis가 John Bahcall의 이론적 지지 안에 시작한 초기 중성미자 실험의 주 목표물이었고, 지금도 그 실험은 진행되고 있다. 실험은 ^{37}Cl(희귀 염소 동위원소)가 고에너지 중성미자를 흡수하여서 ^{37}Ar이라는 아르곤의 방사성동위원소를 생성시킬 수 있다는 것에 그 근거를 둔다.

$$\nu + {}^{37}Cl \rightarrow e^- + {}^{37}Ar$$

이 동위원소는 계속 붕괴를 하는데 35일의 반감기를 지니고 있다. 결국 염소가 상당히 긴 시간동안 노출된다면, 아르곤의 생성과 파괴사이에 평형이 이루어질 것이다. 평형이 이루어졌을 때 ^{37}Ar동위원소의 함량은 고에너지 중성미자의 흐름양을 유도하는데 사용될 수 있다. 반응의 한계에너지는 0.8MeV인데, 이는 주로 ^{8}B중성미자이다. 아주 작은 부분 (~ 1/6)만이 ^{7}Be에서 나온다. 이 실험이 얼마나 대단한지 알아보기 위해 우리는 이 실험이 C_2Cl_4액체(보통 사용하는 세제) 600톤을 담은 거대한 탱크가 Dakota의 남부지역 Homestake 금광산의 1500m지하에 설치되었다는 것을 언급할 필요가 있다(실험기구는 우주선 입자에 의해 야기되는 배경 잡음을 피하기 위해 깊은 지하에 설치되어져야 한다). 아르곤 원자의 평형함량은 이제 탱크안에서 $\sim 2\times10^{30}$의 염소원자 중에서 단지 10보다 많은 약간의 수에 불과할 것이다! 그럼에도 불구하고, 방사성 아르곤 원자들은 추출되어질 수 있고, 그래서 가이거 계수기로 숫자를 셀 수 있다. 이렇게 얻어진 중성미자 흐름양은 같은 에너지 영역에 대한 태양모델에 의해 예견되는 양보다 2-3배 낮은 양이 되는데, 이는 수년간 "태양 중성미자 문제"로서 알려져 왔고 그래서 이를 풀어내기 위해 새로운 물리가 요구되는 실정이다.

^{8}B중성미자에 대한 또 다른 실험은 아주 최근의 Kamiokande II실험과 그 후속실험인 Super Kamiokande이다. 후자는 증류수 $50{,}000m^3$를 담고 있는 커다란 탱크로 구성되어 있는데 이 탱크는 직경이 40m이고 높이가 40m이다. 탱크에 담긴 물의 절반은 실험자체를 위한 것이고, 나머지 절반은 실험을 둘러싸기 위한 목적으로 사용된다. 탱크는 일본의 Kamioka Mozumi 광산의 지하 2700m에 설치되었다. 그 벽에는 광자하

나라도 검출할 수 있는 아주 민감한 광검출기가 설치되었다. (이전 버전의 실험은 작은 양의 물을 사용하였고, 그래서 약간 부정확한 결과를 내게 되었다). 실험은 중성미자-전자 산란반응을 근거로 계획되었다.

$$\nu + e^{-} \rightarrow \nu' + e^{-\prime}$$

이 반응은 물에서 빛의 속도를 능가하는 속력으로 이동하는 전자를 생성한다(그러나 진공에서는 빛의 속력보다 작다). 그런 전자는 에너지를 방출하는데, 이는 체렌코프복사로 알려져 있으며, 초음속으로 움직이는 비행기에 의해 생성되는 충격파와 유사한 효과이다. 이 빛이 탱크의 벽에 부착되어 있는 검출기를 때린다. 실험의 한계에너지는 7 MeV에 가깝고, 그래서 ^{8}B중성미자 중에서도 에너지가 큰 입자들에만 민감하다. 하루에 검출되는 사건들의 수는 20개 미만이다. 원리적으로는 Kamiokande 실험에 의해 검출된 중성미자 흐름양을 알기만 하면 ^{8}B중성미자의 에너지 분포로부터 Davis의 염소실험에 의해 검출되어져야 하는 흐름양을 예견할 수 있다. 실제 검출된 플럭스보다 너무 많은 흐름양이 예견되어졌는데, 그래서 "태양중성미자문제"를 더 복잡하게 만들었다. Kamiokande 실험의 주목할 만한 성과는 검출된 중성미자가 실제 태양으로부터 왔다는 것을 확증해준 것이었다. 산란된 전자의 관측방향은 산란된 중성미자의 방향을 알려주는데, 하늘에서의 태양의 위치를 정확하게 알려주고 있음이 확인되었다.

염소실험과 물-체렌코프실험의 약점은 p-p고리에서 오히려 덜 중요한 단계를 시험하는 것이다. 태양 중성미자 덩어리는 2개의 양성자가 중양성자로 융합하면서 생성되는 낮은 에너지 중성미자이다. 그런 중성미자는 갈륨과 상호작용을 할 수 있다.

$$\nu + {}^{71}Ga \rightarrow e^{-} + {}^{71}Ge$$

이때 한계에너지는 0.23MeV 밖에 되지 않아서, 방사성 게르마늄을 생성하는데 11.4일의 반감기를 지니고 있고, 다시 갈륨으로 붕괴한다. 이런 반응을 근거로한 2개의 실험이 이루어지고 있다. 하나는 SAGE로서 러시아-미국의 합작연구인데, 러시아의 Caucasus 지역에 지하 구멍에 설치되었다. 다른 하나는 GALLEX라 불리는데 원래 유럽연합의 연구로서 이태리의 Gran Sasso의 지하실험실이다. SAGE는 60톤의 금속갈륨을 사용한다(연간 전 세계에서 생산되는 양보다 더 많다). GALLEX는 수용액에 이 양의 절반을 사용한다. 염소실험과 비슷하게 중성미자를 검출하는 방법은 목표물에서 방사성 원자를 모으고 세어보는 것이다. 이 실험들에서 검출되는 절반이상의 중성미자는 p+p 반응에서 생겨난다. 이론적 예측과 비교하는 작업이 상당히 향상되었다. 실험결과는 태양모델 예측값의 ~65%정도인데, 더 많은 자료가 수집되고 더 정교한 효과들(확산, 대류를 다루는 개선된 방법들, 더 나은 불투명도 값들)이 모델에 적용되면서 이 차이는 감소되고 있는 실정이다.

결과적으로 태양 중성미자는 다섯 개의 다른 실험들에서 관측되어왔는데, 여기에서 대략 기대되는 흐름양(^{8}B중성미자가 겉보기에 부족한 것을 보여준다)과 에너지들을 얻어낸다. 더구나 이들 중성미자 원은 태양이라는 것이 명료하게 확증이 되었다. 이제 우리는 중성미자 검출실험들의 주목적이 달성되었다고 안전하게 주장할 수 있다. 계속되는 실험들, 더 복잡하고 민감한 실험들이 현재 계획되어지고 있고 설치 중에 있다 (SNO와 BOREXINO라는 이름을 가지고). 지금부터 몇 년만 지나면 태양중성미자 문제가 완전히 해결될 수도 있을 것이다.

8.4 적색거성 단계

주계열 단계가 진행되면서 수소가 고갈되는 중심핵은 질량이 점차적으로 증가하게 된다. 수소연소는 핵을 둘러싸고 있는 껍질에서 진행되면서, 중심핵과 껍질이 분리된다. 중심핵은 이제 에너지원이 고갈되었기 때문에 중심핵을 통한 열흐름은 0이 되며 (식 (5.4)에서 $F=\int qdm\rightarrow 0$), 이런 상황에서 온도증분은 감소하게 된다(식 5.3). 연소하고 있는 껍질은 바깥쪽으로 이동하게 되고, 중심핵은 등온이 되는 반면 그 질량은 증가하게 된다. 우리는 이상기체의 등온 중심핵은 임의적으로 큰 질량을 갖을 수 없다는 것을 보게 될 것이다. 주어진 항성질량 M에 대해, 중심핵질량 M_c의 상한 값이 존재하는데, 이 값이 초과되면 중심핵의 압력이 그를 둘러싸고 있는 표피의 무게를 지탱할 수 없게 된다. Schoenberg와 Chandrasekhar가 1942년 모델계산으로부터 이 한계질량을 처음으로 지적하고 유도해냈으며, 이런 형태의 역학적 불안정성은 그래서 Schoenberg-Chandrasekhar불안정성이라 불린다. 비리얼정리(2.4절)를 근거로 이 사실은 쉽게 이해되어질 수 있다 - 완전히 다른 형태이지만 William McCrea는 15년 후에 이를 보여주었다(McCrea는 중력폭축에 의한 항성형성을 연구하고 있었다).

중심핵 반경을 R_c로, 체적을 V_c로, 그안에 있는 분자의 평균무게를 μ_c, 그리고 온도를 T_c라 표시하면, 식(2.24)로부터

$$\int_0^{V_c} PdV=P_sV_c+\frac{1}{3}\alpha\frac{GM_c^2}{R_c}, \tag{8.17}$$

을 얻게 되는데, 여기서 P_s는 중심핵 경계에서의 압력이다. 이제 등온의 이상기체에

대해

$$\int_0^{V_c} P dV = \frac{R}{\mu_c} T_c \int \rho dV = \frac{R}{\mu_c} T_c M_c. \tag{8.18}$$

이 성립한다. 식(8.18)과 $V_c = 4\pi R_c^3/3$을 식(8.17)에 대입하면

$$P_s(R_c) = \frac{3}{4\pi}\frac{RT_c}{\mu_c}\frac{M_c}{R_c^3} - \frac{\alpha G}{4\pi}\frac{M_c^2}{R_c^4} \tag{8.19}$$

을 얻는다. 중심핵 질량이 주어지면, 중심핵 경계에서 압력은 핵반경에 따라

$$R_0 = \frac{\alpha G}{3R}\frac{M_c \mu_c}{T_c}, \tag{8.20}$$

인 지점에서 $P_s = 0$인 값으로부터

$$R_1 = \frac{4\alpha G}{9R}\frac{M_c \mu_c}{T_c}, \tag{8.21}$$

인 지점에서 최대값 $P_{s,\max}$에 이르기까지 증가하는데, 이 값은 $dP_s/dR_c = 0$을 만족하는 R 값이다. $R_c < R_0$인 중심핵은 어떤 외부압력이 필요 없이 자체중력으로 폭축을 하게 될 것이다. $R_c > R_1$인 중심핵에 대해서는, 중심핵 경계에서 압력이 $P_{s,\max}$보다 작게 될 것이다. 그래서 중심핵 경계에서 달성될 수 있는 압력을 중심핵질량의 함수로 나타내면

$$P_{s,\max}(M_c) = constant \frac{T_c^4}{M_c^2 \mu_c^4}. \tag{8.22}$$

이 된다. 중심핵 내에 있는 가스들에 의해 행사되는 압력은 표피에 의해 행사되는 압력 P_{env}과 균형을 이루어야 한다. 표피압력을 추정하기 위해 우리는 중심핵이 점질량이다고($R_c \ll R$)가정하고, 2.3절에서 구한 부등식(2.18), $P_{env} > GM^2/8\pi R^4$을 사용한다. 만일 $P_{s,\max} > GM^2/8\pi R^4$가 성립한다면 분명 어떤 평형상태도 불가능하게 된다. 그래서 등온중심핵에 대한 안정조건으로

$$P_{s,\max}(M_c) = constant \frac{T_c^4}{M_c^2 \mu_c^4} \geq \frac{GM^2}{8\pi R^4}. \tag{8.23}$$

이 얻어진다. 아직도 중심핵을 점질량으로 간주하면서, 우리는 7.4절의 상동관계 식(7.33),

$$T_c \propto \frac{\mu_{env} G}{R} \frac{M}{R},$$

을 이용하여 식(8.23)에서 T_c와 R을 소거한다. 그래서 안정 조건은

$$\frac{M_c}{M} \leq constant\left(\frac{\mu_{env}}{\mu_c}\right)^2. \tag{8.24}$$

이 된다. Schoenberg와 Chandrasekhar는 이 결과에 도달할 때 단위 없는 상수값을 0.37을 채택했다. 표피는 태양합성비로 구성 되어있고 중심핵은 거의 헬륨으로 구성되었다고 가정하면 우리는 식 (3.29), (3.26)과 (3.18)을 이용하여 $\mu_{env} \simeq 0.6$과 $\mu_c \simeq 1$을 얻어내고, 이는 $M_c/M \leq 0.13$이 된다. 수소가 고갈된 중심핵의 질량이 이 한계에 도달하면, 중심핵은 급속도로 수축을 시작하게 된다.

$2M_\odot$보다 큰 질량을 지닌 주계열별들은 그림 8.4에서 본바와 같이, 이 한계를 초월하는 균일한 대류성 중심핵을 지니고 있다. 수소가 그런 중심핵에서 고갈이 되면 에너지 생성이 멈추고, 대류가 중지되며 중심핵은 등온이 된다. 중심핵의 질량이 이미 Schoenberg-Chandrasekhar한계보다 커졌기 때문에 역학적으로 불안정한 중심핵은 폭축을 시작한다. 시간이 지나면서 중력과 균형을 이루는데 필요한 온도증분에 도달하게 된다. 온도증분은 열손실을 야기하고, 그래서 중심핵 수축이 일어나면서 온도는 증가한다. 온도증가는 시간에 따라 계속되지만 열적(Kelvin-Helmholtz) 특성시간내에서 일어난다.

중심핵에서 수소연소가 중지되면, 열적평형이 깨지고 순식간에 항성에너지는 감소하게 된다 ($L > L_{\rm nuc}$). 그러나 수소연소는 중심핵에서 중심핵을 둘러싸고 있는 껍질부분으로 이동하게 되고, 껍질의 온도는 중심핵온도가 높아지면서 증가하기 때문에 핵에너지생성율은 곧바로 다시 증가하게 된다. 그러나 수소는 CNO순환과정에 의해 연소되고, 그 연소율은 온도의 아주 높은 멱급수지수로 변하기 때문에 (4.4절), 에너지 생성율은 열적평형을 넘어 가속되게 되고, 그래서 대부분의 중심핵 수축단계동안 항성의 에너지는 증가한다 ($L_{\rm nuc} > {\rm L}$). 이 현상이 그림 8.6의 왼쪽 위 그림에 보여졌는데, 여기에는 $7M_\odot$항성모델의 전체에너지가 시간에 따라 어떻게 변하는지 표시되었다. 이 그래프는 주계열의 마지막에서 시작하여서 적색거성가지에서 끝이 난다. 중심핵수축은 그래서 껍질의 팽창에 의해 이루어지는데 (7.5절 참조), 그림 8.6의 왼쪽아래 그림에 표시되었다. 이때 별은 적색거성이 되면서, 같은 그림의 오른쪽 밑에 있는 그림에서 볼 수 있듯이 H-R도에서 오른쪽으로 움직이게 된다. 전체적으로 볼 때 주계열에서 적색거성 구조로 변화하는 것은 아주 짧은 시간에 이루어지고, 그래서 이런 변

화를 겪는 별들이 관측될 확률은 무시할 정도로 작다. 이것이 H-R도에서 주계열별과 적색거성가지사이에 틈새가 존재하는 이유인데 Hertzsprung 틈새로 알려졌다.

"항성이 어떻게 적색거성이 되는가?"에 대한 질문은 오래전부터 내려오는 수수께끼이다. 그러나 이 수수께끼는 적색거성의 물리보다는 현상을 이해하는 우리의 지각능력과 더 관련이 있다. 우리는 다음과 같은 경우에 물리적 과정을 이해하려 할 수 있다: (a) 만일 우리가 그것을 지배하는 물리원칙을 확실하게 규정할 수 있다면, (b) 만일 우리가 그 현상을 서술하는 방정식을 세우고, 그 방정식을 풀 수 있을 때, (c) 만일 우리가 그 과정을 간단한 항으로 설명하고 단계적으로 설명할 수 있을 때. 물론 위의 세 가지 모두 만족된다면, 물리과정은 잘 이해되었다고 간주될 수 있다. 그러나 사실 조건 (b)만으로도 충분하다. 이는 적색거성의 경우이다: 수소가 중심핵에서 고갈된 후 진화단계에 대한 모든 수리적인 계산들은 항성진화방정식의 해로서 적색거성 구조를 보여준다. 더구나 7.5절에서 다루어진 간단한 설명은 여기에 포함된 기본 원리로서 비리얼정리를 지적해주고 있는데, 중심핵이 수축한다고 하면 조건 (a)가 만족되게 된다. 그럼에도 불구하고, 우리는 이 해들을 인정하는데 조건 (c)가 만족되기 전에는 불편함을 느낀다. 우리는 별이 적색거성이 되게하는 정확한 메카니즘을 동정해낼 수 있길 원한다. 그러나 이 마지막 조건은 하나의 물리과정을 이해하기 위해 필수적으로 고려되지는 않는다. 예를 들어 평면에 2개의 고체 공을 충돌시켰을 때의 결과를 두공이 접촉할 때 운동량이 하나의 공에서 다른 공으로 어떻게 전달되는지를 고민하지 않고, 바로 운동량과 에너지보존의 관점에서 이해하고 설명한다. 그럼에도 불구하고 우리는 아직도 적색거성에 대해 염려하고 있다.

중심핵 바깥 껍질에서 수소연소에 의해 헬륨 중심핵의 질량이 증가되면서 중심핵은 계속 수축을 하고, 중력에너지를 방출한다. 결과적으로 중심핵과 껍질의 온도는 계속 증가하게 되고(그림 8.6의 오른쪽 위 그림을 보라), 수소연소율과 중심핵의 성장률이 더욱 가속되게 된다. 마지막으로 열적 평형이 이루어지고, 중심핵성장률과 비례관계에 있는 광도가 증가하게 된다. 한편으로는 증가하는 에너지 흐름량을 변환해야 되는 필요와 다른 한편으로 차가운 표피에서 증가되는 불투명도 때문에 표피는 대류적으로 불안정하게 된다. 그래서 적색거성은 대류표피를 지니게 되고, 수소연소껍질 밖에서 시작하여 전체표면에까지 대류층이 퍼지게 된다. 대류표피는 이전에 핵반응이 일어난

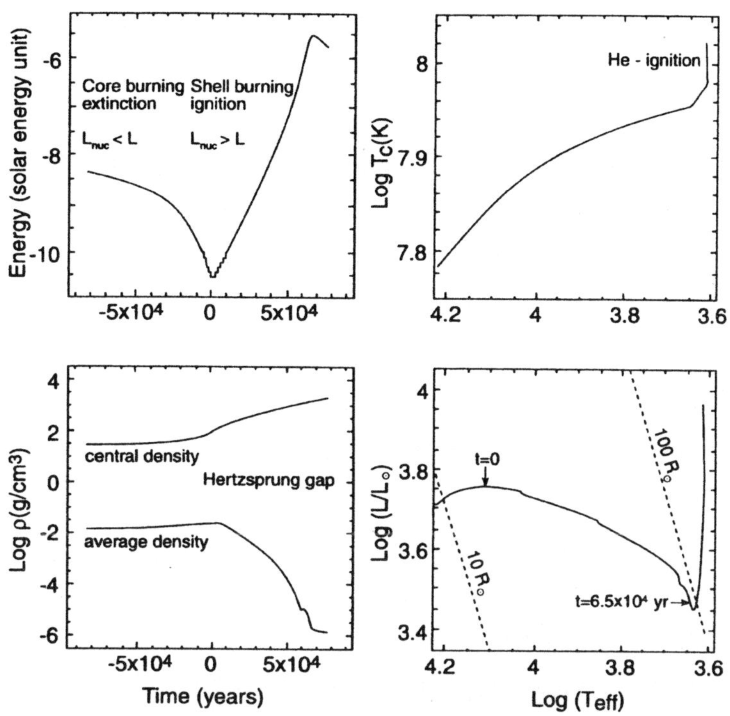

그림8.6 중간정도 질량($7M_{\odot}$)을 지닌 항성이 Hertzsprung 틈새를 통과할 때의 진화 : 왼쪽위 : 전체에너지를 시간의 함수로(시간은 중심핵수축이 일어날 때를 임으로 0으로 설정) ; 왼쪽아래 : 중심밀도와 평균밀도($3M/4\pi R^3$)를 시간의 함수로 ; 오른쪽 아래 : H-R도에서 진화궤적(같은 반경을 지닌 선들이 표시됨) ; 오른쪽 위 : 중심온도가 유효온도에 따라 변화하는 양상

수소핵연소 흔적이 표면까지 미치는 층을 이루게 된다. 이는 관측적으로 발견된 "뿌려짐현상"(dredge-up, 8.2절에서 설명된)이 처음으로 나타나는 것이다. ($\log L, \log T_{eff}$) 평면에서 이들 별들은 기울어진 적색거성가지(하야시 궤적에 아주 가까이 있음)를 타고 올라가 더 높은 광도쪽으로, 그리고 약간 낮은 유효온도 쪽으로 향한다고 말할 수 있다. H-R도에서 적색거성가지는 하야시 금지영역의 경계와 대략 일치한다. 결국은 중심핵온도는 헬륨을 점화하기에 충분히 높은 온도가 된다.

그러나 Schoenberg-Chandrasekhar불안정성은 단지 이상기체에만 적용된다. 축퇴된 전자가 대부분의 압력을 공급해주는 차갑고 밀한 가스는 상당히 질량이 큰 중심핵일지라도, 표피의 무게를 지탱하기에 충분한 축퇴압력을 형성할 수 있다. 전자축퇴에 대해 적합한 조건

$$P_{s,\max}(M_c) \le K_1 \left(\frac{M_c}{\frac{4\pi}{3} R_c^3} \right)^{5/3},$$

은 식(3.35)을 이용하여 얻어지는데, $2M_{\odot}$보다 작은 질량을 지닌 별의 헬륨중심핵에서 형성되는 것으로 알려졌다. 이런 별들의 중심핵 수축단계는 느리고 점진적으로 일어난다. 온도는 수축하는 중심핵과 핵바깥의 수소연소 껍질 전체에 걸쳐 증가된다. 동시에 표피는 팽창하고 온도는 항성표면에서와 같이 감소한다. 별은 이제 점차적으로 적색거성으로 보이게 된다. 실제로 적색거성가지로 상승하는 것은 주계열의 아래부분에서 확실하게 보여지는데, 특히 늙은구상성단의 H-R도에서 뚜렷하다. 그러나 이런 낮은 질량의 별들은 더 높은 중심핵온도로 진화해서 또 다른 형태의 불안정성을 만나게 된다. 수축의 결과로 중심핵이 가열되는 것은 중성미자 방출로 억제되어지는데, 중성미자방출은 에너지를 낮아지게 해준다. 우리는 6.2절에서 축퇴된 물질에서 핵연소는 열적으로 불안정해서, 탈출을 야기시킨다는 것을 보았다. 그래서 상대적으로 낮은 질량의 별들에서 온도가 최종적으로 헬륨점화 한계에 도달하게 되는데, 이런 별들에서 헬륨은 폭발상태로 점화되어 헬륨플레쉬라 불린다. 헬륨플레쉬는 전체질량과 상관없이 중심핵질량이 $0.5M_{\odot}$정도 커졌을 때 일어난다. 수초동안 온도는 거의 일정한 밀도에서 급격하게 증가하는데, 국부적인 핵일률은 $10^{11}L_{\odot}$에 도달한다(이는 거의 은하전체의 광도에 해당한다). 그럼에도 불구하고 외부에서는 이런 거대한 중심폭발을 알아차리지 못하게 되는데, 왜냐면 이 폭발은 거의 모두 에너지를 흡수하는 항성표피에 의해 억제되기 때문이다. 그래서 H-R도에서는 헬륨플레쉬에 대한 겉보기 증거가 없다. 곧바로 중심핵온도는 축퇴를 일으키기에 충분할 정도가 되어, 중심핵은 커지면서 헬륨연소가 안정상태가 된다.

그러나 적색거성의 일부는 헬륨점화에 도달하지 않는데 이는 적색거성을 특징인 질량손실효과에 기인한 현상이다. 항성표피가 주계열단계에서보다 중력적으로 덜 속박되어있는 적색거성단계 동안에 항성풍은 강해진다. 그래서 낮은 질량의 적색거성은 중심핵이 헬륨점화에 충분한 높은 온도에 도달하기 전에 그들의 작은 표피를 잃어버리게 된다. 축퇴된 헬륨중심핵은 수축을 계속하고, 적색거성가지를 떠나 헬륨백색왜성이 되게 한다.

연습문제 8.3

질량 M, 반경 R을 지닌 별이 중심핵질량 M_1과 중심핵반경 R_1을 지녔다고 가정하자.

밀도분포가

$$\rho = \rho_c - (\rho_c - \rho_1)(\frac{r}{R_1})^2 \quad , \ 0 \le r \le R_1 \text{에 대해}$$

$$\rho = \rho_1 \frac{(\frac{R_1}{r})^3 - (\frac{R_1}{R})^3}{1 - -(\frac{R_1}{R})^3} \quad , \ R_1 \le r \le R \text{에 대해}$$

로 주어졌다하자. 여기서 ρ_c는 중심밀도, $\rho_1 = \rho(R_1)$이다. 질량비 R/R_1를 $x_1 \equiv \rho_c/\rho_1$과 $y_1 \equiv M/M_1$의 함수로 나타내보라. $x_1 = 10$과 $y_1 = 7.5$에 대해 질량비를 계산해보라 (조건 (8.24)와 똑같다).

8.5 중심핵에서 헬륨연소

별 중심핵에서 안정된 헬륨연소단계는 중심핵 수소연소가 일어나는 주계열단계보다는 아주 짧다. 그 이유는 두 가지이다 : 첫째, 헬륨이 탄소와 산소로 융합하는 과정은 수소핵융합에 의해 공급되는 단위질량당 에너지의 1/10정도만을 공급해준다(4장에서 보았듯이). 두 번째, 항성광도는 같은 별의 주계열 광도에 비해 몇 배 더 높다. 실제 중심핵 바깥 껍질에서 수소핵연소에 의해 추가의 에너지가 공급되지 않는다면, 헬륨연소는 아주 짧게 진행되고 말 것이다.

질량이 작은 별들에서$(0.7 - 2M_\odot)$는 헬륨플래쉬가 일어나는데, 중심핵의 연이은 급작스런 팽창은 항성의 구조에 주계열별의 마지막에 핵이 수축할 때와 비슷한 효과를 나타낸다. 중심핵이 팽창하면서 냉각되어질 때, 표피는 수축하고 그 온도는 상당히 올라간다. 중심해이 팽창과 냉각의 결과로 수소연소껍질의 온도는 감소되고 핵에니지 공급은 감소하게 된다. 이는, 감소되는 항성질량과 연합하여, 광도를 떨어지게 만들고, 항성은 적색거성가지에서 내려온다고 말한다. 유효온도는 증가하기 때문에, 별은 H-R도에서 왼쪽으로 움직인다. 낮은 질량의 헬륨연소별들의 H-R도에서의 궤적은 수평가지를 형성하는데, 거의 주계열과 적색거성가지사이에 펼쳐지는 수평선 거리를 이루는데. 광도는 $50 - 100L_\odot$정도에 상응한다. 거기서 약 $10^8 yr$정도를 거주한다. 이런 모든 별들은 적색거성의 마지막단계에 질량이 거의 같은 중심핵을 지닌다 ; 그래서 수평가지를 따라 그들의 위치가 다른 것은 아마 다른 요소에 의해 결정되는 것 같다. 같은 Z(중원소함량)을 지닌 별들에 대해 이 요소는 표피질량인 것으로 알려졌는데, 표피질량은 초기항성질량과 이 단계까지 질량손실율의 함수인데, 아마 항성의 자전율의 함수인 것 같기도 하다. 표피질량의 최대는 가지의 적색(낮은 유효온도) 끝에서 발견되는데, 이곳에서는 수소껍질이 대부분의 에너지를 공급하고, 대류표피의 구조는 적색거성의 구조에 비슷하다. 청색끝 쪽으로 가보면, 우리는 더 작은 표피질량과 더 약한 수소연소껍질을 발견한다. 표피는 이제 대류적이라기 보다는 복사적이다. 수평가지의 영역에 있는 별들은 그들의 표피에서, 수소와 헬륨이온화 영역에서 (6.4절을 보라), 역학적 불안정단계를 걸친 것으로 알려졌다. 이런 불안정성은 맥동에 의해 나타나는데, 광도가 수시간의 주기로 주기적인 변광을 야기시킨다. 그런 수평가지에서의 맥동별들이 실제 관측이 되었다; 이들은 RR Lyrae 변광성으로 알려졌다. 이 가지의 청색 끝 쪽에서 수소가 풍부한 표피는 아주 작고(질량도 작고 반경도 작다) 활발하지 못하다.

중간정도 질량의 별(2-10$M_{\odot}$)은 중심온도가 10^8K이 되었을때 조용히 헬륨을 점화한다. 그 결과 헬륨연소 핵에 의한 에너지 공급율은 점차로 증가하는 반면, 수소연소껍질에 의한 에너지 공급율은 감소한다. 표피의 바닥에서 연소껍질의 온도가 떨어지기 때문에, 표피역시 냉각되고, 결국 수축을 시작한다 ; 두 개의 에너지원으로부터의 기여도가 거의 같아질 때 이런 현상이 일어난다. 이때 항성은 H-R도에서 더 높은 유효온도쪽을 향하여 고리형태를 보이며 적색거성가지를 떠나게 된다. 광도가 질량이 커지면서 증가하기 때문에, 이들 별들은 헬륨 주계열별을 형성하는데, (수소)주계열의 기울기와 비슷한 기울기를 보이지만 적색거성가지와 더 가까이 놓인다. 사실 관측적으로는 헬륨주계열은 두꺼운 적색거성가지와 거의 분간하기 힘이 든다. 중간정도 질량을 지닌 헬륨연소 별들 역시 표피불안정성 단계를 거치면서, 맥동을 야기시키지만, 맥동주기는 수일에서 여러 달에 이르기까지 길다. 그런 맥동하고 있는 밝은 별을 세페이드변광성, 또는 간단하게 세페이드라 부른다. 세페이드 변광성이 천문학에서 얼마나 중요한가는 항성진화분야외에 또있다.

그림 8.7에서 볼 수 있듯이, 세페이드 별의 (평균)광도 L_{Ceph}와 그 맥동주기 P_{Ceph} 사이에는 잘 정의된 상관관계가 존재한다는 것이 알려졌다. 상관관계는 거리가 잘 알려진 세페이드의 관측에서 얻어지는데, 이들에 대해 정확한 광도가 유도될수 있어서, $L_{Ceph}(P_{Ceph})$가 구해진다. 이제 P_{Ceph}의 주기를 지닌 맥동성이 멀리 있는 성단이나 멀리 있는 은하에서 발견되었다고 상상해보자. 별이 세페이드로서 동정이 된다면(이 별의 분광특성에 근거하여), 그 겉보기 밝기 I_{obs}와 그 맥동주기는 거리 d를 유도하는데 사용되어질 수 있는데, 이는 곧 이 별이 존재하는 성단이나 은하까지의 거리를 나타낸다 :

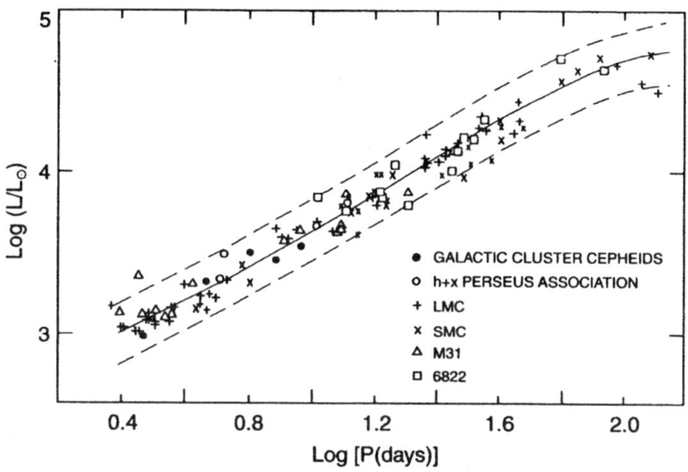

그림8.7 관측으로 유도된 세페이드변광성의 주기-광도관계[A. Sandage & G.A. Tamman(168), Astrophys.J., 151에서 발췌]

$$d = \left[\frac{L_{Ceph}(P_{obs})}{4\pi I_{obs}} \right]^{1/2}. \tag{8.25}$$

세페이드는 그래서 천문학에서 표준가늠자역할을 하는데, 세페이드는 표준가늠자중에서 가장 정확하고 신뢰할만하다. 주기-광도관계는 1912년 Henrietta Leavitt에 의해 처음으로 발견되었는데, 이웃은하인 작은 마젤란은하(SMC)에서의 세페이드들이 큰 관심을 받게 되었다. 발견된 지 1년 후에 주기-광도관계는 이미 Hertzsprung과 유명한 천문학자들에 의해 은하까지의 거리를 추정하는데 사용되었다.

우리 은하 내에서 주어진 체적에서 별의 상대 밝기는 그들이 얼마나 떨어져 있는가에 큰 영향을 받는다. 그러나 먼 외부은하에 있는 별들은 지구의 관측자들에서 똑같이 멀리 떨어져 있는데, 왜냐면 외부은하까지의 거리가 그 크기보다 아주 멀기 때문이다. 결과적으로 겉보기 밝기비는 이들 별들에 대해 고유 광도의 비와 같다. 그래서 통계적인 분석은 마젤란성운같은 이웃은하에 있는 별들에 대해서는 아주 신뢰할만하다.

헬륨연소는 온도에 아주 민감하여서, 대류가 일어나는 중심핵에서(CNO순환과정을 통해 수소연소가 일어나는 것처럼) 일어난다. 이는 더 큰 헬륨중심핵의 안쪽부분인데,

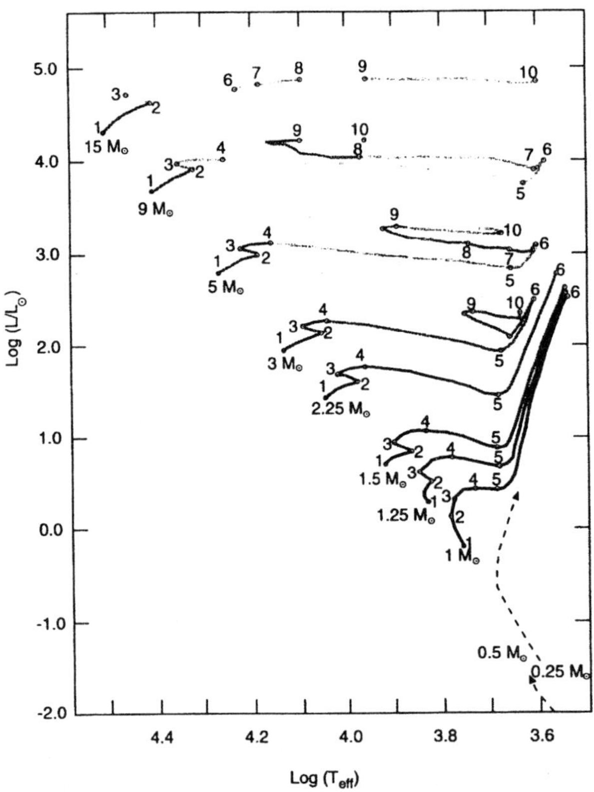

그림8.8 서로 다른 초기질량을 지닌(표시됨) 별들에 대해 껍질에서 헬륨연소가 일어나는 단계까지 H_R도에서의 진화경로. 각 부분의 명암은 각 단계에서 머무르는 시간을 나타내고 있고, $10^5 yr$ (밝은)에서 $10^9 yr$(어두운)까지의 영역에 놓인다. 표 8.4에 머무르는 시간을 나타내었다. 서로 다른 단계들을 숫자로 표시하였다 : 1-2, 주계열 ; 2-3, 전체가 수축단계 ; 3-5, 두꺼운 껍질에서 수소연소 ; 5-6, 좁아지는 껍질 ; 6-7, 적색거성가지 ; 7-10, 중심핵 헬륨연소 ; 8-9, 표피수축[I.Iben Jr. (1967), Ann. Rev. Astron. Astrophys., 5에서 발췌]

그를 둘러싸고 있는 껍질에서 수소연소 때문에 더욱 커진다. 내부중심핵이 대류적으로 유지되기만 하면, $\sim T^{40}$으로 변화하는 헬륨연소가 아주 중심에 국한 되었다 할지라도, 그곳의 화학성분은 끊임없이 혼합되고, 점차적으로 헬륨에서 탄소와 산소로 변한다. 내부 대류중심핵에서 헬륨이 고갈되고 그래서 그 내부의 핵연소가 그치게 될 때, 대류 또한 멈추게 된다. 별은 탄소-산소 핵으로 구성되고, 원래 헬륨 중심핵에서 타다 남은 헬륨이 그 중심핵을 둘러싸고 있으면서, 수소연소 껍질에 의해 수소가 풍부한 표피와 구분되어진다. 헬륨연소는 C-O 중심핵 경계의 껍질에서 계속 진행된다. 서로 다른 질량을 지닌 별들에 대한 껍질에서 헬륨연소까지의 H-R도상 진화경로를 그림 8.8에 표시하였다. 그리고 그곳에 머무르는 시간을 표 8.4에 제시하였다. 이론과

표8.4 진화과정에 머무르는 시간(years)

$M/M_{\odot}$	1-2	2-3	3-4	4-5	5-6	6-7	7-8	8-9	9-10
15	1.0(7)	2.3(5)	←	7.6(4)	→	7.2(5)	6.2(5)	1.9(5)	3.5(4)
9	2.1(7)	6.1(5)	9.1(4)	1.5(5)	6.6(4)	4.9(5)	9.5(4)	3.3(6)	1.6(5)
5	6.5(7)	2.2(6)	1.4(6)	7.5(5)	4.9(5)	6.1(6)	1.0(6)	9.0(6)	9.3(5)
3	2.2(8)	1.0(7)	1.0(7)	4.5(6)	4.2(6)	←	6.6(7)	→	6.0(6)
2.25	4.8(8)	1.6(7)	3.7(7)	1.3(7)	3.8(7)				
1.5	1.6(9)	8.1(7)	3.5(8)	1.0(8)	>2(8)				
1.25	2.8(9)	1.8(8)	1.0(9)	1.5(8)	>4(8)				
1.0	7.0(9)	2.0(9)	1.2(9)	1.6(9)	>1(9)				

관측의 비교는 그림 8.8에서 경로들의 명암을 바꾸어보면서 가능한데, 이 명암은 각 단계에 머무르는 시간에 비례하고, 그래서 관측가능한 별의 수에 비례한다. 중심핵 헬륨연소별들 중에서 관측된 별들은 주로 낮은 질량의 별들인데, 이들은 수평가지에 놓여있다.

8.6 열적맥동과 점근거성열(AGB, Asymptotic Giant Branch)

C-O핵의 진화과정과 그 결과는 헬륨의 경우와 비슷하다. 에너지원이 없으면 중심핵은 수축하고 가열된다 ; 그 결과 표피는 팽창하고 냉각되어서 대류가 전체적으로 형성되게 된다. 대류표피의 안쪽경계는 이제 막 수소연소가 멈춰진 껍질의 바깥경계와 겹쳐지기 때문에, 생성된 물질들은, 주로 헬륨과 질소인데, 한번 확 뿌려졌다기 표피 속으로 혼합되어진다. 이런 원소들의 징후가 별들의 스펙트럼에서 나타나는데, 이들은 또다시 항성 깊은 내부에서 일어나는 물리과정들의 증거를 제공해준다. 팽창하는 별은 더 적색이 되고, H-R도에서 거성가지를 따라 올라가다가 헬륨 중심핵연소가 일어날 때 멈추게 된다. 이런 적색거성가지의 영역에는 C-O핵을 지닌 별이 존재하는데, 점근거성열(AGB, asymptotic giant branch)라 부른다. AGB는 하야시 금지영역에서 적색거성가지의 더 높은 광도쪽으로, 그리고 더 낮은 유효온도 쪽으로의 연장이다. 그래서 이런 진화단계에 잇는 별(AGB형 별)은 이전의 적색거성보다 더 커서 초거성이 된다. C-O핵위의 물질층이 냉각되면서 수소연소가 일시적으로 멈추게 된다 ; 표피 팽

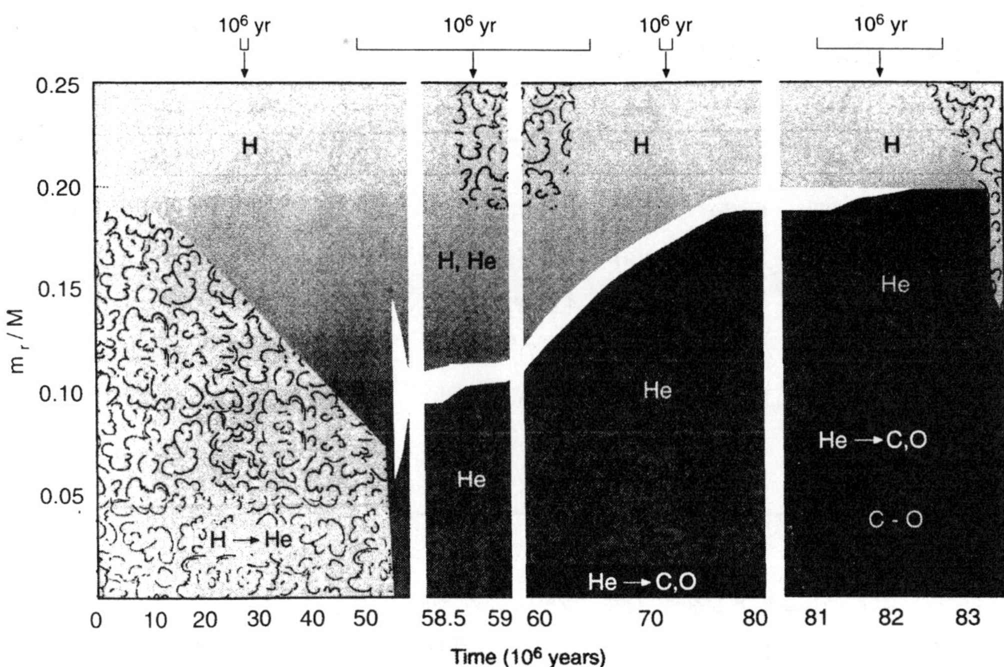

그림8.9 $6M_\odot$인 항성내부가 주계열에서 AGB과정까지 진화되는 과정. 어두운 부분은 핵연소영역이고 그늘진 영역은 대류영역이다. 경우에 따라 시간규모가 변화되었다.

창이 정지된 후에 수소연소는 나중에 다시 점화된다. 핵의 수축은 밀도를 전자가 축퇴되는 점까지 증가시키고, 축퇴된 물질이 충분한 열전도체가 되기 때문에 핵은 등온이 된다. $6M_\odot$인 항성 내부가 주계열에서 AGB 단계가 시작될 때까지의 과정을 그림 8.9에 설명하였다 : 핵연소영역, 대류영역, 그리고 서로 다른 화학성분비영역사이의 경계가 변화되는 과정이 표시되었다. 확실하게 다른 진화시간규모들이 특별히 주목할만하다.

AGB형 별들은 3가지의 분명한 특징이 있다.

1. 핵연소는 두 개의 껍질에서 일어난다 - 열적으로 불안정한 구조 - 긴 시간규모의 열적 맥동을 야기한다.
2. 광도는 항성질량에 관계없이 핵질량에 의해서만 결정된다.
3. 강항 항성풍이 표피의 큰 복사압의 결과로 생기는데, 그 때문에 별은 상당량의 질량을 손실한다.

이제 각각의 특성들을 자세히 살펴보자. 점근거성단계동안 에너지를 공급하는 두 개의 핵연소껍질은 헬륨층에 의해 분리되어 있다. 수소가 풍부한 표피 바닥에 있는 외곽껍질은 수소연소가 일어나는데, 그래서 헬륨층의 질량을 증가시킨다. C-O중심핵의 꼭대기에 있는 내부껍질에서는 헬륨연소가 일어나면서 헬륨층을 잠식하면서 C-O핵을 형성해나간다. 대체로 정적인 상태가 형성 될 수 있는데, 두 개의 핵연소 영역은 바깥쪽으로 같은 비율로 커져나간다. 그러나 두 개 핵연소과정의 큰 차이가 그런 정상상태가 형성되지 못하게 한다. 이런 일이 벌어지면서 두 개의 껍질은 에너지를 동시에 공급하지 않고, 순환과정 속에서 교대로 공급하게 되며, 이들 층을 분리해주는 헬륨층의 질량은 주기적으로 변하게 된다.

한 주기가 진행되는 동안 수소는 외곽껍질에서 연소되는 반면, 안쪽 껍질은 조용히 있다. 결과적으로 껍질을 분리해주는 헬륨층의 질량은 커진다. 에너지가 공급되지 않는 상태서 이 층은 수축하게 되고, 그 밑바닥의 온도가 헬륨을 연소하기에 충분하게 높아질 때까지 가열이 된다. 이런 얇은 층에서의 헬륨연소는 열적으로 불안정한데, 6.2절에서 이미 설명하였다. 이는 거성가지의 끝단에서 낮은 질량의 별들의 축퇴전자가스 중심핵에서 일어나는 헬륨플레쉬와 비슷하다. 짧게 진행되는 플레쉬가 피이크가 일어날 때 핵에너지생성율은 $10^8 L_\odot$에 도달한다. 에너지는 윗층 껍질에서 흡수되는데, 이 층은 팽창하면서 냉각된다. 이 층이 수소연소 껍질을 포함하고 있기 때문에, 수소연소율은 급하게 감소된다. 계속되는 짧은 주기의 시간동안, 헬륨연소는 헬륨껍질로 퍼져나가게 되고, 헬륨은 이제 연소가 끝난 수소연소껍질을 따라갈 때 까지, 탄소와 산소로 연소되게 된다.

헬륨연소껍질의 높은 온도는 중성자를 생성하는 반응들의 고리과정이 일어나게 한다. 이런 중성자가 중원소의 들에 의해 포획되는데, 중원소들은 껍질내에 존재하면서 4.8절에 설명된 s-과정에 의해 trans-iron 동위원소를 생성하게 된다.

뜨거운 헬륨연소면이 생성되면 수소가 다시 연소되기 시작한다. 수소는 온도에 덜 민감하기 때문에, 껍질에서 수소연소는 안정된다. 온도와 밀도는 열적평형에 맞춰진다. 동시에 수소연소 껍질과 그 주변에 펼쳐진 상당히 낮은 온도의 결과로 헬륨연소가 중지된다. 그래서 새로운 싸이클이 시작된다. 열적맥동사이클 전체의 진화를, 껍질플레쉬라 불리는데, 그림 8.10에 도식화하였다. 특히 생성된 물질들이 대류영역의 안쪽 경계가 움직임으로 인해 대류표피로 뿌려지는 현상이 주목할 만하다.

열적 맥동이 별의 광도변화를 수반한다 할지라도, 이는 수백년과 수천년사이의 주기로 변하기 때문에 관측될 수는 없다. 각 사이클에서 오래지속되는 결과는 C-O핵이 커지는 현상이다. 이는 AGB별의 두 번째 특징으로 여겨진다.

진화론적 계산에 의하면, AGB별의 광도는 중심핵 질량이 $M_c > 0.5 M_\odot$인 경우에 (별은 이제 헬륨연소가 끝났음을 기억하자), 다음과 같이 아주 정확하게 표현될 수 있다:

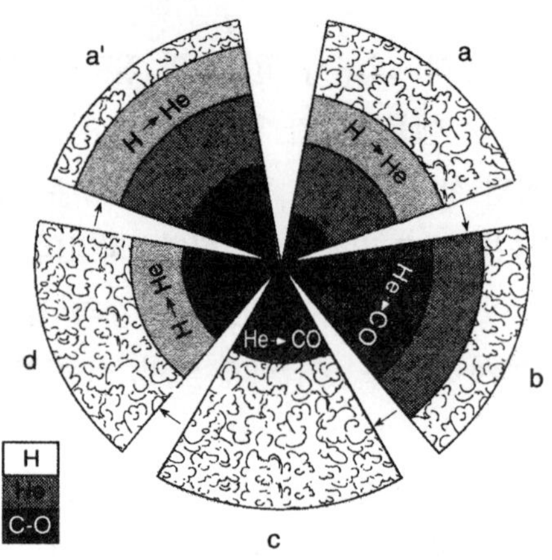

그림8.10 서로 다른 단계에서 열적 맥동 사이클의 진행을 설명한 그림(크기는 다를 수 있다). a와 d 단계에서 수소가 연소되는 반면, b와 c단계에서는 헬륨이 연소된다. c단계에서 대류영역이 안쪽으로 헬륨껍질 연소경계를 넘어 확장될 때 수소와 헬륨의 부산물들이 껍질에서 섞이게 표면에 이끌려진다. a'는 a와 C-O핵이 껍질을 희생하여 생기는 것을 제외하고는 똑같다.

$$\frac{L}{L_\odot} = 6\times 10^4\left(\frac{M_c}{M_\odot} - 0.5\right), \qquad (8.26)$$

이 공식은 Bohdan Paczynski에 의해 1971년에 처음으로 지적되었다(우리는 이 광도가 에딩턴 광도정도 됨에 주목해본다, $L/L_\odot = 3.2\times 10^4 M/M_\odot$, 5.5절을 보라). 그래서 같은 중심핵질량을 지닌 별들은, 그들의 표피질량과 관계없이, H-R도에서 점근거성가지에 같은 높이에서 발견되는 것이다. 별들은 서로 다른 지점에서 점근거성가지에 도달하는데, 이는 중심 헬륨연소단계의 마지막에 중심핵질량에 따라 달라진다. 중심핵이 열적맥동단계동안 커지면서, 이 별들은 가지를 올라가게 된다. 동시에 표피질량은 감소되는데, 중심핵이 커지기 때문 뿐 만아니라 표면에서 질량이 손실되기 때문에 이런 일이 일어난다. 그래서 별이 점근거성가지를 떠나는 지점은 중심핵 헬륨연소의 마지막에 표피의 질량과 항성풍의 강도에 의해 결정된다. 이것이 AGB별의 세 번째 특징이다.

항성풍 현상은 아직 이론적으로 잘 이해되지 못하고 있다. 단지 별의 광도가 에딩턴 한계에 도달하면서 증가하는 복사압우세에 의해 질량손실이 일어나고 있다는 사실만 인정되고 있다. 물질입자들이 복사를 흡수하는 능력이 크게 변화하기 때문에 전체적으로 유체정역학적 평형상태가 유지되고 있음에도 불구하고, 복사압은 별의 중력포텐셜을 벗어나 물질을 가속시키는 능력이 있다. 입자들이 중력장과 상호작용하는 것은 단지 입자의 질량에만 종속되는 반면, 입자들이 복사장과의 상호작용은 복사장의 파동뿐만 아니라, 그 물질의 화학적 성분, 구조, 크기 그리고 밀도에 종속된다. 그래서 광자들의 어떤 파장에서만 예외적으로 흡수하는 특정 입자들이 별의 바깥층에 존재한다면(이는 온도에 의해 결정된다), 바로 그때 이런 입자에 대해 복사압은 중력을 능가하게 될 것이다. 결과는 바깥쪽으로의 가속이 나타나고, 그런 입자들의 질량방출이 일어나게 되고, 다른 입자들은 그 입자들에 의해 같이 방출이 된다. 복사압에 의해 유도되는 질량손실률, $\dot{M}$,에서 시간간격 δt동안 방출되는 질량, $\dot{M}\delta t$,는 복사, $(L/c)\delta t$에 의해 작용되는 운동량의 일부, ϕ',만 흡수될 때 탈출속도에 도달하게 된다. 결과적으로

$$\dot{M}\delta t v_{\rm sec} = \phi' \frac{L}{c}\delta t,$$

이 되어, $v_{esc}^2 = 2GM/R$과 $\phi = \phi'/2$를 취하면

$$\dot{M} = \phi \frac{v_{\rm sec}}{c} \frac{LR}{GM}. \tag{8.27}$$

이 얻어진다. 이제 초성과 초거성의 바깥층은 원자들이 분자들로 뭉쳐지고 또 원자들이 작은 티끌들로 뭉쳐지기에 충분할 정도로 차갑게 되었다. 이런 입자들이 복사압에 의해 가속되게 된다. 그러나 그런 입자들의 성질과 여기에 관여되는 상호작용은 계산하기가 아주 어렵고, 결과적으로 생기는 질량손실율(또는 매개상수 ϕ)은 알아내기 어렵다. 이런 상황에서 항성진화이론은 항성구조 변화에 대한 연구를 계속하기 위해 단지 관측에만 의존해야 한다.

연습문제 8.4

(a) 질량손실 시간규모, τ_{m-1},을 추정해보고, 항성의 열적 특성시간과 비교해 보라. (b) 질량손실율, $\dot{M}$,에 대해 요구되어지는 에너지 공급율이 L보다 아주 작음을 보여라. (c) 질량손실 시간규모와 항성의 특성시간 사이의 관계를 구해보고, 일반적으로 $\tau_{m-1} < \tau_{nuc}$이 성립함을 보여라.

연습문제 8.5

질량손실률이 식(8.27), $\dot{M} \propto LR/GM$,로 나타내 질수 있다 가정할 때, 주계열별에 대해 $\dot{M} \propto L^{\alpha}$가 성립함을 보이고, α값을 구해보라.

적색거성과 초거성의 관측은 이들 별이 $10^{-9}-10^{-4}M_{\odot}/yr$의 비율범위로 질량을 손실하고 있음을 보여주었다. 질량손실은 일반적으로 항성풍의 두 가지 형태로 분류된다.

1. Dieter Reimers가 발견한 경험공식에 의해 서술되는 항성풍으로서, 이 공식은 항성질량, 반경 그리고 광도를 연결해주고 있는데, 식(8.27)의 형태의 관계로 표시되고, 광범위한 항성의 물리량들에 걸친 관측을 통해 상수들이 결정된다 :

$$\dot{M}\approx 10^{-13}\frac{L}{L_{\odot}}\frac{R}{R_{\odot}}\frac{M_{\odot}}{M} \qquad M_{\odot}yr^{-1}. \tag{8.27'}$$

   전형적인 항성풍 손실률은 $10^{-6}M_{\odot}/yr$인데, 이 값은 전형적인 M,L,R값에 대해 식(8.27)에서 $\phi\sim 1$을 나타내는데, 운동량 전달에 아주 효과적이다.

2. 항성폭풍(superwind), 아주 강항 항성풍으로 항성에서 방출되는 물질들이 중심별 주위에 관측가능한 껍질에 뭉쳐지는 경우이다.

8.7 항성폭풍과 행성상성운 단계

항성폭풍의 존재는 두 가지 서로 다르면서도 독립적인 관측들에 의해 눈에 띄게 되었다 : 첫째는, 관측된 껍질들 내에 존재하는 높은 밀도로서, 항성방출물(느린 항성풍은 상당히 퍼진 껍질로 발전될 수 있다)에 의해 형성되었다. 두 번째는 통계적으로 중요한 항성표본들의 H-R도에서 점근거성가지에 아주 밝은 별들이 상대적으로 결핍된 현상이다.

두 번째 관측에 근거한 항성폭풍에 대한 추론은 간단하지 않지만, 간단한 논증을 통해 이해될 수 있다. H-R도의 AGB에 남아있을 것으로 기대되는 항성의 수는 별들이 이중 껍질 핵연소 진화과정에 머무르는 시간에 비례한다. 이 시간의 상한값은 단지 중심핵의 진화만을 고려해서도 얻어질 수 있다. 기본적으로 AGB별은 수소를 탄소와 산소로 바꾸면서, 표피물질 때문에 C-O중심핵이 커지게 된다. Q가 만일 단위질량당 핵에너지방출율이라 한다면, 대강 $5\times 10^{14}J/kg$이 되는데, 열적평형은

$$\dot{M}_c=\frac{L}{Q}\approx 1.2\times 10^{-11}\frac{L}{L_{\odot}} \qquad M_{\odot}yr^{-1}, \tag{8.28}$$

을 함축하게 된다. 여기서 L은 열적 맥동사이클에 걸쳐 평균된 광도이다. 식(8.26)으

로부터 $L/L_{\odot}$를 치환하면

$$\frac{dM_c}{M_c - 0.5M_{\odot}} = 7.2 \times 10^{-7} yr^{-1} dt. \tag{8.29}$$

이 얻어진다. 점근거성단계의 시작에서 중심핵은 약간의 질량 $M_{c,0}(> 0.5M_{\odot})$을 지닌다. 수축의 결과로 전자가 축퇴한다고 가정하면 중심핵이 도달할 수 있는 최대 질량은 찬드라세카 질량, M_{Ch}가 된다. $M_c = M_{c,0}$과 $M_c = M_{Ch}$사이를 적분하면 점근거성단계의 기간에 대한 상한값을 얻게된다 :

$$\tau_{AGB} < 1.4 \times 10^6 \ln\left(\frac{Mch - 0.5_{\odot}}{M_{c,0} - 0.5M_{\odot}}\right) \quad yr. \tag{8.30}$$

진화 계산은 초기 핵질량과 항성의 초기질량 M_0사이에

$$M_{c,0} \approx a + bM_0, \tag{8.31}$$

의 관계가 있음을 보여주는데, 여기서 a와 b는 상수이다. 그래서 τ_{AGB}는, 근본적으로, 초기항성질량의 함수이다. 만일 초기 항성질량분포가 알려졌다면, AGB에서 항성의 수가 주어진 항성분포에 대해 계산되어질수 있다. 기대되는 AGB별들의 수는 실제 관측된 AGB별의 수를 훨씬 능가한 다는 것이 알려졌는데, 계수가 10이 넘는 큰 차이를 보인다. 이는 별들이 다른 물리과정에 의해 AGB에 머무르는 시간을 다 채우는 것이 방해받아 Reimer 공식에 의해 주어지는 질량손실율로 질량이 손실된다는 것을 의미한다. 이런 물리과정이 항성폭풍인데, 중심핵이 최대가능한 크기로 커지기 전에 표피질량을 소비하게 된다. 사실 질량손실은 아주 강해서 단지 $0.1M_{\odot}$에 의해서도 중심핵이 커지게 하고, 반면 전체 표피가 방출되게 할 수 있다. 항성폭풍에 대한 간접적인 증거에 덧붙여, 항성폭풍의 가정은 $10^{-4}M_{\odot}/yr$정도의 질량손실률로 질량을 방출하는 별들을 관측함에 의해 확인되어 진다. 상당히 낮은 질량의 별에서 생겨났다고 믿어지는 몇몇 AGB별들에서, 높은 질량손실율은 표피에서의 맥동불안정성과 연관이 있는데, 이는 이전에 우리가 다룬 RR Lyrae별과 세페이드 별에서의 경우와 비슷하다. 미라(Mira)형 별 또는 장주기 변광성이라 알려진 이별들은 1년 정도의 주기로 맥동한다.

항성폭풍의 결과로서 $1M_{\odot} < M < 9M_{\odot}$ 영역의 초기질량을 가진 별들은 그들의 표피를 다 방출해버리고 $0.6M_{\odot}$와 $1.1M_{\odot}$사이의 질량을 지닌 C-O중심핵만 남겨놓게 되는데, 이는 높은 초기항성질량에 상응하는 높은 최종 중심핵질량이다. 이런 중심핵은 그 후에 백색왜성이 된다. 우리가 간단하게 살펴보겠지만, 낮은 질량의 별들이 큰 질량의 별들보다 훨씬 많기 때문에 우리는 대부분의 백색왜성이 $0.6M_{\odot}$정도의 질량

을 지닐 것이라고 기대한다. 이런 결론은 관측들로 확인이 되었다. 그래서 AGB별에서 탄생된 백색왜성들은 찬드라세카 임계질량보다 상당히 작은 질량을 지니고 있고, 그래서 축퇴되었다 할지라도, 이들 별들은 비극적인 종국을 맞이할 위험에 놓여있지는 않다(몇몇 이전의 이론적 주장과는 반대로). 그러나 그들은 냉각하고 있는 활동하지 않는 백색왜성으로 사라지기 전에 특별하게 빛나는 짧은 사건을 거치게 된다.

AGB 단계의 마지막부분에서 항성의 중심핵은 퍼진 껍질에 의해 둘러쌓여 지면서, 방출된 물질에 의해 약간의 구형형태의 성운을 형성한다. 항성폭풍으로부터 만들어지는 이 껍질의 안쪽 부분의 밀도는 상당히 높다. 질량손실이 최종적으로 끝났을 때, 중심핵은 무거운 표피가 누르고 있는 것에서 해방되어, 약간 팽창하고, 결과적으로 작은 표피의 잔재들은 수축을 하게 된다. 이는 항성과 항성의 방출물들 사이에 분명한 분리, 즉 빈 공간을 만들어낸다. 그 다음에는 중심별이 수축하면서 유효온도는 상당히 상승한다. 이 온도가 ~30,000K이 되었을 때, 복사되는 광자의 에너지는 성운의 원자를 이온화하기에 충분하고, 그래서 성운이 형광작용(형광등과 같은 원리)에 의해 빛이 나게 해준다. 이렇게 빛나는 성운을 행성상성운이라 부른다 ; 행성상성운은 광원 중심을 둘러싸고 있는 밝은 원형고리형태로 보이는데, 이는 옛날에 태양의 행성시스템처럼 중심별 주위를 돌고 있는 행성의 원반으로 여겨졌었다. 한 예가 그림 8.11에 보여졌다. 이 예가 바로 설명한 경우라 한다면, 관측자와 시선방향에 대해 약간 기울어진 원반을 지닌 적어도 몇몇 행성상 성운은 편평한 모습을 보이게 될 것이 분명하다. 모든 행성상 성운이 거의 원형으로 보인다는 사실은 우리가 보고 있는 것은 구형껍질의 투영이라는 것을 암시해준다. 행성을 통과하는 시선의 길이가 중심에서보다는 가장자리부분에서 더 길기 때문에, 물질들은 가장자리 쪽이 더 불투명하게 보이고, 중심에서는 투명해져서, 그림 8.12에서 보여진바와 같이 뜨거운 중심별을 볼수 있게 만든다. 이는 고리형태를 설명해준다. 중심광원을 행성상성운 핵이라 부른다.

행성상성운이 H-R도에서 나타내는 길은 편자형태의 궤적으로, 처음에는 더 높은 표면온도를 향해 왼쪽으로 움직이는데, 이는 핵이 변하는 과도기 동안 광도를 유지함을 의미한다. 그러다가 궤적은 아래쪽으로 움직였다가 다시 오른쪽으로 움직인다. 에너지는 C-O 중심핵의 꼭대기에 아직 남아있는 얇은 껍질에서 일어나는 핵연소에 의해 공급된다. 이 껍질의 질량이 $10^{-3}-10^{-4}M_{\odot}$크기의 임계값 아래로 감소되면, 껍질은 더 이상 핵연소에 대해 요구되는 높은 온도를 유지할 수 없게 된다. 이 에너지원은 사라지게 되고, 중심별의 광도는 급강하게 되면서 이온화시킬 능력이 없어지게 된다. 동시에 수십 km/s의 속력으로 팽창하는 성운은 크기가 커지면서 점차 사방으로 흩어지게 된다. 그래서 행성상성운은 희미해지다가 약 $10^4-10^5 yr$후에 사라져버린다.

그림8.11 위 : 가장 가까이 있으며(450광년떨어진), 관측된 성운 중 가장 큰 헬릭스 성운[저작권 : Anglo-Qustralian Observatory : 사진 D. Malin]. 아래 : NASA허블우주망원경으로 포획된 헬릭스 성운의 자세한 부분. 뜨거운 가스마디들이 보인다. 각 가스의 머리 앞부분은 적어도 태양계시스템의 두 배 정도 되면 각 꼬리는 1000AU 정도된다[사진 C.R.O'Dell, Rice University]

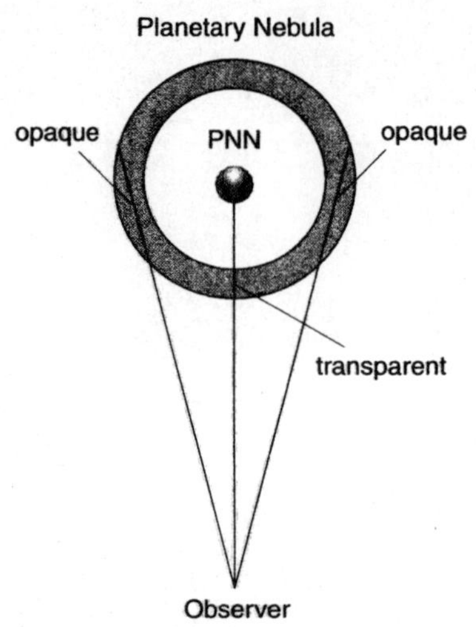

그림8.12 행성상 성운과 그 핵(PNN)의 도식화

이제 나머지 중심별이 차가운 백색왜성으로 진화하는 것을 살펴보자.

8.8 백색왜성 -질량이 크지 않은 별의 마지막 단계

대부분의 백색왜성들은 뜨거운 표면온도를 지닌 밀집성들인데, 탄소-산소의 축퇴된 전자중심핵을 형성하는 AGB형 별로 부터 탄생한다. 우리가 살펴본바와 같이, 이런 별들은 강한 항성풍에 의해 질량을 손실하는 반면, 얇은 껍질에서 수소와 헬륨연소가 반복함을 통해 야기되는 열적맥동현상을 겪게 된다. 전체 표피가 확산이 될 때 형성되는 질량손실의 마지막은 임의의 열적맥동주기에서 일어난다. 만일 이런 마지막이 수소연소단계 동안에 일어나면, 별은 잃어버린 표피의 흔적으로서 수소가 풍부한 물질들로 얇게 코팅된 상태가 될 것이다. 헬륨연소 도중에 이런 마지막이 일어난다면, 이는 헬륨층 바닥에서 일어나고, 바깥 표피는 주로 헬륨으로 구성되게 될 것이다. 헬륨연소는 맥동사이클의 아주 작은 기간에 일어나기 때문에, 수소가 풍부한 표피보다도 헬륨표피을 지닌 채 점근 거성단계로 끝날 확률은 상대적으로 작다.

질량손실이 끝나자마자, 핵연소 또한 끝나게 된다. 조정하는 단계로서 짧게 진행되는 행성상성운단계동안, 핵연소의 마지막 단계는 이전 AGB별이 방출한 물질들을 밝게 빛나게 하는 에너지를 공급한다. 행성상성운핵(PNN)은 AGB별이 축퇴된 중심핵인데, 얇은 표피의 잔재를 지닌 채 백색왜성이 된다. 그래서 우리는 백색왜성 스펙트럼에서 두 가지 부류를 만나게 된다 : 대부분의 스펙트럼은 수소선을 보이는데, 드문 경우에 수소선이 관측되지 않는다. 실제로 관측들은 이런 예상을 확인해준다 : 백색왜성의 25%가 그들의 스펙트럼에서 수소선을 지니고 있지 않다.

백색왜성으로 진화하는 또 다른 별들은 $0.7 \le M \le 1M_\odot$의 좁은 질량영역에 있는 낮은 질량의 별들이다. 이들 별들은 헬륨을 점화시키기에 충분한 온도에 도달하지 못하는데, 간단한 이유는 그들은 충분히 무거운 헬륨핵을 형성하지 못하게 때문이다. 주계열 단계가 끝나면, 이들은 적색거성이 되고, 이들 표피의 대부분의 질량을 손실하는 반면, 중심핵은 껍질의 수소연소에 의해 커지는 것은 겨우 $0.4M_\odot$ 또는 이보다 작은 질량정도까지 이다. AGB단계와 행성상성운단계인 중심핵에서의 헬륨연소 단계를 건너뛰고, 이들 낮은 질량의 별들은 더 낮은 질량의 백색왜성이 되는데, 이 백색왜성은 주로 헬륨으로 구성되어 있다. 실제 관측으로부터 얻어지는 백색왜성의 질량분포는 두 개의 피이크를 보인다. 대부분의 백색왜성이 속해있는 주 피이크는 평균질량이 $\sim 0.6M_\odot$정도에 해당한다. 두 번째 작은 피이크는 $0.2M_\odot$과 $0.4M_\odot$사이에서 발견되는데, 이것이 백색왜성으로 진화하는 두 부류에 대한 예측을 확인해주고 있다.

백색왜성이 복사를 방출하기 때문에 분명 진화과정을 거칠텐데, 과연 백색왜성은 어떻게 진화할까? 여기에 대한 대답은 1952년 Mestel에 의해 다루어졌다. 백색왜성단계에서 항성구조는 두 개의 기본성질에 의해 특징지어 진다:

1. 내부압력은 축퇴된 전자에 의해 주로 공급된다.
2. 표면에서 방출되는 복사를 내는 내부에너지원은 이온에 의해 저장된 열에너지이다(축퇴된 전자가스의 열용량은 무시할 정도이다). 별은 핵에너지원을 지니고 있지 않다. 만일 핵에너지원이 있다해도, 핵연소는 불안정하게 되어서(6.2절에서 본바와 같이), 핵연소를 중지하거나 또는 항성을 파괴하는 어떤 일이 일어나게 될 것이다.

사실은, 백색왜성이 냉각되면서 약간은 수축하게 되고, 그래서 약간의 중력에너지를 방출하게 된다. 그러나 동시에 더 높은 밀도는 축퇴된 전자가스의 내부에너지를 증가시키게 되고($u \propto \rho^{2/3}$의 형태로, 3.3절과 3.5절을 보라), 그래서 정전기적 포텐셜 에너지가 증가한다. 그래서 백색왜성의 에너지원은 이온의 열적에너지라고 하는 오래된 가정의 정당성을 입증해주는데, 그래서 백색왜성은 고체처럼 여겨진다.

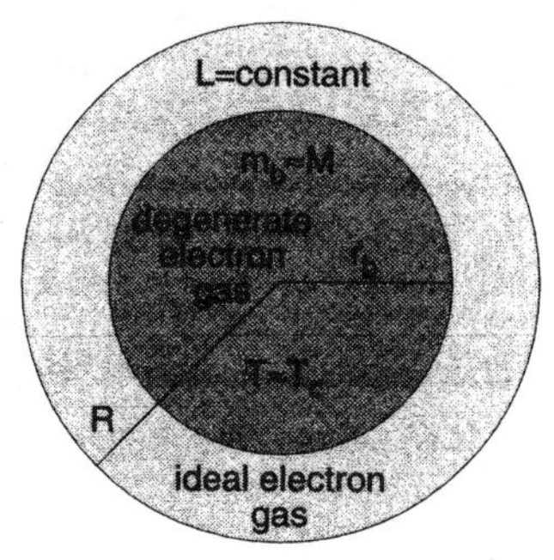

그림8.13 냉각하고 있는 백색왜성의 구조

축퇴된 전자가스는 열을 아주 효과적으로 전도하는 금속과 같이 행동한다. 식(5.3)에 의해 아주 작은 불투명도값은 아주 작은 온도증분을 의미하게 되기 때문에, 백색왜성의 내부 온도는 거의 일정하다. 균일하고 등온의 가스로 구성되어 있고, 복사압이 무시될만하고 핵반응이 없는 백색왜성의 표면은 상당한 정확도를 지닌 분석적 모델에 의해 설명될 수 있다(복잡한 수리적 모델은 그럼에도 불구하고 정교한 세부적인 구조들을 알아내기 위해 필요하다).

백색왜성 진화의 간단한 모델은 Mestel이 제시하였다. 전형적인 백색왜성은 항성질량 M의 대부분이 모여진 등온의 축퇴된 전자가스핵으로 설명된다. 밀도가 표면쪽으로 감소하기는 하지만(거의 0이 된다), 전자들이 축퇴를 그치고 이상기체처럼 행동하는 바깥층이 존재한다. 표면층에선 온도도 강하되면서 복사평형이 가정될 수 있는데, 이때 온도증분은 광도를 결정해 준다. 구조는 8.1절에서 토의된 완전히 대류적인 별의 구조와 비슷하게 된다 : 거기서는 복사하는 얇은 바깥층(광구)에 우세한 조건들에 의해 광도가 결정된다. 축퇴된 상태에서 이상기체상태로의 전환은 분명 점진적으로 일어나지만, 간단하게 하기위해 축퇴된 중심핵과 이상기체의 바깥층사이에 표면경계에 좁은 전이층이 형성된다고 가정하는데, 이 좁은 층은 이상기체의 가스압과 축퇴전자 가스압이 같은 값을 보이는 점으로 정의한다. 그림 8.13에서 보는바와 같이 이 경계의 반경을 r_b라 하자. $r < r_b$에 대해, 온도는 일정하고 중심온도 T_c와 같다. $r > r_b$인 경우는 광도가 일정하다; 여기에 덧붙여 $m(r > r_b) \approx M$이 성립한다. 바깥층에 대한 구조 방정식은 그래서

$$\frac{dP}{dr} = -\rho \frac{GM}{r^2} \tag{8.32}$$

$$\frac{dT}{dr} = -\frac{3}{4ac}\frac{\kappa\rho}{T^3}\frac{L}{4\pi r^2}. \tag{8.33}$$

이 된다. 첫 번째 방정식은 m=M일 때 식(5.1)으로부터 유도되고, 두 번째 방정식은

F=L일 때 식(5.3)으로부터 유도된다. 불투명도에 대해, 온도와 밀도가 멱급수법칙으로 종속된다는 가정을 할 텐데, 이 가정은 크라머 불투명도법칙, 식(3.65)으로,

$$\kappa=\kappa_0\rho T^{-7/2}=\frac{\kappa_0\mu}{R}PT^{-9/2}, \tag{8.34}$$

여기서 식(3.28)의 이상기체 방정식을 이용하여 ρ가 P로 치환되었다. 식(8.34)를 식(8.33)에 대입하고, 식(8.32)를 식(8.33)으로 나누어주면, 압력과 온도와의 관계는

$$PdP=\frac{16\pi acRG}{3\kappa_0\mu}\frac{M}{L}T^{15/2}dT. \tag{8.35}$$

이 된다. P=T=0인 표면으로부터 안쪽으로 적분하면,

$$P(T)=\left(\frac{64\pi acRG}{51\kappa_0\mu}\right)^{1/2}\left(\frac{M}{L}\right)^{1/2}T^{17/4}. \tag{8.36}$$

을 얻게된다(항성의 바깥주변 (대기)에 일반적으로 적용될 수 있는 이 관계는 복사영점해라 불린다).

이상기체 상태방정식을 이용해 밀도로 다시 되돌아오면, 밀도와 온도사이에

$$\rho(T)=\left(\frac{64\pi acG\mu}{51R\kappa_0}\right)^{1/2}\left(\frac{M}{L}\right)^{1/2}T^{13/4}. \tag{8.37}$$

의 관계가 얻어지는데, 이 관계는 r_b가 될 때까지 성립한다. 이온은 r_b의 양쪽 면에서 이상기체상태이기 때문에, r_b는 전자의 이상기체압력, 식(3.27)과 전자의 축퇴압력, 식(3.34)가 같은 점이 된다. 그래서 r_b에서 온도와 밀도의 두 번째 관계가 얻어진다:

$$\left[\frac{R}{\mu_e}\rho T\right]_b=\left[K_1\left(\frac{\rho}{\mu_e}\right)^{5/3}\right]_b \tag{8.38}$$

분명히, 무한대의 열흐름양을 야기하게 되는 온도가 뛰는 현상을 방지하기위해 $T_b=T_c$가 성립해야 한다. 식(8.37)과 식(8.38)사이에 ρ를 소거하면, 최종적으로

$$\frac{L}{M}=\frac{64\pi acGK_1'^3\mu}{51R^4\kappa_0\mu_e^2}T_c^{7/2} \tag{8.39}$$

이 얻어지는데, 이 식은 표면에서 방출되는 광도와 백색왜성의 중심핵온도사이의 관계를 나타내준다. 식(8.39)에서 백색왜성 구성성분에 전형적인 상수의 값들(말하자면 절반은 탄소, 절반은 산소)을 대입하여 보면

$$\frac{L/L_\odot}{M/M_\odot}\approx 6.8\times10^{-3}\left(\frac{T_c}{10^7K}\right)^{7/2} \tag{8.40}$$

또는

$$T_c \approx 4\times 10^7\left(\frac{L/L_\odot}{M/M_\odot}\right)^{2/7} K. \tag{8.41}$$

이 얻어진다.

(a) 질량 M과 반경 R을 지닌 백색왜성의 바깥층에서의 온도윤곽이

$$T(r)=\frac{4}{17}\frac{\mu}{R}GM\left(\frac{1}{r}-\frac{1}{R}\right). \tag{8.42}$$

로 주어짐을 보여라. (b) 바깥층의 두께가 $l\equiv R-r_b \ll R$이 됨을 보여라. (c) 광도가 $L_1=10^{-2}L_\odot$에서 $L_2=10^{-4}L_\odot$로 떨어질때 두께의 상대적 변화, l_1/l_2를 계산하라(이때 R의 작은 변화는 무시한다).

이미 언급한바와 같이, 백색왜성의 에너지원은 등온중심핵에 있는 이온의 열적에너지이다(바깥층의 기여는 무시될만하다) :

$$U_1=\frac{3}{2}\frac{R}{\mu_1}MT_c. \tag{8.43}$$

그래서 에너지 방출율 L은 열적에너지 감소율과 같아야 한다 :

$$L=-\frac{dU_1}{dt}=-\frac{3}{2}\frac{R}{\mu_1}M\frac{dT_c}{dt}=-\frac{3}{7}\frac{R}{\mu_I}M\frac{T_c}{L}\frac{dL}{dt}, \tag{8.44}$$

여기에서 우리는 식(8.39)의 $T_c(L)$의 관계를 사용하였다. 이는

$$-\frac{dL}{dt}\propto MT_c^6, \tag{8.45}$$

의 관계를 내포하고 있음을 쉽게 보일 수 있는데, 이 관계는 광도의 변화율(또는 동등하게 냉각율)이 온도가 감소하면서 뚜렷하게 감소된다는 것을 의미한다. 그래서 백색왜성의 진화속도는 점차적으로 천천히 감소되게 되고, 그래서 낮은 질량의 백색왜성은 높은 질량의 백색왜성보다 더 천천히 진화한다. 질량 M의 백색왜성이 초기온도 T_c'(그래서 여기에 상응하는 광도 L')에서 온도 T_c(광도 L)로 진화하는데 걸리는 시간을 추정하기위해, 식(8.44)를 적분하면

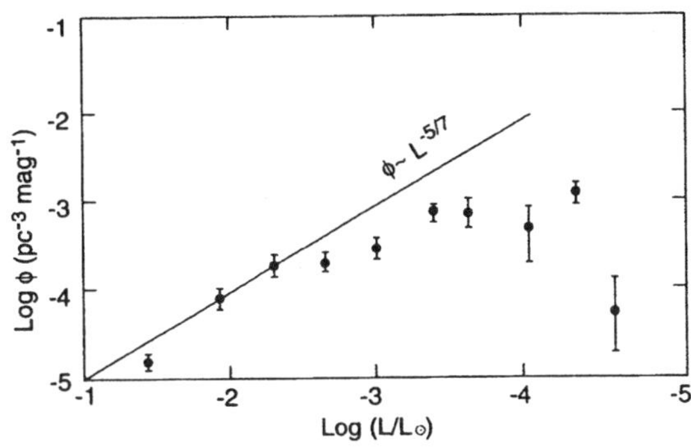

그림8.14 백색왜성의 광도함수 : 로그함수로 표시된 광도의 간격 내에서 백색왜성의 개수밀도는 광도에 대해 $10^{2/5} \sim 2.5$에 해당한다(자료는 D.E. Winget et al.(1987), Astrophys. J., 315에서 인용).

$$\tau_{cool} = 0.6\frac{R}{\mu_1}M\left(\frac{T_c}{L} - \frac{T_c'}{L'}\right). \tag{8.46}$$

을 얻는다. $T_c' \gg T_c$라면, 식(8.39)에 의해 $T_c'/L' \ll T_c/L$이 성립하고, 백색왜성이 T_c(훨씬 높은 온도에서부터)로 냉각하는데, 또는 광도 L로(훨씬 더 큰 광도로부터) 떨어지는데 걸리는 시간은

$$\tau_{cool} \approx 2.5 \times 10^6 \left(\frac{M/M_\odot}{L/L_\odot}\right)^{5/7} yr. \tag{8.47}$$

로 주어진다. 예를 들어, $1M_\odot$의 백색왜성의 광도가 $10^{-4}L_\odot$로 떨어지는데 걸리는 시간은 약 $2 \times 10^9 yr$가 소요된다. 비교하자면, 전형적인 행성상성운의 광도인 $10^4 L_\odot$ 정도가 $0.1L_\odot$로 떨어지는데는 $\sim 10^7 yr$ 밖에 걸리지 않는다.

백색왜성이 아주 낮은 온도(광도)에 도달했을 때, 실제로는 냉각율이 더 이상 식(8.44)같은 간단한 형태를 따르지 않는다. 이는 이온가스가 완전기체상태가 되지 않기 때문이다 ; 쿨롱상호작용은 그들이 지배적일 때까지는 덜 중요해진다. ϵ_C/kT가(3.1절에 논의됨) 1이 되고 또 1보다 커지면서, 이온가스는 주기격자로 결정화된다. 우선 여기에 상응하는 이온당 열용량은 추가적인 진동자유도(3/2k에서 3로) 때문에 증가한다. 그러나 임계온도(Debye 온도, 수백만도 K정도가 전형적임) 아래서는 열용량은 온도에 따라 급격히 떨어지는데 이때 T^3의 법칙이 적용된다. 이는 주어진 양의 복사에너지에 대해, 온도 떨어짐이 자유가스영역보다 더 크다는 것을 의미한다. 그래서 백색왜성의 냉각은 상당히 가속이 된다. 만일 $\tau_{cool} \propto L^\alpha$가 성립한다면, $\alpha = -5.7$ [식(8.47)]

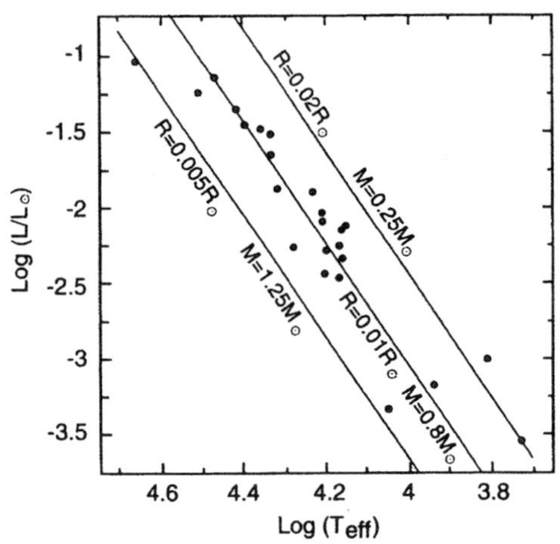

그림8.15 H-R도에서 백색왜성들. 일정한 반경(질량)의 선들이 표시되었다[M.A. Sweeney (1976), Astron. & Astrophys., 49에서 자료인용].

은 $\sim 10^{-3}L_{\odot}$까지 성립이 되는데, α값은 $\sim 10^{-4}L_{\odot}$ 이하가 되면 작은 양수의 값으로 커진다. 광도의 함수로 주어지는 관측된 백색왜성의 개수밀도는 이 효과에 대한 증거가 된다(그림 8.14).

백색왜성의 밀도분포는 $M \leq 1.2M_{\odot}$에 대해 n=1.5의 폴리트롭에 의해 아주 정확하게 기술이 되는데, 긴 냉각단계에서 거의 상수를 유지하고, 그래서 반경도 일정하게 된다. 그래서 H-R도에서 냉각궤적은 R=상수인 직선이 된다.

$$\log L = 4\log T_{eff} + constant, \tag{8.48}$$

여기서 유효온도는 광도에 따라 감소한다(그리고 거의 중심핵온도와 선형관계를 지닌다). R = R(M)이기 때문에, 서로 다른 질량을 지닌 백색왜성의 진화는, 그림 8.15에 보여진바와 같이, H-R도에서 길죽한 영역을 형성한다. 급속하게 감소하는 냉각율 때문에, 백색왜성은 이 영역의 윗부분보다 아래 부분에 더 많이 존재한다. 백색왜성은 밝은 광도에서보다 낮은 광도에서 더 많은 시간을 보낸다. 이런 결론은 관측에서 확인되었다. 그러나 불행하게도 백색왜성이 점차 희미해지면서 이들은 또한 관측되기 힘들어진다(게다가 광도 간격당 백색왜성의 수는 급속한 냉각에 기인하여 감소한다). 결국 그들은 실제적으로 보이지 않는 흑색왜성이 되어버린다.

8.9 질량이 큰 별들의 진화

질량이 큰 별들 ($M_0 > 10M_\odot$)인 별들의 진화는 다음과 같은 일반적인 특징을 지닌다 :

1. 이들 중심핵에서 전자들이 중심핵이 철로 구성되어 있는 핵연소단계에 이를 때까지 축퇴되지 않는다.
2. 질량손실은 주계열을 포함한 진화의 전체과정에서 중요한 역할을 한다(질량손실은 아직은 정의하기 힘든 물리과정이기 때문에, 이들 항성의 진화에 대해 잘 이해되고 있지 못한 이유가 된다).
3. 주계열에서 에딩턴 임계값근처에 놓여있는 광도는, 내부적인 변화에도 불구하고, 거의 상수를 유지한다. H-R도에서의 진화궤적은 그래서 수평이 되고, 낮은 유효온도와 높은 유효온도사이를 왔다갔다 이동한다. 그런 전이는 핵에서 핵연소가 일어나는 동안은 느리고, 핵이 수축하고 가열되면서 표피가 팽창하는 중간단계가 진행될 때는 빠르게 진행된다.

$30M_\odot$를 넘는 초기질량을 지닌 별들은 강한 항성풍을 내게 되어, 결과적으로 주계열 시간규모 MQ/L보다 더 짧은 질량손실 시간규모 $M/\dot{M}$를 지니게 된다. 결국 이들의 주계열 진화경로는 $30M_\odot$의 진화경로쪽으로 모여진다. 특히 주계열의 마지막에 헬륨중심핵의 크기는 비슷하고, 그래서 결과로 나타나는 진화단계도 비슷하다. 주계열 단계동안 일어나는 거대한 질량손실은 주로 헬륨으로 구성된 구조를 지니게 하는데, 수소가 아주 작은 표피($X \approx 0$) 또는 수소가 아주 없다. 그런 별들(밝고, 수소가 고갈되고, 높은 질량손실율을 보이는)이 실제 관측이 되었는데, 울프-레이별(Wolf-Rayetstars)라 부른다. 그들은 5와 $10M_\odot$사이의 상당히 낮은 평균질량을 지니고 있는데, 원래 $30M_\odot$를 넘는 초기질량을 지닌 별들의 벗겨진 중심핵으로 여겨진다. 여러 형태의 울프-레이별이 존재하는데, 그들의 표면화학성분비로 구분이 된다. 연속되는 형태들의 원소함량비는 진화된 질량이 큰 별의 바깥층이 벗겨지는 과정의 진행과 상응한다. 그래서 어떤 별들은 섞여지지 않는 CNO 순환과정의 핵연소 생성물인 헬륨과 질소를 보이는가 하면, 어떤 별들은 3α반응과 다른 헬륨반응의 생성물, 주로 탄소와 산소를 보여준다. 왕성한 질량손실에 대해 잘 알려진 예는 특이별 η Carinae로서 그림 8.16의 위쪽 그림에 보여 졌다. 성운은 질소가 상당히 풍부한데, 일반적으

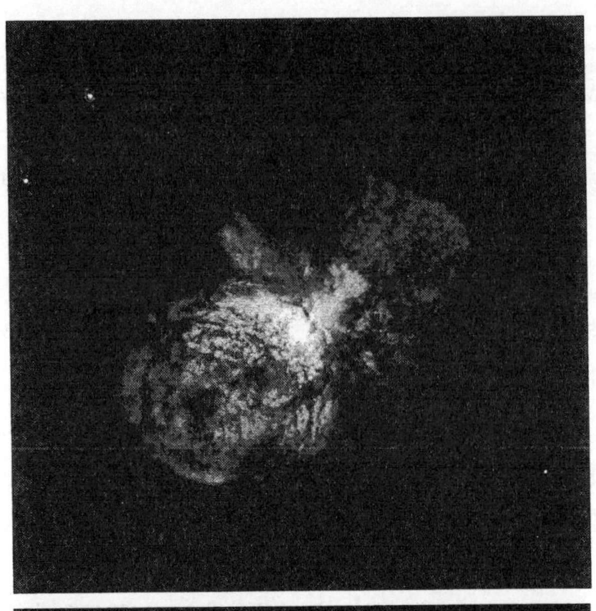

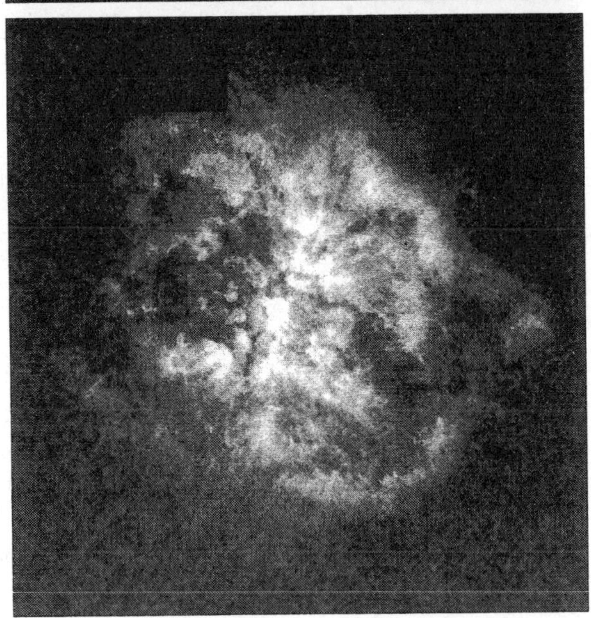

그림8.16 NASA 허블우주망원경에 잡힌 질량이 큰 별의 질량방출. 위 : Eta Carinae로 가장 발과 질량손실을 겪고 있는 가장 질량이 큰 별 중의 하나이다. 그 광도는 약 $5 \times 10^6 L_\odot$정도 되고, 그 현재 질량은 약 $100 M_\odot$정도 된다. 발출된 항성물질들로 구성된 두 개의 덩이가 별 가까이에 위치하고 있으면서, $\sim 600 km/s$의 속도로 바깥으로 퍼져나가고 있다 [사진 : 콜로라도 대학교의 J. Morse]. 아래 : 강렬한 항성풍에 의해 생성된 성운에 묻혀 있는 질량이 크고 뜨거운 울프-레이별. 물방울 현상은 물질을 덩어리 지게하는 항성풍의 불안정성에서 기인한다. 팽창속도는 약 $40 km/s$ 정도이고, 성운은 $10^4 yr$ 이상 늙었다 [사진 : 몬트리올 대학과 스트라스부르크 천문대 Y. Grosdidier; 몬트리얼대학 A. Moffat, 라발대학의 G.Joncas, 스트라스부르크 천문대 A. Acker].

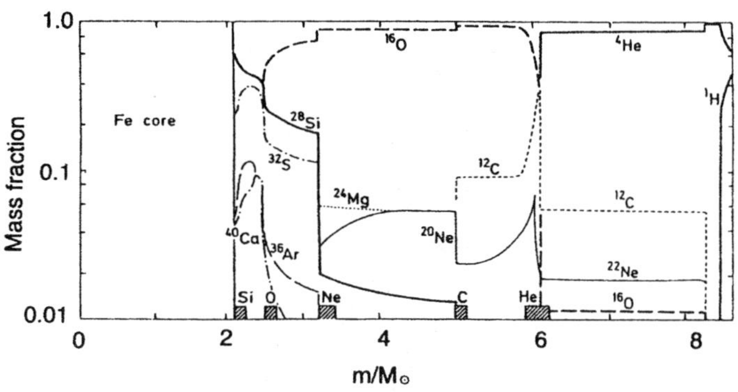

그림8.17 초신성 폭축이 일어나기 전에 $25M_{\odot}$의 별의 $8M_{\odot}$인 내부에서 일어나는 화학성분비 변화들. 핵연소껍질이 표시되었다[S.E. Woolsley & T.A. Weaver(1986), Ann.Rev. Astron.Astrophys., 24에서 발췌].

로 관측된 원소함량은 초기질량이 $120M_{\odot}$인 별이 질량손실로 진화하여 초거성단계에 놓였을 때의 모델계산에서 얻어진 값들과 일치한다. 전형적인 울프-레이별에 의해 방출되는 질량에 대한 최근 영상이 그림의 아래 쪽에 보여 졌다.

질량이 큰 모든 별들에서, 중심핵의 헬륨연소 다음에 탄소연소가 진행된다. 이 단계에서 중심핵 온도는 너무 높아서, 중성미자 방출에 기인한 상당한 에너지손실을 중지시킬 수 있다. 그래서 핵에너지원은 표면에서 방출되는 높은 광도도 공급해 줄 뿐만 아니라, 이들 손실을 보상해주어야 한다. 중원소의 핵융합이 가벼운 원소의 핵융합보다 단위 질량당 작은 에너지를 방출하기 때문에(4장을 보라), 핵연료는 아주 급속도로 소모된다. 주 핵연소 모든 단계가 급속하게 진행되어, 내부핵은 철족 원소가 형성된다. 이 중심핵을 둘러싸고 있는 것은 서로 다른 화학성분을 가진 껍질들(규소, 산소, 네온, 탄소, 헬륨)이고, 최종적으로는 $M_0 < 30M_{\odot}$인 별에 대해 초기 화학성분비를 유지하고 대부분 항성질량을 포함하고 있는 표피들이다. 어쩔 수 없는 철중심핵 수축은 별은 초신성폭발에서 폭죽을 일으킨다. 질량이 큰 별의 구조와 초신성이 되는 별의 도식적 구조를 그림 8.17과 그림 8.18에 제시하였다. 진화의 마지막 단계는 다음 장에서 다루어진다.

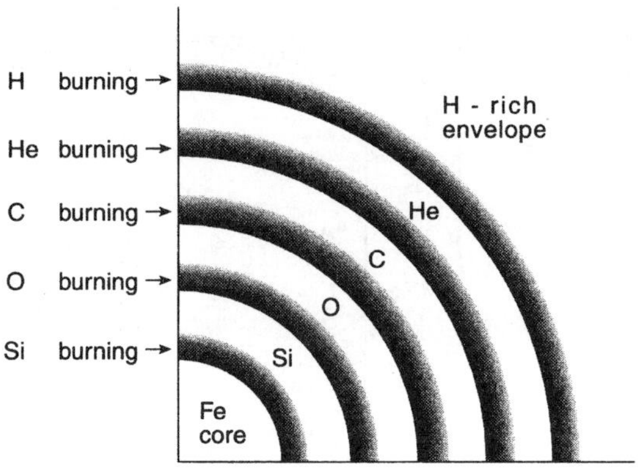

그림8.18 초신성이 되는 별의 도식적 내부구조

8.10 H-R 도 : 에필로그

우리는 H-R도와 그 이론적 상대인 ($\log L, \log T_{eff}$)도에서 논의의 마지막에 도달하였는데, 이는 1장에서 해낼 일로 설정한 과업이 달성된 셈이다. 아주 다른, 때로는 수수께끼의 항성특징들을 설명하는데 있어 항성진화이론의 성공은 대단한 일인데, 이는 H-R도에 의해 분명해진다. 항성모델은 주계열별이 우세한 현상, 성단에서 주계열별의 분기점, 적색거성, 초거성, 수평가지, 행성상성운과 백색왜성영역, 주계열과 거성가지 사이의 틈새, 그리고 포착하기 어려운 다른 여러 항성의 성질들을 설명해준다. 이런 논의에 대한 결론을 내리기 위해 우리는 두 개의 그림을 제시한다. 그림 8.19에서 H-R도에서 완전한 진화궤적이 낮은 질량의 별, 중간질량의 별, 그리고 큰 질량의 별에대해 제시되었다. 최종적으로 항성진화이론의 대미를 장식하면서 그림 8.20에 가상적인 성단의 진화하는 H-R도를 제시하였는데, 이는 Rudolf Kippenhahn과 Alfred Weigert에 의해 수행된 서로 다른 질량에 대한 여러 항성모델의 진화계산에 근거를 두고 있다. 이 그림들은 1장에서 보여진바와 같이 서로 다른 나이의 성단들의 실제 H-R도에 거의 차이나지 않는다.

그럼에도 불구하고, 항성모델이 이전 장에서 추적된 대충의 스케치보다는 더 세련되고 자세하면서 분명해지기는 했지만, 항성진화에 대한 이해는 아직 완전하지 않은 상태다.

자세히 검토해 보면, 아직 명확하지 않는 관점들이 있는데, 특히 질량손실 또는 대류에 관련된 부분이다. 에딩턴은 그의 유명한 1926년의 책에서 다음과 같이 마무리하였다 : "…그러나 머지않아 우리는 간단한 형체로서 별을 이해할 수 있는 능력을 보

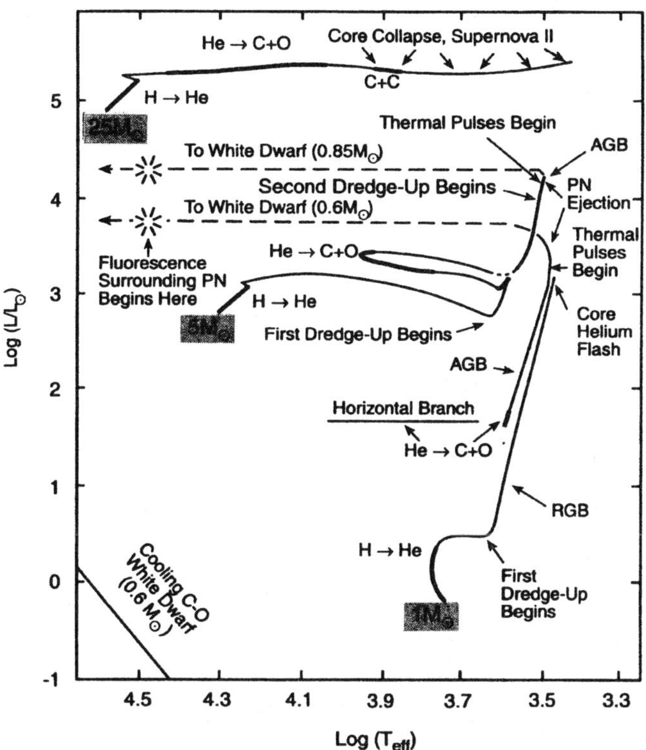

그림8.19 H-R도에서 $1M_\odot$, $5M_\odot$와 $25M_\odot$인 항성모델의 진화궤적. 굵은 선은 긴 진화단계인 핵연소과정을 나타내준다. AGB별로부터의 분기점은 경험적으로 결정된다[I. Iben Jr. (1985), Quart. J. Roy. Astron. Soc., 26].

유하게 될 것이다".

이제 우리는 항성에 대해 아주 많은 것을 이해하고 있다 ; 특히 우리는 별들이 그렇게 간단한 형체가 아님을 이해하고 있다.

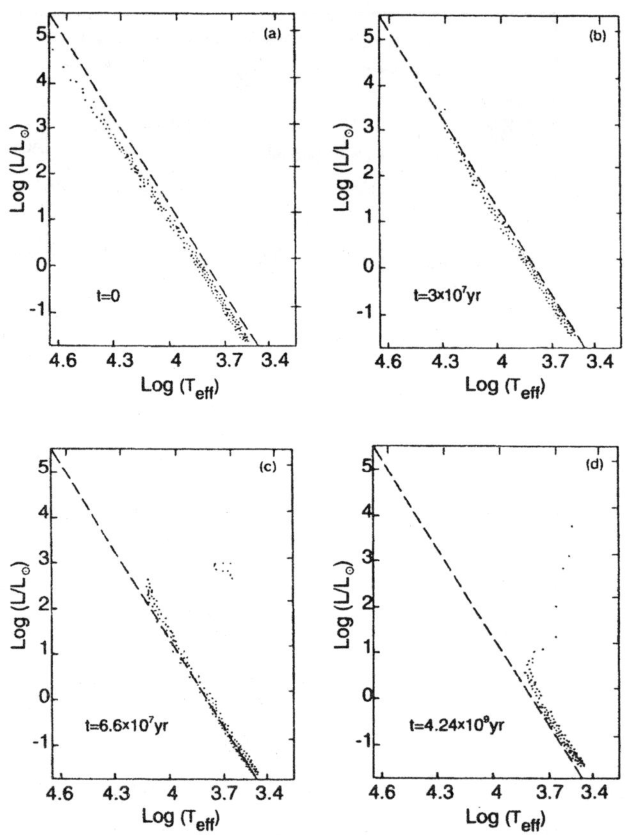

그림8.20 가상적 성단을 형성하는 서로 다른 질량의 항성들에 대한 진화론적 계산결과. 4개의 성단나이에서 진화하는 H-R도에 표시하였다[R. Kippenhahn(1983), 100 Billion Suns, Princeton University Press].

09 이색 항성들 -초신성, 펄서, 블랙홀

이 장에서 다루어지는 별들은 지금까지의 별들과는 다른데, 여러 가지 이유가 있지만, 그들이 H-R도에 나타나지 않는다(또는 나타날 수 없다)는 것이 다르다. 이전과 같이 우리는 그들을 서술하기 위해 항성진화계산에 기대를 걸어본다. 계산이 가능할 때마다 이론의 결과들과 예견들을 관측과 직접 대조하거나 또는 통계적인 고려에 기인하여 대조해 보려한다. 우리는 첨단 현대 천체물리를 사용하기 때문에 이론과 관측들이 더 밀접하게 연관 지어짐을 발견하게 될 것이다.

9.1 초신성이란?

1장에서 우리가 주계열별, 적색거성, 그리고 백색왜성과 그랬던 것처럼, 초신성에 대한 개념과 친밀해지는 것으로 시작해야 한다. 거대한 폭발(갑작스럽게 밝아지는 현상)을 겪고 있는 별들을 초신성이라 부르는데, 폭발동안에 그들의 광도는 은하전체의 광도 (약 10^{11}개 별들)과 비슷하게 된다. 역사적으로 신성은 겉보기에 새로운 별에 대해 붙여진 이름이다; 결국 이는 잘못된 호칭으로 판명되었는데, 신성은 갑자기 몇 등급 이상 밝아진 (어두운)별들이기 때문이다. 초신성에 대해서도 마찬가지인데, 여기서는 밝기가 더 심하게 밝아지는 경우이다. 1930년대가 되어서 비로소 초신성은 일반적으로 신성 내에서 구별된 천체부류로 인정되었다. Edwin Hubble이 안드로메다 은하까지의 거리를 (세페이드를 이용하여)추정하고 1885년에 그 은하 내에서 발견된 신성의 불균일한 광도 (은하자체 광도의 1/6에 이르는 광도)의 진가를 알아차릴 수 있게 된 후에 Fritz Zwicky에 의해 초신성이란 이름이 붙여졌다.

초신성폭발은 아주 짧은 기간동안 지속되기 때문에(6개월에서 수년), 상당히 많은 별들이 초신성 단계를 거친다 할지라도, 초신성을 관측할 확률은 아주 작다. 그래서 한 은하에서 별들이 많이 모여 있는 곳에서 초신성폭발은 수십 년에 한번 관측이 된다. 다행이도 그들은 아주 먼 거리에서 관측될 만큼 충분히 밝고, 그래서 그런 폭발들

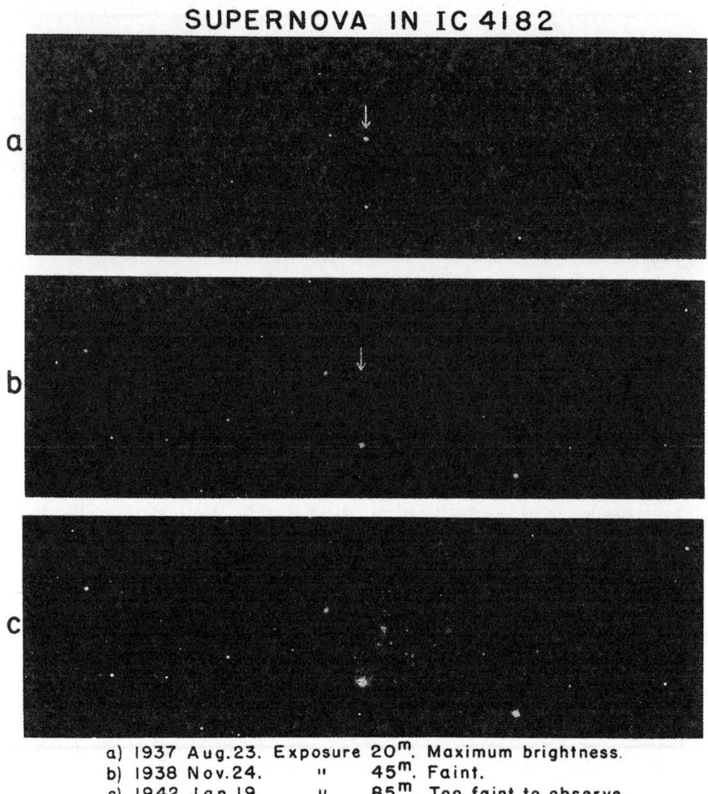

그림9.1 IC4182은하의 초신성. 최대밝기(위 그림)에서, 초신성은 은하를 완전히 덮어버린다 ; 5년 후에 (아래그림), 초신성은 관측되기에 너무 어두워서, 모 은하가 그림에서 보여진다[윌슨 산 100인치 망원경, 헤일천문대에서 찍은 사진].

이 수 백건이 기록이 되었고 연구되었다. 한 예가 그림 9.1에 제시되었는데, 여기에는 분출상태에 있는 초신성이 자신이 속해있는 은하 전체를 100배정도의 밝게 비추어주고 있다. 가장 잘 알려진 초신성은 우리은하에서 생겨나서 발견된 은하들로, 표 9.1에 목록 되어진 역사적인 초신성들이다. 그러나 이들은 지난 천년동안 우리은하에서 발생한 모든 초신성 폭발의 극히 일부분에 해당되는데, 왜냐면 우리은하의 대부분은 복사를 흡수하는 중심 핵(bulge)에 의해 보이지 않기 때문이다(자신이 서있는 빌딩에 켜져있는 불빛보다 이웃빌딩에 켜져 있는 불빛을 관측하기가 더 쉽다).

표9.1 역사적인 초신성들

Galaxy : *Name*	*Year*	*Distance* *(3000 ly)*
Milky Way :		
Lupus	1006	1.4
Crab	1054	2.4
3C 58	1181(?)	2.6
Tycho	1572	2.5
Kepler	1604	4.2
Cas A	1658±3	2.8
Andromeda	1885	700
LMC : SN1987A	1987	50

1572년과 1604년에 초신성이 시간적으로 밀접해서 일어난 것은 철학적인 혁명을 야기시켰는데, 거의 2000년 동안 우세했던 아리스토텔레스의 우주관에 손상을 주게 된 것이다. 아리스토텔레스의 우주는 동심구들의 집합으로 구성되어 있는데, 그 중심에 지구가 놓여있다. 당시에 알려진 행성들은 그 자신의 구주위를 돌고 있는 반면, 가장 먼 곳에 있는 구는 항성들을 포함하고 있다. 가장 작은 구는 달을 포함하고 있고, 그 아래 있는 불완전하고 변화무쌍한 세계와 그 위에 있는 영원한 우주와의 경계를 표시해 준다. 이는 예상할 수 없이 일시적으로 출현하는 현상을 보이는 혜성이 대기현상으로 간주되었던 이유이다. 1572년의 초신성은 덴마크 천문학자 티코 브라헤에 의해 집중적으로 관측되고 연구되었는데, 그는 새로운 항성이라는 책(De Nova Stella)이란 책을 저술한 바 있다. 그는 그 거리에 대해 특별한 관심을 기울였으며, 불변의 우주를 고려하였던 그곳에서 변화가 일어날 수 있다는 것을 보이면서, 그 천체가 달보다 훨씬 위에 있는 항성 내에 존재해야 한다고 결론지었다. 그러나 그는 새로운 별을 인간의 눈에 지금까지는 숨겨졌던 불변의 천체로 설명하려 하였다. 이 하늘의 불변성 개념은 또 하나의(곧 뒤따랐던) 초신성, 또 다른 위대한 천문학자(티코브라헤의 조수였던 요한네스 케플러) 그리고 또 하나의 저술(De Stella Nova란 비슷한 제목을 지녔음)에 의해 뒤집어지게 되었다. 케플러는 1604년 초신성을 관측하였고, 티코의 초신성처럼 이는 항성중의 하나였다고 결론지었다. 아리스토텔레스의 모델이 또 다시 실패를 경험하였고, 우선은 마지못한 상태였지만 곧 코페르니쿠스의 태양중심이론과 케플러의 행성운동법칙의 관점으로 결국 포기되어지고 말았다.

그림9.2 게성운 : 1054년에 폭발된 초신성의 팽창하는 잔해[1956년 헤일천문대의 5m 망원경으로 찍은 사진, D. Malin & J. Pasachoff, Caltech]

초신성폭발에서 방출된 성운은 초신성잔해라고 불리는데, 아주 오랜기간 동안 살아남게 되며, 가장 볼만한 구경거리를 제공하는 천체로 여겨진다. 10,000km/s (0.03c!)에 육박하는 아주 빠른 팽창속도를 지니고 팽창하여 상당히 큰 크기가 되며, 거의 투명할 정도로 물질이 흩어져 버렸을 때도, 수천년 동안 관측이 가능하다. 1054년 초신성의 잔해인 게성운이 그림 9.2에 제시되었다. 훨씬 더 흩어져있는 늙은 초신성잔해가 그림 9.3에 제시되었다.

우리가 7장에 요약한 항성진화이론에 의하면, 항성삶의 파국적인 끝은 두 가지의 아주 다른 상황에서 일어나는데, 이들은 역학적 불안정성을 야기시킨다. 하나는 질량이 큰 별의 철중심핵의 폭축이다. 다른 하나는 백색왜성이 챤드라세카 한계질량에 도달하고 나서 폭축하는 것이다. 8장에서 본바와 같이, 중간정도 질량을 지닌 별은 결국 백색왜성으로 진화하는데, 이별의 축퇴된 중심핵 질량은 임계값보다 상당히 낮다. 그래서 홑별들은 폭축이란 파국적인 운명에 처하지 않게 된다. 이 운명은 그러나 쌍성계에서 진화하는 백색왜성에는 해당되는데, 이 백색왜성은 동반별로부터 물질들을 모아서 M_{Ch}까지 도달할 수 있다.

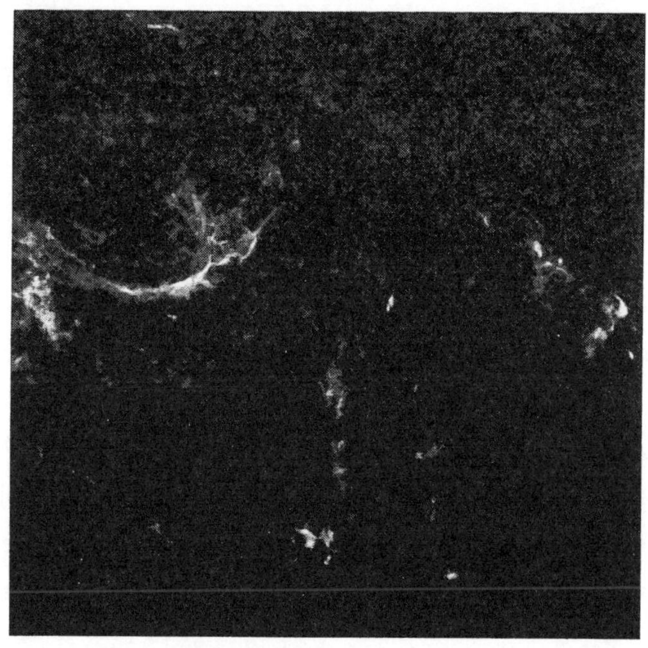

그림9.3 약 3000년 전에 큰 마젤란 은하에서 폭발한 초신성(N132D)의 잔해. 이 사진의 중심 왼쪽 약간아래에 놓여있는 원조별은 $25M_{\odot}$정도의 질량을 가진 것으로 추정된다[사진 J.A. Morse, Space Telescope Science Institute, NASA 허블우주망원경].

실제로 초신성폭발은 그들이 관측되는 특징에 따라 소위 Typ. I 초신성과 Typ. II 초신성의 두 부류로 나누어진다. 구별하는 주된 특징은 Type II의 스펙트럼에서는 수소선이 존재하는 반면, Typ I의 스펙트럼에는 수소선이 결핍된다는 것이다. 각 형태는 그들만의 특징적인 광도곡선을 지니고 있는데, 물론 각각의 물리적 성질에 따라 일반적인 형태와는 아주 다양하게 다른 광도곡선들이 관측되어서, 아류들이 정의되었다(여기서는 무시하고 지나간다). Type II 초신성은 늙은 항성종족(타원은하같은)에서는 관측되지 않지만, 항성형성이 계속 진행되고 있으면서 젊은 별들이 풍부한 나선은하의 팔(가스와 티끌이 풍부한)에 주로 존재한다. Type I 초신성은 반면 모든 형태의 은하에서 다 관측이 된다.

질량이 큰 별의 철중심핵의 폭축과 관련 있는 초신성은 Type II 초신성이다. 이들 별들은 수소가 풍부한 큰 표피를 지니고 있다 ; 그래서 스펙트럼에서 수소가 존재한다는 증거가 있다. 질량이 큰 별이 질량이 작은 별보다 훨씬 더 빨리 진화하기 때문에, 더 이상 별이 탄생되지 않고 있는 늙은 항성종족에서는 Type II 초신성이 탄생하게 된다. Type I 초신성은 아마 물질모임에 의해 챤드라세카 한계질량에 도달한 백색왜성의 폭축에서 생겨나는 것으로 여겨진다. 주어진 항성종족에서 백색왜성은 모든때에 생성이 되고, 또 물질모임율은 크게 변화하기 때문에, 젊은 종족에서와 같이 늙은 항성종족에서도 Type I 초신성이 탄생하는 것을 방해하는 것이 없다. 홑별(고립된) 항성의 진화만 탐구해보기로 하였으므로, 여기서는 질량이 큰 별의 진화마지막단계, 즉 Type II초신성의 원조에만 초점을 맞추려 한다.

9.2 초신성 폭발 -질량이 큰 별의 운명

8.9절을 요약해보면, $\sim 10M_{\odot}$를 초과하는 초기질량의 별은 모든 핵연소 단계를 거치고, 서로 다른 화학성분을 지닌 층들에 둘러싸인 철중심핵을 형성하면서 최후를 맞이한다. 이런 별들은 핵연소하는 면들에 의해 구분되는데, 더 가벼운 원소들이 무거운 원소들 위를 감싸고 있다. 막 폭축을 시작하려는 별을 초신성 원조별(progenitor)이라 부른다.

초기에는 철중심핵이 수축하는데(모든 핵연소를 마친 중심핵이 그렇듯이), 간단한 이유는 핵연소가 더 이상 일어나지 않고 있으며, 결국 전자들이 축퇴가스가 되기 때문이다. 축퇴된 중심핵의 질량이 챤드라세카 한계값(철에대해 $1.46M_{\odot}$보다 약간 낮은 값) 을 능가할 때, 축퇴전자압은 자체중력에 대항할 능력이 없게 되고 핵은 급속하게 수축을 계속한다. 두 개형태의 불안정성이 곧 형성이 된다. 첫째는 무거운 핵에 의해 전자가 포획되는 현상은 중심핵에서 주압력원을 빼앗아버려, 수축을 가속시킨다. 두 번째는 가스의 높은 축퇴에 기인하여(그래서 온도에 예민하지 않게 되어), 온도가 자유롭게 증가한다는 것이다. 시간이 지나면 철핵의 광분해가 일어나기에 충분히 큰 온도가 된다(4.10절을 보라) :

$$^{56}Fe \rightarrow 13^{4}He + 4n - 100MeV.$$

이 반응은 흡열성이 높은 반응으로 핵자당 ~2MeV의 에너지를 흡수한다(헬륨이 철로 역전이가 일어날 때 핵자당 ~2MeV가 방출되는 것처럼). 에너지 손실은 아주 심각해서 폭축이 거의 자유낙하처럼 일어나게 한다. 계속되는 수축은 계속되는 온도상승을 수반하게 된다. 압력 또한 증가하지만, 수축을 억제하기에는 충분하지 못하다 ($\gamma_a < 4/3$). 광자가 충분한 에너지를 지니게 되어서 헬륨핵을 양성자와 중성자로 깨뜨리기에 충분할 때까지 수축은 계속된다. 이 반응은 아주 큰 에너지 흡수, 약 6MeV,를 수반하기 때문에, 중심핵은 계속 수축을 한다. 결국 밀도는 자유 양성자가 자유전자를 포획하여 중성자로 변화하기에 충분할 만큼 커지게 된다. 이런 과정이 에너지를 흡수할 뿐만 아니라 입자의 개수를 감소시키기도 한다. 그래서 압력은 감소하고, 핵폭축은 계속된다.

마지막으로 전자가스에 비슷한 성질을 가진 중성자가스는 축퇴된다. 이는 $10^{18}kg/m^3$ ($10^{15}g/cm^3$)의 밀도에서 일어나는데, 폭축을 정지시키기에 충분한 압력을 생성한다. 중성자핵이 형성되는데 원자핵과 비슷한 밀도를 지니고 있으며, 직경이 40km 정도되는 거대한 하나의 핵이다. 이미 초신성폭발을 야기하는 메카니즘으로 철의 광분해와 연관된 불안정성을 제안한사람은 Hoyle이란 천문학자로, 1946년에 이미 제안하였다.

연습문제 9.1

(자유낙하로)폭축하는 중심핵이 균일한 밀도를 유지한다고 가정하고(동질수축), 운동방정식의 해가 $|v| \propto r$이 됨을 보여라.

연습문제 9.2

항성중심핵의 자유낙하 폭축이(균일한 초기밀도) 동질적임(homologous)을 보여라

중심핵이 폭축을 하는 동안과 폭축 후 수백 ms 지난 후 항성의 바깥층에서는 무슨 일이 일어날까? 이 질문에 답하기 위해, 우리는 항성의 에너지 대차대조를 해본다. 분명히, 초신성 폭발의 에너지원은 중력에너지이다 : 질량이 $M_c \sim 1.5M_\odot$인 핵이 초기 백색왜성의 반경, $R_c(\sim 0.01R_\odot)$에서 중성작 핵의 최종 반경 $R_{nc} \sim 20km(\ll R_c)$으로 폭축할 때 방출되는 에너지는

$$\Delta E_{grav} \approx -GM_c^2\left(\frac{1}{R_c} - \frac{1}{R_{nc}}\right) \approx \frac{GM_c^2}{R_{nc}} \approx 3\times 10^{46}J. \tag{9.1}$$

이 된다. 핵과정에서 흡수된 에너지는

$$\Delta E_{nuc} \approx 7MeV\frac{M_c}{m_H} \approx 2\times 10^{45}J, \tag{9.2}$$

이 되는데, ΔE_{grav}의 1/10정도 된다. 모든 물질을 중심핵 바깥으로 방출하고, 방출되는 물질들에게 엄청난 속도를 부여하면서 관측되는 거대한 광도를 생성시키기에 충분한 에너지가 남아있다. 복사에너지는 전형적 광도로 $L_{SN} \sim 10^{37}J/s(\sim 3\times 10^{44}L_\odot)$를 가정하고, 전형적 주기를 $\tau_{SN} \sim 1yr$를 취하여서 추정될 수 있다.

$$\Delta E_{rad} \approx L_{SN}\tau_{SN} \approx 3\times 10^{44}J. \tag{9.3}$$

이 값이 과대추정 되었다 할지라도, 방출된 에너지의 수 % 밖에 되지 않는다. 비슷한 양의 에너지가 (거의 대부분)느슨하게 속박되어 있는 표피를 방출하는데 요구될 것이다 :

$$\Delta E_{bind} \approx \frac{GM_c(M-M_c)}{R_c} \approx 5 \times 10^{44} J, \tag{9.4}$$

전체 항성질량이 $M \sim 10M_{\odot}$ 정도 되고, 이와 비슷한 량이 방출되는 물질의 높은 팽창속도를 공급하는데 충분하다고 가정하면,

$$\Delta E_{kin} \approx \frac{1}{2}(M-M_c)v_{\exp}^2 \approx 10^{45} J, \tag{9.5}$$

을 얻는데, 여기서 관측으로부터 유도된 $v_{\exp} \sim 10,000 km/s$를 대입하였다.

두 개의 질문이 즉시 나온다 : 첫째는 만일 방출되는 에너지의 작은 일부가 초신선 폭발을 야기시키는데 충분하다면, 나머지 에너지는 어디로 가는가? 둘째로(수십년 동안 천체물리학자들에게 수수께끼로 있었는데) 표피에 요구되는 에너지를 저장하는 메카니즘은 무엇인가? 이들 질문에 대한 답은 서로 연관이 되어있으며, 우리가 언급해야 하는 전체적인 초신성과정에 영향을 주는 주된 요인 중의 하나를 포함하고 있다. 이것이 바로 중성미자인데, 어떤 약한 상호작용과 관계되어서 렙톤수가 보존이 된다(2.6절을 보라).

본질적으로 철중심핵이 중성자핵으로 변하게 되면서, 철핵에 포함되어있던 모든 양성자들은 약한 상호작용을 겪게 된다. 그래서 10^{57}개의 중성미자가 방출되면서 $\sim 10^{46} J$의 에너지를 빼앗을 수 있다. 두 번째 질문은 이제 중성미자 에너지의 작은 일부가 어떻게 폭축하고 있는 중심핵을 둘러싸고 있는 표피에 전달되는 가하는 것이다. 물질은 보통 중성미자에는 아주 투명하다는 것을 명심해보면, 이는 매우 복잡한 질문임이 밝혀졌다. 그러나 엄청난 중성미자 흐름양과 비정상적으로 높은 밀도가 포함된 것이었다면, 무시하지 못할 중성미자 불투명도가 형성된다는 것이 알려졌다. 일부 중성미자 에너지는 딱딱해진 중성자 중심핵에 되튀겨지는 표피층에서 흡수되어지고, 그래서 바깥쪽으로 밀쳐진다. 초신성폭발에서 에너지가 중성미자에 의해 맨틀로 전달되는 것과 마찬가지로 초신성 폭발의 1차 에너지원으로서 중력에너지의 방출은 1966년에 Stirling Colgate 와 Richard White에 의에 처음으로 제안되었고 연구된 바 있다. 최근의 수리적 모의실험은 아주 효과적인 컴퓨터에서 거대하고 다차원적 계산을 수행하였는데, 아주 성공적으로 관측적인 초신성 폭발현상을 설명해주고 있다.

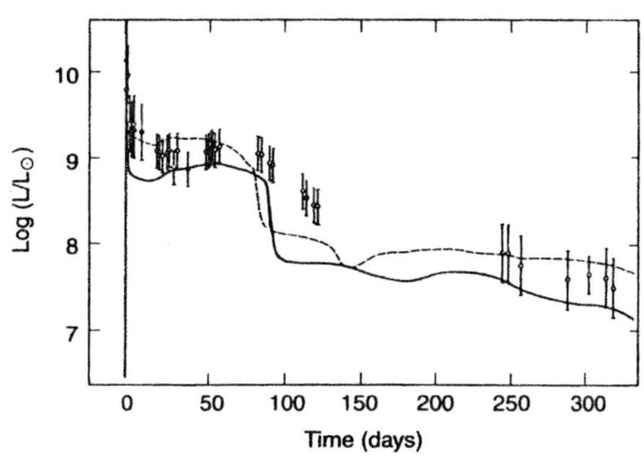

그림9.4 $15M_\odot$인 초신성에 대해 계산된 모델결과의 광도곡선을 SN1969I의 관측과 비교해본 결과. 모델은 폭발에너지의 크기에서 차이가 난다 : $1.3\times10^{51} erg$(실선)과 $3.3\times10^{51} erg$(점선)[A.J. Weaver & S.E. Woosley (1980), Ann. NY Acad.Sci., 336]

폭축된 중심핵 경계로부터 전파되는 충격파가 수소가 풍부한 표피 표면 전반에 걸쳐 일어날 때 초신성이 확 타오르기 시작한다. 우선, 온도는 너무 높아서 대부분의 에너지가 UV영역에서 복사가 되지만, 아주 빨리 표피가 팽창하게 되어서 온도는 천체가 가시광선으로 관측될 정도로 떨어진다. Type II 초신성의 전형적 광도곡선은 그림 9.4에 제시되었는데, 이 그림에서 계산된 모델들이 관측된 자료점들과 겹쳐져있다.

중심핵의 폭축에 의한 중성미자 생성이론을 시험해 보기 위한 유일한 기회가 우리은하와 170,000 광년 떨어져 있는 이웃은하 큰 마젤란성운에서 1987년 2월에 폭발한 초신성(SN 1987A로 알려짐)에 의해 주어졌었다. 그 초신성에 의해 생성된(170,000년 전에) 중성미자 몇 개가, 정확하게는 추정된 $10^{13}/m^2$중에서 20개, kamiokande 검출기(8.3절)와 오하이오의 소금광산 지하 1570m에 있는 IMB검출기에서 검출이 되었다. 두 개의 잘 분리된 검출기에서 처음 검출한 것은 시간 결정 정확도내에서 거의 동시였으며, 전체 중성미자 포획사건은 12초 지속되었다. 검출기가 북반구에 놓여있으므로, LMC에서 나온 중성미자가 아래로부터 검출기에 도달하기 전에 지구를 통과하였다는 것은 주목할 만하다. 초신성이 보여지기 전 수시간전에 생성되었을 것이라고 이론은 주장하는데, 왜냐면 폭축이 일어나고 표피가 전형적인 초신성광도를 생성하는데 충분하기까지는 약간의 시간이 걸리기 때문이다. 핵의 폭축과 연관된 중성미자가 처음으로 발견된 것을 제외하고도, SN1987A는 또 다른 의미에서 독특하다 : 이는 그 원조별이 동정이 되고, H-R도에서의 위치가 알려진 최초의 초신성(지금까지는 유일한) 초신성이다($\log T_{eff} = 4.11 - 4.20, \log L = 5.04$). 질량은 $\sim 18M_\odot$ 정도임이 알려졌는데(아마 $20M_\odot$를 약간 넘는 초기질량을 지닌 별로부터 진화됨), 이는 분출과 나중 분출 특징과 아주 잘 일치한다. 최고밝기근처의 초신성이 그림 9.5에 제시되었다. 원조별의 위치도 같이 표시되었다. 우리가 알고 있는 다른 모든 초신성들은 그들 원조별과 구별해내기에는 너무 멀거나 또는 너무 늙었다.

9.3 초신성 폭발하는 동안 핵합성

아마 초신성폭발에서 자주 중요하고 오래 가는 결과는 중원소의 생성(헬륨보다 무거운)과 그들의 성간물질로 분산되는 현상이다. 이들 원소들은 폭발에 앞선 단계가 진행되는 동안(철 핵을 둘러싸고 있는 층)과 폭발단계 동안 모두에서 생성이 된다. 폭발단계에서는 맨틀을 휩쓰는 충격파의 결과로 생성된다. 대부분의 충격파 에너지는 열로 바꾸어지는데, 이는 온도를 $5\times10^9 K$에 도달하는 피이크값까지 증가시킨다. 그런 높은 온도에서는 수초의 시간규모에서 (역학적 시간규모) 열핵 통계적 평형이 이루어진다(4.7절을 보라). 주된 생성물은 철보다는 ^{56}Ni이 되는데, 이는 열핵반응이 더 느릴 때 낮은 온도에서 얻어진다. 그 이유는 핵연료는 $Z/A\approx\frac{1}{2}$이 되기 때문이다. 시간은 β붕괴가 일어나서 양성자와 중성자비를 바꾸기에는 너무 짧기 때문에, ^{56}Ni에 대해서도 $Z/A\approx\frac{1}{2}$이 성립되어야 하는 반면, ^{56}Fe 에 대해서는 $Z/A\approx\frac{26}{56}<\frac{1}{2}$가 성립해야 한다. 충격파가 바깥으로 움직이면서 에너지는 손실이 되고 온도도 감소된다. 충격파가 질소-산소층에 도달했을 때 온도가 $\sim2\times10^9 K$이하로 떨어지는데, 이 때 폭발적인 핵합성이 중지된다. 그래서 마그네슘보다 더 무거운 원소들은 초신성 폭발이 진행되는 동안 생성되는 반면, 더 가벼운 원소들은 폭발이전의 단계에서 생성이 된다.

초신성 모델의 다른 특징적 질량들과 함께 분출된 질량에 대해 추정된 값들을 표 9.2에 제시하였다. 초신성의 분출물은 주로 수소와 헬륨이 주 구성성분인 성간구름과 혼합되고, 그래서 은하의 (우주의) 원소함량이 변하게 된다. 이 점을 다음 장에서 다시 다루게 될 것이다. 여기에서는 단지 계산된 방출물의 함량비 패턴과 태양계의 함량비 패턴이 일치하는 것이 현저하다는 것만 언급한다. 이런 일치는 중요한 7개의 서로 다른 원소들만을 고려할 때는 더욱 잘 일치한다.

6.1일의 반감기를 갖은 방사성동위원소인 ^{56}Ni의 생성은 초신성 광도곡선에서 현저한 효과를 나타내고 그래서 관측에 의해 확인될 수 있다. ^{56}Ni붕괴의 산물은 ^{56}Co인데, 이 원소역시 77.1일의 반감기를 가진 동위원소로서 ^{56}Fe으로 붕괴한다. 이런 β붕

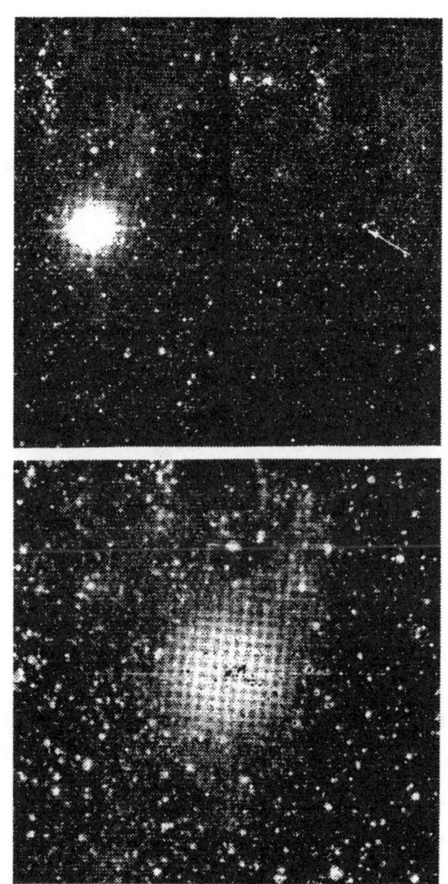

그림9.5 위 : LMC에서 방출이 일어나기 전과 후의 SN1987A. 아래 : 초신성이 발견되고 난 1개월 후인 1987년 3월에 찍은 LMC에서의 SN1987A. 수년전에 찍은 사진이 겹쳐졌다. 초신성의 원조별의 영상이 시선방향에서 다른 두 개의 별들과 혼동이 되어서 원형으로 보이지 않는다[저작권 : Anglo-Australian 천문대 ; 사진 : D. Malin]

괴는 에너지를 방출하여서 (^{56}Fe에 대해 $3.0 \times 10^{12} J/kg$이고 ^{56}Co에 대해 $6.4 \times 10^{12} J/kg$) 최대밝기로부터 떨어진 후에도 초신성광도곡선에 에너지를 제공해준다. 붕괴율과 에너지 방출은 고유시간규모에서 지수함수적으로 감소하기 때문에 광도곡선의 감소율과 비교해볼 수 있다. SN1987A에 대해, 그림 9.6에 보였듯이 관측과 모델계산값은 잘 일치하게 된다. 만일 초신성까지의 거리가 알려졌다면(SN1987A의 경우처럼), 생성된 ^{56}Ni의 양이 추정될 수 있다(SN1987A의 경우 $0.075 M_{\odot}$). 이 효과는 Type I 초신성의 광도곡선에서 분명한 효과인데, 여기서는 질량의 상당부분이(거의 전체 원조별이) 폭발적인 핵합성에 의해 ^{56}Ni로 변하게 된다. ^{56}Ni붕괴와 ^{56}Co붕괴가 이 경우 광도곡선을 지배하게 된다. Type I 초신성의 전형적인 광도곡선을 그림 9.7에 제시하였다.

표9.2 초신성모델의 특징적 질량들(단위는 $M_\odot$)

Intial Mass	*Helium Core*	*Iron Core*	*Neutron Core*	*Ejected*($Z \geq 6$)
15	4.2	1.33	1.31	1.24
25	8.5	2.05	1.96	4.31

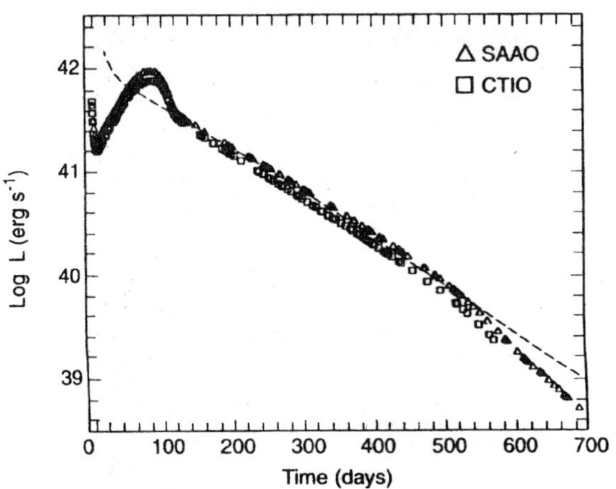

그림9.6 SN1987A의 광도곡선. 점들은 Cerro Tololo Inter-American Observatory(CTIO)와 SAAO에서 관측한 관측점들이다. 점선은 $0.075 M_\odot$의 56Ni붕괴와 56Co붕괴를 가정했을 때 모델계산에서 얻어지는 결과이다[D. Arnett et al.(1989), Ann. Rev. Astron. Astrophys., 271].

현재 진행되는 핵합성과 우리은하 전체에 계속되는 핵 잔재물이 분산되고 있다는 것을 알려주는 최근 관측에서는 성간물질에서 ^{26}Al이 발견되었다. ^{26}Al은 $7.2 \times 10^5 yr$의 반감기를 지닌 방사성 동위원소이다. 원자와 마찬가지로 핵은 양자화된 에너지준위를 지니고 있기 때문에 그들 고유의 스펙트럼을 지니고 있는데, 여기에 포함된 에너지는 크기계수가 3이상으로 더 크다. 흥분된 핵은, 흥분된 원자처럼, 광자를 방출하는데, 광자에너지는 핵에너지준위사이의 에너지차이에 상응하는 에너지가 원자의 경우 eV(또는 keV)인데 반해 MeV에서 측정된다.

알루미늄 방사성 동위원소는 여기된 상태에서 높은 온도에서 핵반응에 의해 생성된다. ^{26}Mg으로의 붕괴는 1.8 MeV의 광자를 방출하는데, 감마선 스펙트럼에서 관측이 된다. 이 스펙트럼의 관측은(적당한 관측장비를 탑재한 인공위성에 의해), ^{26}Al이 $10^6 yr$전보다 빠르지 않은 때에 상당히 많이 생성되었음을 보여주는데, 이 시간 규모는 항성진화 규모에서 아주 짧은 시간이다. 더구나 부산물의 흔적이 운석에서 발견되었다. 이는 핵합성과 중원소 분산과정이 태양계가 형성된 $4.6 \times 10^9 yr$전에 일어났다는 것을 의미한다.

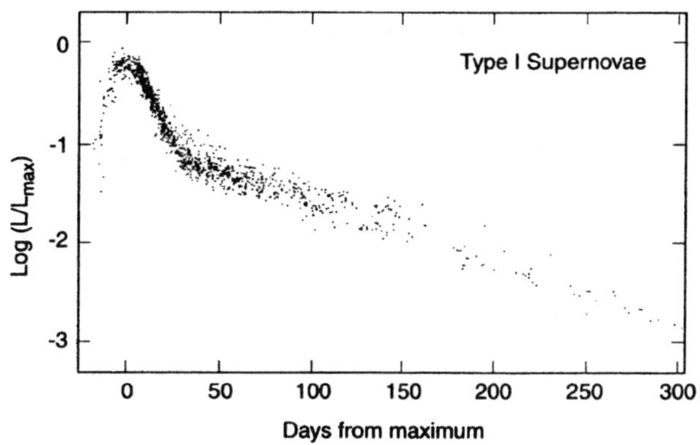

그림9.7 38개의 Type I 초신성의 합성 광도곡선(최대가 일치함을 보이기 위해 합쳐놓았다) [R. Barbon et al.(1973), Astron. Astrophy., 25].

9.4 초신성의 자손 들 : 중성자별-펄서

초신성폭발에서 표피가 밖으로 내몰리면서, 중성자 핵은 중성자별이 된다. 중성자별과 같이 그런 이색적 별들의 존재는 Lev Landau에 의해 이미 1932년에 처음으로 제안되었다(저 자세하게는, Landau는 원자핵이 임계값을 초과하는 별안에서 아주 가깝게 접해질 때 "하나의 거대한 핵"을 형성할 것이라고 언급했다). 초신성에서 야기되는 이런 결과는 곧바로 Walter Baade 와 Fritz Zwicky에 의해 1934년 제안되었고, 첫 번째 물리적 모델은 Robert Oppenheimer 와 George Volkoff에 의해 1939년에 제안되었다. 지배적인 상태방정식은 축퇴된 전자가스에서의 경우와 비슷한데, 이때 n=1.5 폴리트롭(5.4절을 보라)이 사용되었는데, 상대론적 효과가 무시될 때 이는 질량과 반경 사이에 $R \propto M^{-1/3}$의 관계를 보인다. 예를 들어 $1.5M_\odot$의 중성자별은 15km의 반경을 지니게 될 것이다. 그래서 백색왜성이 지구와 같은 크기이기 때문에, 중성자별의 직경은 큰도시보다 크지 않다. 축퇴된 전자가스의 경우에서처럼, 상태방정식의 상대론적 한계가 중성자별 질량의 상한값을 제공해준다(5.4절에서 유도한 백색왜성에 대한 챤드라세카 한계질량과 동등하게). 이 임계질량 위에서, 중성자별은 더 이상 자체 중력과 균형을 이루기에 충분한 압력을 만들어내지 못하게 될 것이고, 그래서 폭축이 일어난다. 중성자의 경우에는 그러나, 이 한계질량을 추정하기가 더 어렵다. 식 (5.32)에 전자의 경우 $\mu_e = 2$를 대입하는 대신 중성자의 경우 $\mu_n = 1$을 대입하여 얻어진 $5.83M_\odot$은 두 가지 이유로 더 이상 맞지 않다. 첫째, 상대론적 중성자가스에서 입자들의 운동에너지는 정지질량에너지와 비슷하고, 그래서 뉴튼의 중력이론이 더 이상 성립하지 않고 아인쉬타인의 일반상대성이론(1915)이 대신 사용되어져야 한다. 두 번째는 가스는 완전가스가 아니고, 입자는 더 이상 높은 중성자별 밀도에서 (서로 상호작용하지 않는)자유입자로 간주될 수 없다. 입자간 거리는 강력영역의 크기이다. 그래서 핵력이 고려되어져야 하고, 상태방정식은 계산되기에 더욱 어렵다. 첫 번째 보정은 상한값을 $0.7M_{\odot}$ 아래로 낮춤에도 불구하고, 두 번째 보정은 이 값을 상승시킨다. 그래서 사용된 상태방정식에 종속되어, 중성자별 질량의 상한값은 $2M_{\odot}$와 $3M_{\odot}$ 사이에 놓인다고 추정된다. 다행이도 이 한계값은 심각한 제한들을 포함하지는 않는데, 왜냐면 질량이 큰 별의 철중심핵은 $2M_{\odot}$를 크게 능가하는 것처럼 보이지 않기 때문이다(표9.2를 보라). 원칙적으로는 적어도 아주 질량이 큰 (중성자)중심핵이 블랙홀로 폭축한다는 세 번째 마지막 단계가 극도로 질량이 큰 별의 마지막 단계로 가능한 것 같다.

지금까지 고려된 모든 경우에서, 서로 다른 천체들이 그들이 이해되기 이전에 이미 관측되었다. 그런 천체들은 주계열별, 적색거성, 백색왜성, 행성상성운, 여러형태의 변광성들, 신성, 초신성들이다 - 그러면서 그 천체들이 증명되면서 많은 잘못된 호칭들이 있었다. 반면 중성자별은 이론적인 가상천체로서 처음 알려졌다. 그리고 1967년에 매우 중요한 발견이 아주 우연하게 이루어졌다. 캠브리지의 새로운 전파망원경으로 Anthony Hewish의 지도를 받고 있던 박사학위 학생 Jocelyn Bell은 아주 높고 규칙적인 주파수로 변광하는 전파원을 발견했는데, 이는 가까스로 1초정도 되는 주기를 가진 최초의 전파원이다. 이들은 맥동하는 별이란 말을 줄인 펄서라 불리는데, 펄스를 더 자세히 분석함을 통해 펄서가 아주 밀집된 은하내의 천체인데, 백색왜성보다 더 작고 밀도도 크다는 것이 곧바로 인정되었다. 이 발견의 영향을 강조하기 위해 "펄서의 발견에 결정적인 역할을 한 공로"로 1974년 노벨 물리상이 Hewish에게 주어졌다(이 상은 전파천문학에 선구적인 연구를 한 공로로 Martin Ryle과 나누어졌다). 이런 이상한 천체에 대한 설명이 곧 이루어졌음에도 불구하고, 또 다른 호칭의 오류를 저지하기에는 빠르지 못했다. 펄서는 맥동하는 별이 아니다. 우리가 이야기할 수 있는 한, 펄서는 초신성폭발시 형성되는 자전하는 중성자별로서, 1968년 Thomas Gold에 의해 제안되었다.

펄서와 초신성과의 관계(펄서가 알려지자마자 Hoyle에 의해 제안됨)는 유명한 게 펄서의 발견으로 널리 인정되게 되었는데, 게 펄서는 0.033초의 주기를 지니고 있으며, 게성운의 중심에 놓여있으며, 1054 초신성잔해로서 이미 동정된바 있다. 또 다른 초신성 잔해 펄서는 Vela 펄서인데, 0.089초의 주기를 지니고 있고, 10,000년 전에 일어난 초신성의 퍼져진 성운 내에서 그후 곧바로 발견되었다.

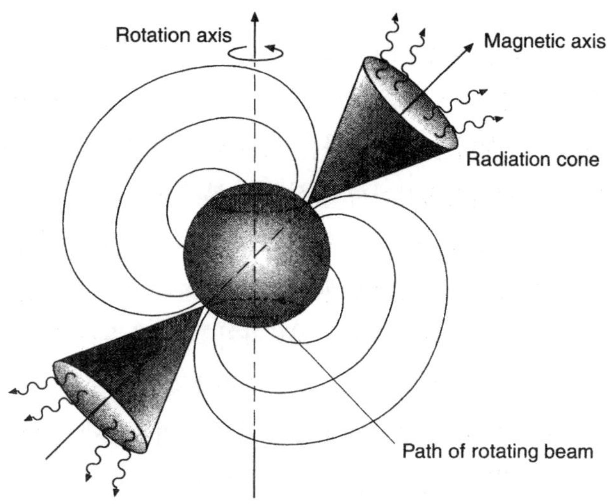

그림9.8 펄서의 등대모델에 대한 스케치

펄서를 초신성 폭발의 생존자인 중성자별로 동정하고 나서, 우리는 이제 펄서 메카니즘에 대해 알아보자. 이 메카니즘에는 자전과 자기장의 두 요소가 작용하는데, 이 둘은 초신성 중심핵이 폭축을 하는 과정에서 대단히 커지게 된다. 모든 별들이 자전한다는 것을 고려하면, 아주 천천히 그리고 별로 중요하지 않게 자전한다 할지라도, 우리는 각 운동량 보존법칙을 폭축하는 중심핵에 적용하여 중성자별의 예상되는 자전율를 추정해낼 수 있다. 폭축하는 중심핵이 맨틀에 약하게 결합되어 있기 때문에 이들간의 각운동량의 전달은(있다할지라도) 무시될 정도이다. 태양은 27일의 주기로 자전한다는 것을 안다. 이 주기 $P_\odot$가 초신성 전의 중심핵 질량 M_c같이 태양과 같은 질량을 지닌 별의 $1R_\odot$ 천체라고 가정하자. 상응하는 각 운동량*은

$$L \approx \frac{2\pi M_c R_\odot^2}{P_\odot}. \tag{9.6}$$

의 크기로 주어진다. 만일 각운동량이 보존되는 반면, 중심핵은 $R_{ns} \approx 20km$ 정도의 중성자별로 변한다면, 중성자별의 자전율은

$$P_{ns} = P_\odot \left(\frac{R_{ns}}{R_\odot} \right)^2 \approx 2 \times 10^{-3} s, \tag{9.7}$$

이 되어 가장 빠른 펄서의 펄스주기정도가 된다.

그러나 자전 하나로만으로 맥동되는 복사를 발하기에는 충분하지 않다: 등대의 빔과 같이 관측자쪽으로 주기적으로 향하는 빔이 요구되어진다. 여기에 자기장이 작용

---

* 역자주 : 여기서 L은 광도가 아닌 각 운동량이다.

하는데, 자기장은 폭축되면서 10^8T로 강해지는데 이는 태양자기장보다 멱급수지수의 9배 정도 되며 백색왜성보다는 멱급수지수의 4배 정도 크다. 하전된 입자들은 자기장에 의해 가속이 되고, 가속되는 하전입자는 복사를 방출한다. 이런 종류의 복사는, 강한 자기장의 특징인데, 입자가속기에서 생성되는 복사를 싱크로트론이라 부르듯이, 정식으로 싱크로트론복사라 불린다. 싱크로트론복사는 주로 전자에 의해 생성되고, 자기력선이 가장 집중되어있는 자기극방향에서 가장 강하다. 그래서 중성자별에 의해 방출되는 싱크로트론복사는 자기장의 (쌍극자) 자기축의 극주위에서 두 개의 복사깔대기에서 발생되는데, 그림 9.8에 나타내었다. 자전축과 자기장축이 일치되어 있다면, 중성자별은, 복사깔대기 내에 놓여있는 관측자에게 보여지는데, 일정한 광원으로 보일 것이다. 그러나 축이 일치될 이유가 없다- 예를 들자면 지구에서도 자기축과 자전축이 일치하지 않는다. 축들이 일치하지 않는다면, 우리는 별이 자전하는 주기로 하늘에 뿌려지는 회전하는 빔을 보게 된다. 펄서는 일정한 방향에서 복사를 내기 때문에 우리는 그런 천체들이 우리에게 가까이 있다하더라도 관측하지 못하는 경우가 있음이 언급되어져야 한다.

펄서의 에너지원은 무엇인가? 아마 놀랄만한 대답은 운동에너지이다- 회전하는 운동에너지는, 원래는

$$\Delta E_{rot} \approx \frac{1}{2} M_c \frac{4\pi^2 R_{ns}^2}{P^2} \approx 5 \times 10^{45} J, \tag{9.8}$$

이 되는데, 이전 예에서의 값들을 이용하였다[에너지원이 폭축의 중력에너지인 이 에너지는 사실 초신성의 에너지 대차대조, 식(9.5)에 더해져야 하지만, 어떤 결론도 변화시키지 않을 것이다]. 사실, 우리은하에서 수천 개의 펄서가 발견되었고, 또 가장 늙은 펄서가 상당히 긴 주기에서 관측된 요즘은 펄서의 주기가 시간에 따라 증가한다는 사실이 알려졌다(Gold가 예측한 바와같이). 이 사실은 자전율이 느려진다는 것을 의미한다. 관측된 자전율의 느려짐에서 유도된 자전에너지감소율, $-\dot{E}_{rot} \propto \dot{P}/P^3$,는 맥동된 복사의 방출율보다 멱급수의 지수의 몇배 정도를 능가하며(게성운에서는 $\sim 10^7$), 그래서 대부분의 에너지는 다른 메카니즘으로 방출된다. 간단하게 말하자면, 자전축과 쌍극자 자기축과 일치하지 않은 채로 자전하는 자기 쌍극자의 자기장이 급속하게 변화하는 현상은 강한 전기장을 발생시켜서 자전주기에서 전자기복사를 발생하는데, 이를 자기쌍극자복사라 부른다.

펄서의 자기쌍극자복사 메카니즘은 게성운에 에너지를 제공하는 바로 그 에너지원 특히 상대론적 전자들에 기인한 성운에 의해 방출되는 복사의 부분에 관계되어 오랫

동안 지속된 수수께끼를 푸는데 도움을 준다. 그런 전자들이 초신성폭발시에 생성된다 할지라도, 그들은 그 에너지를 아주 오래전에 복사했어야 한다. 더구나, 초신성 방출물질을 침투하여서, 이들 전자들을 가속시켰을 수 있는 초기 자기장은 성운이 팽창하면서 상당히 약해졌을 것이다. 게성운의 펄서에 대해 $-\dot{E}_{rot} \sim 10^5 L_{\odot}$이 성립하는데, 이는 게성운의 복사와 팽창을 설명하는데 요구되는 일률에 아주 근접한 값이다. 자전주기의 느려짐이 자기쌍극자복사의 방출에 기인한다면, 상대론적 전자들은 자전하는 펄서가 급속히 변화하는 것과 관련된 거대한 전기장의 부산물이다. 펄서 복사와 또 펄서로부터 성운에 에너지전달은 아직 잘 이해되고 있지 못하지만, John Archibald Wheeler 와 Franco Pacini는 게성운의 펄서가 발견되기 바로 전에, 자전하는 중성자별의 자기쌍극자복사에 의해 에너지가 게성운에 공급되었을 것이라고 제안하였다.

알려진 펄서와 그들에 대해 추정된 수명으로부터 평균펄서 생성율이 유도될 수 있다: 이는 수십 년에 한 개정도임이 알려졌는데, 이는 초신성 폭발율에 아주 근접하다. 이런 관측은 펄서가 초신성과 관계된다는 간접적이지만 독립적인 확증이다.

마지막으로, 이들의 에너지원이 소모되기 때문에 ($10^5 - 10^6 yr$정도 후에), 펄서 역시 잊혀질 운명을 지니고 있다.

9.5 아주 질량이 큰 별들과 블랙홀

$M \geq 60M_{\odot}$(또는 어떤 추정에서는 $M \geq 80M_{\odot}$)인 별들은 그들의 진화여정에서 다른 형태의 불안정성을 만난다. 간단한 수소연소과정 후에, 보통처럼, 헬륨연소가 일어난다. 이런 별들에서 헬륨연소는 주로 산소 (높은 중심핵온도가 이루어진 것에 기인하여)를 만들어내고, 그래서 탄소보다는 산소가 그 다음 연소하는 핵연료가 된다. 산소는 $30M_{\odot}$가 넘는 중심핵에서 $\sim 2 \times 10^9 K$의 온도에서 점화된다. 이 온도에서 광자에너지는 순간적인 전자-반전자 쌍생성을 일으키기에 충분하다(4.9절을 보라). 이온화와 광분해와 같이 쌍생성은 단열지수를 4/3의 안정성 한계 아래로 감소시키고, 그래서 6.4절에서 토의된바와 같이 역학적 불안정성을 일으킨다. 중심핵(또는 그중 일부)은, 그 질량이 중성자별의 한계질량을 초과하는데, 폭축하게 되고, 그래서 블랙홀이 역학적 시간규모에서 형성된다.

블랙홀에 대한 설명은, 사실 그런 천체의 개념만을 설명하려해도, 온전히 일반상대성이론에 근거를 두는데, 이는 본 교과서의 수준을 넘는 것이다. 간단한 논증조차도 주어진 별의 반경이 너무 작아서 탈출속도가 빛의 속도가 될 때 특이한 일이 일어나야한다는 것을 의미한다는 것을 언급하는 것으로 충분할 것이다. 이 한계반경은, 쉬바르츠실드 반경으로 알려졌는데,

$$R_{Sch} = \frac{2GM}{c^2} \simeq 3\frac{M}{M_\odot}km. \tag{9.9}$$

로 주어진다(비범한 통찰력을 가지고, 라플라스는 1795년에 이 어려움을 지적하였는데, 이 시기는 뉴튼이 중력에 대한 고전적 이론을 발표한 후 1세기 정도 후이며, 또한 아인쉬타인의 상대성이론이 발표되기 1세기 전이다). 고전역학은 중력장이 $r \leq R_{Sch}$ 일 때 광자가 탈출하지 못하게하는 그런 엄청난 중력장을 설명할 수 없는데, 왜냐면 광자는 질량이 없지만, 거기에 대한 세부적인 정보가 결여되었기 때문이다. 이것이 블랙홀의 미지에 대한 직관적 설명이다.

중심핵이 폭축을 하면서, 별의 바깥층들은 초신성폭발로서 방출이 된다. 초신성 폭발이 Type I 형태 인지 또는 Type II 형태인지, 또는 두 형태와 달라지는지에 대한 것은 아직 확실하지 않다. 진화계산의 결과들은 초기 진화과정에서의 질량손실율같은 아직 결정되지 않은 상수들에 종속된다. 예를 들어, 그런 별이 폭발이 일어나기 전 수소가 풍부한 표피질량 모두를 손실하게 될지 또는 일부분만 손실하게 될지도 분명하지 않다. 그래서 우리는 안내자로 관측에 의존할 수밖에 없는데, 우리가 간단히 보게 되겠지만, 매우 질량이 큰 별은 잘 탄생되지 않고, 더욱이 그들의 수명은 극도로 짧아서, 그들이 태어나자마자 곧바로 나이가 들면서 죽어가기 때문이다. 그 이름이 나타내주듯이 그 잔재로서 블랙홀은 또한 관측하기 힘들게 된다. 우리는 곤경에 처하게 되었다. 우리는 왜 우리가 블랙홀을 관측하지 않는지 설명할 수 있다 할지라도, 우리가 보지 않는 현상을 설명할 수 있다는 것을 확신할 수 없다. 관측으로 시험해 보거나 확증할 수 없는 이론은 추구해 볼 가치가 없는 것처럼 보인다. 그럼에도 불구하고, 몇몇의 경우에 블랙홀(그런 항성질량)의 존재에 대한 거부할 수없는 확증이 존재하는데, 이런 확증은 이런 천체들이 그들 주위에서 생성하는 강한 중력장과 관계된 현상에서 추론되어졌다. 그런 현상은 물론 항성의 상호작용을 포함하기 때문에, 그런 연구는 홑별의 진화를 다루는 본 교과서 범주를 넘어선다.

9.6 물질모임광도와 고에너지 복사원들

항성진화의 토론에서 우리가 항성의 상호작용을 배제한 것은 사실이다. 이들은 그 자체로 한 연구분야(이론)를 형성한다. 그러나 홑별이 허공에서 발견되지 않을 뿐 아니라(우리가 시작할 때 가정했던 것처럼), 낮은 밀도의 물질이 있는 성간물질에서도 발견되지 않는다는 사실의 결과로 많은 천문학적 현상들이 알려졌다. 우리가 이런 성간물질이 그 속에 파묻혀 잇는 별의 진화에 어떤 영향을 주고 있다는 추정이 되지 않을 때는, 항성상호작용을 일으키는 그 물질을 다루지 않았다는 점에서 본 교과서는 불완전하다. 분명, 별은 주변의 물질들 일부를 끌어 모을 것이다. 질량방출의 결과가 알려졌기 때문에, 질량모임의 반대효과가 자신의 중요한 결과를 지닌다는 것을 발견하는 것에 놀라면 안 된다.

질량 M과 반경 R을 지닌 별이 무한대로부터 질량소 δm을 끌어모을 때, 그 (음수의)중력위치에너지는

$$\delta E_{grav} = \frac{GM\delta m}{R}.$$

만큼 감소한다. 만일 물질모임이 시간간격, δt에서 일어난다면, 평균 중력에너지방출, $\dot{E}_{grav} = \delta E_{grav}/\delta t$ 은 평균 물질모임율, $\dot{M} = \delta m/\delta t$에 비례한다 :

$$\dot{E}_{grav} = \frac{GM\dot{M}}{R}. \tag{9.10}$$

만일 별이 열적 평형을 유지한다면, 이 추가의 에너지는 밖으로 복사될 것이다. 그래서 물질모임광도가 물질모임과정과 관계되어 정의될 수 있다.

$$L_{acc} = \dot{E}_{grav} = \frac{GM\dot{M}}{R}. \tag{9.11}$$

분명히, 별의 중력장이 클수록, 그 물질모임광도도 커진다. 그래서 예를들면, $1M_\odot$의 별의 질량이 $10^{10}yr$동안 두 배가 된다면(우주의 나이에 견줄만하다), 평균물질모임율은 $\dot{M} = 10^{-10}M_\odot/yr$가 될 것이다. 주계열별은 그래서 $GM_\odot\dot{M}/R_\odot \approx 3\times10^{-3}L_\odot$이 되어, 그런 별의 보통 광도에 비해 무시될 수 있다. 백색왜성에 대해서는, 결과로 생기는 광도가 수백 배는 더 커져서, $0.1L_\odot$의 몇배 정도 되는데, 이는 전형적인 백색왜성 광도보다 훨씬 크다. 중성자별에 대해서 이 광도는 $100L_\odot$에 도달하는 반면, 블랙홀에 대해서는(물질모임반경이 R_{Sch}된다고 가정할 때) $1000L_\odot$ 정도까지 달하게 된다.

물질모임율은 결과적으로 나타나는 광도가 에딩턴 임계광도보다 더 낮다는 요구에 의해 제한된다. 그렇지 않으면, 입사되는 물질에 작용되는 복사압은 물질들을 뒤쪽으로 밀어내게 되어 물질이 모이는 것을 방해하게 될 것이다. 복사압이 우세해지면서 광도는 임계값에 도달하게 되고, 그래서 별의 속박에너지가 0이 되는 경향이 있다는 것을 회상해보자. $L_{acc} < L_{Edd}$의 조건은, 식 (5.37)에 의해

$$\dot{M} < \frac{4\pi cR}{\kappa}, \tag{9.12}$$

을 이끌어주는데, 이는 전자산란 불투명도에 대해

$$\dot{M} < 10^{-3} R/R_{\odot} \qquad M_{\odot} yr^{-1}. \tag{9.13}$$

이 된다. 물질모임율은 질량에 관계없이, 단지 별의 반경에만 의존한다는 것에 주목하자.

결론적으로, 약간의 물질모임율이라도 (상한값보다 아주 작은)세 가지 형태의 밀집성들이 상당한 광도를 방출하게 할 수 있다. 어떤 종류의 복사가 그런 상황에서 기대될 수 있을까? 추가 중력에너지를 복사함으로서, 열적 평형을 유지하기위해서 별은 그 표면온도를 조절해야 한다. 입사하는 물질의 중력에너지는 표면 경계층에서 흡수되는데, 이곳의 온도는 T_b가 되며 흑체복사로 그 에너지를 재방출 해버린다. 밀집성들은 딱딱하기 때문에, 그 반경은 거의 영향을 받지 않는다. 그래서 T_b는

$$T_b = \left(\frac{L_{acc}}{4\pi R^2 \sigma}\right)^{1/4} = \left(\frac{GM\dot{M}}{4\pi R^3 \sigma}\right)^{1/4}. \tag{9.14}$$

에 의해 추정될 수 있다. 상한값은 오른쪽 항에 식(9.13)의 $\dot{M}$에 대한 임계값을 대입하면 얻어지는데, 이는 T_b가 $\dot{M}$에 대한 종속도가 낮다는 관점(1/4의 거듭제곱)에서 합리적인 추정을 제공해준다. 백색왜성의 경우, 우리는 $T_b \approx 10^6 K$을 얻게 되고, 중성자별의 경우에는 $T_b \approx 1.5 \times 10^7 K$, 그리고 블랙홀의 경우 $T_b \geq 3 \times 10^7 K$을 얻는다. 이들은 밝은 UV, X-선, 그리고 감마선원들로 나타난다. 실제로 그런 광원들이, 인공위성에 탑재된 첨단 관측장비들이 이미 밝혀냈듯이, 우리 은하 (그리고 은하를 너머서)에 아주 풍부하다.

그래서 그렇지 않으면 관측되지 않았을 불 꺼진 밀집성들이 물질모임에 의해 활력을 되찾게 될 수 있다. 사실, 물질모임은 아주 다양하고 흥미 있는 현상들을 제공해주지만(이색천체들의 전반에 걸쳐) 우리가 다루지 않았던 항성진화의 간단한 원리들은 변하지 않으며, 또 이들이 홑별 들의 자세한 진화과정을 설명해주었듯이, 쌍성계의 진화를 설명하는데 아주 성공적으로 적용될 수 있다.

10 항성 삶의 순환

10.1 성간물질

사실상 홑별은 빈 공간에서 고립되어서 진화하는 것으로 간주될 수 있기는 하지만, 이 별은 아주 큰 항성시스템(은하)의 구성원일 뿐 만 아니라, 가스와 티끌로 구성된 성간물질에 파묻여 있다. 이들 배경물질(주로 가스)은, 우리 은하에서, 은하질량의 수%, $10^9 M_\odot$,에 달하고, 두께가 10^3광년 이하이고, 은하중심평면에서 직경이 $\sim 10^5 ly$ 인 아주 얇은 원반에 집중되어있다(1광년 $= 1ly \simeq 9.5 \times 10^{15} m$). 평균밀도는 아주 작은데, $1cm^3$당 입자 한개 정도로, $10^{-21} kg/m^3 (10^{-24} g/cm^3)$ 정도의 질량밀도에 해당한다 ; 지상의 실험실에서는 이정도면 완전한 "진공"으로 간주될 수 있다. 별이 형성되는 원료로서 은하가스에서 우세한 성분은 수소인데, 질량의 70% 정도를 기여한다. 수소는 지배적인 온도와 밀도에 따라 분자형태(H_2), 또는 중성(원자)가스 (HI) 또는 이온화가스(HII)형태를 지닌다. 나머지 물질의 대부분은 헬륨으로 구성되어있다. 성간물질은 균일하게 퍼져있지 않고, 성운이라 불리는 가스나 티끌의 구름에 존재한다. 우리는 이미 그런 성운의 특별한 종류들을 접했다 : 행성상 성운과 초신성 잔해. 이들 팽창하는 성운들은, 그러나, 상대적으로 짧게 살고, 성간물질로 확산되고 난후에는, 그들 물질은 다른 더 큰 물질들과 혼합해버린다. 입자밀도가 $1cm^3$당 수천 개에 달하는 상당히 밀도가 높은 구름이 있고, $1cm^3$당 하나보다 낮은 입자밀도를 지니는 흩어진 성운 간 물질도 있다. 성간물질은 아주 풍부하고 다양하여서, 거기에 대한 연구를 아주 흥미롭게 한다.

성간물질의 온도를 이야기할 때는, 가스의 운동온도를 말한다. 성간물질을 채우고 있는 복사는, 그 안에 있는 방대한 양의 별에 의해 방출되는데, 항성내부에서처럼 가스와 평형을 이루지 않는다. 그럼에도 불구하고, 이 복사가 가스온도를 결정해 준다. UV 광자는 수소원자를 이온화시키고, 그 결과 나오는 자유전자는 이온과 충돌하게 된다.

성간물질에서 입자의 평균자유거리는 전체 태양계시스템의 직경과 비슷한 $10^{13}m$정도가 된다 할지라도, 이는 $\sim 10^{-3}ly$정도 밖에 되지 않아, 수십 광년에서 수백 광년되는 전형적인 구름 크기의 미미한 단편에 불과하다. 그래서 열역학적 평형이 사실 가스에 대해 형성되고, 온도는 그래서 의미 있는 개념이다.

뜨거운 별(질량이 큰 주계열별)을 둘러싸고 있는 부분 이온화된 가스구름은 수십 광년에 걸친 영역에서 10^4K 크기의 온도에 도달할 수 있다. 그런 영역까지 퍼지는 것은 이온화 평형을 요구함으로서 얻어진다 : 단위 시간당 그리고 단위체적당, 흡수되는 이온화하는 광자의 수가 재결합하는 수와 같아야 한다. 성간물질의 HI영역은 (원자형태의 수소에 의해 방출되는 유명한 21cm 전파의 발견으로 동정되었는데)50-100K의 온도를 지닌다. 대략적으로, 서로 다른 구름 내에서 압력은 비슷하다(중력적으로 속박되어 있지 않은 차가운 구름은 그들의 내부 압력에 대하여 성간물질의 뜨거운 가스성분에 의해 유지되는 것이 가능하다). 그래서 밀도는 온도에 반비례한다. 차가운 구름에 대한 전형적인 입자밀도는 $\sim 10^7 - 10^8/m^3$이고, 뜨거운 구름에 대해선 $\sim 10^5/m^3$이다. 중성수소의 차가운 구름과 이온화 수소의 뜨거운 구름 외에도, 온도가 $10K$으로 낮아질 수 있으며, 밀도는 $1-3\times10^8/m^3$ 이상이 되는 거대하고, 밀도가 높으며 티끌이 풍부한 분자구름이 존재한다. 그들의 질량은 $10^6M_\odot$에 도달할 것이며, 그 크기는 100광년 정도 된다. 이곳이 별이 탄생하는 거대한 가스구름이다.

10.2 별의 탄생

별이 탄생하는 과정은 현대천체물리의 첨단 문제 중의 하나이다. 우리는 성간구름 조각이 별로 변화하는 복잡한 단계들을 다루는 것이 아니라, 단지 조각화의 기본적인 현상에 대한 문제만 다룰 것이다.

성간 가스구름은 때때로 섭동을 받게 되는데, 그 섭동은 예를 들어 옆에서 초신성폭발이 일어날 때 생기는 충격파로 전파되거나, 또는 다른 구름들 간의 충돌에 의해 기인된다. 일정한 온도를 지니고 있고, 유체정역학적 평형에 놓여있는 낮은 밀도의 이상기체를 고려해보자. 어떤 곳에서 임의의 섭동이 밀도 높은 한 영역을 생성해낸다면, 이 지역에서의 중력이 증가된다. 가스압력 또한 증가될 것이지만, 유체정역학적 평형이 유지될 정도의 양이 되지는 못한다. 섭동의 결과는 그 지역의 동역학적 안정성에 따라 달라진다. 우리의 목적은 주어진 질량 M을 포함하고 있는 체적 V(간단히 말해 구형으로 가정될 수 있다) 영역에 대한 안정도 조건을 유도해 보는 것이다. 반경(특성거리)를 R이라 표시하면, 8.4절에서 해본 것처럼, 우리는 부분적 비리얼정리(2.4절의 식(2.24)를 이용하여,

$$\int PdV = P_s V + \frac{1}{3}\alpha\frac{GM^2}{R}, \tag{10.1}$$

을 얻는데, 여기서 P_s는 주변가스에 의해 발휘되는 그 영역 경계면에서의 압력이고, α는 1정도 크기의 상수이다(고려되는 영역의 질량분포에 따라 달라진다). 우리는 이상기체 상태방정식을 정의할 수 있는데 [식(3.28], 이는

$$\int PdV = \frac{R}{\mu}T\int \rho dV = \frac{R}{\mu}TM. \tag{10.2}$$

이 된다. 식(10.1)과 식(10.2)를 조합하면,

$$\frac{R}{\mu}TM = P_s V + \frac{1}{3}\alpha\frac{GM^2}{R}. \tag{10.3}$$

을 얻게 된다. 이제 P_s와 V가 양수의 양이어서, 그래서 분명 식(10.3)의 왼쪽 항이 오른쪽항의 두 번째 항보다 크게 되면, 이는

$$R \geq \frac{\alpha}{3}\frac{\mu GM}{RT}.$$

를 뜻하게 된다. 전체구름이 다 포함되었을 때 등호가 성립한다. 임계값 (크기) R_J는 그래서

$$R_J = \frac{\alpha}{3}\frac{\mu GM}{RT}, \tag{10.4}$$

로 다시 정의될 수 있는데, 진스반경이라 부른다. Sir James H. Jeans는 이런 종류의 불안정성을 처음으로 연구한 사람이다(1902년에). 이 값은 가스구름 내에 주어진 질량 M을 포함하고 있으며, 온도 T가 되는 안정된 영역의 크기에 대한 하한값이다. 이 한계값 아래에서의 수축은 섭동된 영역의 붕괴를 야기한다. 가스압력은 중력과 균형을 일으키기에는 충분하지 않다. 반대로, 우리는 주어진 체적영역 내에서 유체정역학적 평형에 놓일 수 있는 질량에 대한 상한값인 진스질량, M_J를 구할 수 있다. $\rho_{av} = M/V$일 때,

$$M_J = \left[\left(\frac{3}{4\pi}\right)^{1/2}\left(\frac{3}{\alpha}\right)^{3/2}\right]\left(\frac{RT}{\mu G}\right)^{3/2}\frac{1}{\sqrt{\rho_{av}}} \approx 10^5\frac{T^{3/2}}{\sqrt{n}}M_\odot, \tag{10.5}$$

이 되는데, 여기서 n은 $1m^3$당 가스입자수이다.

식(10.5)에 은하 내 가스성운의 T와 n에 대한 전형적인 값을 대입하면, 진스질량은 태양질량의 수천 배에서 수만배 정도 되는 것을 알 수 있는데, 이는 개별적인 별들보다는 성단에 더 전형적인 값이다. 보통 성간구름은 이 한계값 아래의 질량을 지니고 있어서 그들은 안정상태에 있다. 단지 거대한 가스나 티끌혼합체들만 붕괴되는 경향이 있다. 그런 규모로 붕괴가 일어나면, 문제는 그것이 어떻게 진행되며, 또 그 붕괴가 결국 정지될 것이냐의 여부이다. 이것이 항성형성이론의 중요한 문제 중의 하나이다.

붕괴하는 구름을 고려해보자 : 밀도와 온도 모두 증가하여서, 임계질량의 값이 변화될 것이다. 진스질량이 증가하면(냉각이 충분히 되지 못해서), 우리는 두 개의 가능성을 만나게 된다 : M_J의 증가가 안정성 판단기준을 만족시키기에 충분해서, 붕괴가 정지되거나, 또는 M_J가 구름질량보다 아직 작아서 붕괴가 계속된다. 반면 M_J가 감소된다면(냉각이 충분히 일어나서), 안정성 판단기준의 위배가 더 심각해진다. 이제 구름 내에 있는 영역이 안정성 판단기준을 어기고 붕괴하기 시작하면서, 구름의 조각화 현상이 일어난다. 이런 파편화 과정은 더 작은 크기로 계속되면서, 항성질량크기로 떨어지게 될 것이다. 그런 계층적 모델은 1953년 Hoyle에 의해 제안되었다. 가능한 상황들 중 어떤 상황이 실제 일어날 것인가 하는 것은 붕괴 특성시간($1/\sqrt{G\rho_{\rm av}}$ 정도 크기인 구름의 역학적 시간규모)과 냉각(열적) 특성시간사이의 비율에 따라 결정된다. 구름밀도가 항성들의 밀도보다 상당히 작기 때문에, 이런 특성시간은 서로 비슷하고, 그래서 붕괴가 포함된 과정들의 정확한 수치를 구하는 것이 요구된다. 구름 조각들이 점차 밀도가 높아지고 뜨거워지면서, 결국 불투명하게 되고 냉각이 효과없이 된다. 어떤 점에서 진스질량이 증가하기 시작한다. 그래서 국부적인 조건에 따라, 최소 진스질량이 존재하는데, 이 값은 수축해서 별이 형성되는 운명에 있는 구름파편의 하한값을 정의해 준다. 조각화의 도식적 설명이 그림 10.1에 제시되었고, 붕괴와 조각화 과정에 대한 관측적 확증이 그림 10.2에 보여 졌다.

연습문제 10.1

복사온도가 가스온도보다 낮다고 가정하고(왜냐면 열역학적 평형이 달성되기 위해 충분한 시간이 없기 때문에), 붕괴하고 있는 온도 T인 등온 가스구름의 최소진스질량을 구해보라.

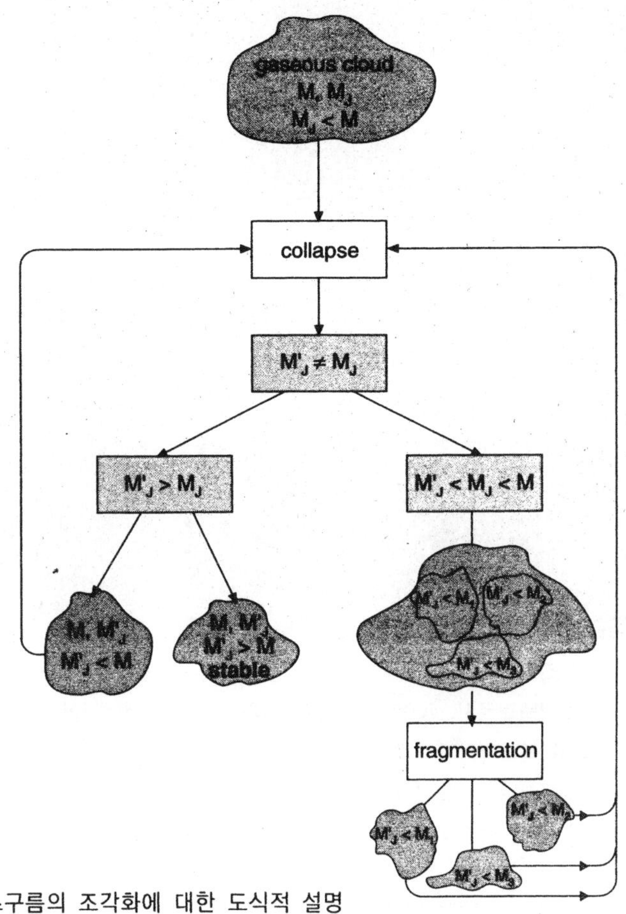

그림10.1 가스구름의 조각화에 대한 도식적 설명

항성질량영역의 질량을 가지고, 자체중력에 의해 일어나는 가스구름의 조각화는 탄생될 별의 핵으로 간주될 수 있다. 물질모임이 일어나면서 방출되는 중력에너지는 열에너지로 바뀐다. 밀도와 온도의 증가는 가스의 불투명도를 커지게 한다. 수축하는 가스가 자신의 복사에 대해 불투명해질 때 항성태아단계에 도달하게 되고, 형성되는 별의 내부와 외부 경계를 정의하는 광구가 형성된다. 유체정역학적 평형이 도달되면, 항성태아는 원시별이 된다(8.1절). 결국 중심온도는 수소점화 한계에 도달하게 되고, 원시별은 별로 탄생되는데, 그 질량에 따라 H-R ($\log L, \log T_{eff}$)도의 주계열에서의 위치가 결정된다.

그림10.2 가스구름의 조각화에 대한 관측적 증거. 독수리 성운(M16)에 있는 별이 탄생하고 있는 구름과 가스기둥들로서, 7000광년 떨어진 곳에서 별이 태어나고 있다. 가장 긴 기둥(왼쪽)은 밑에서 꼭대기까지 1광년 정도 된다. 이 기둥에 묻혀있는 더 밀도높은 가스의 작은 덩어리들을 주목해 보자(사진 : J. Hesser & P. Scowen, Arizona State University, NASA 허블 우주망원경).

10.3 별들, 갈색왜성 그리고 행성들

핵연소의 점화를 유도하는 난류단계가 끝나고나면, 별이 수소점화를 일으킬 수 있는 능력이 있는가 여부는 별탄생과정과 관계가 없다. 그래서 우리는 원시별 구름이 $0.08M_{\odot}$ 인 낮은 항성질량한계보다 큰 질량을 지닌다고 예견할 수 없다. 실제, 추정된 최소진스질량은 낮은 항성질량한계보다 더 작은 크기이다. 그래서 작은 천체들이 별을 생성시키는 똑같은 과정을 통해 형성될 것으로 기대되는데, 단지 그들이 수소를 연소할 수 있게 되기 전에 냉각을 시작하게 된다. 그런 천체들이 관측되었고, 또는 그들의 존재가 쌍성계 동반별에 미치는 영향으로부터 간접적으로 추정되었다. 그들을 갈색왜성이라 부르는데, 결국 불이 꺼진 흑색왜성이 되는 일반적인 밝은 백색왜성과도 구분이 되며, 적색왜성이라 불리는 아래 낮은 쪽의 주계열과도 구분이 되는데, 적색왜성은 적색거성에서처럼 적색화된 사실에서 명명되었다. H-R도에서 갈색왜성은 하야시궤적에 나타나기는 하지만, 주계열로부터 더 낮은 유효온도로 진행을 바꾸어 버린

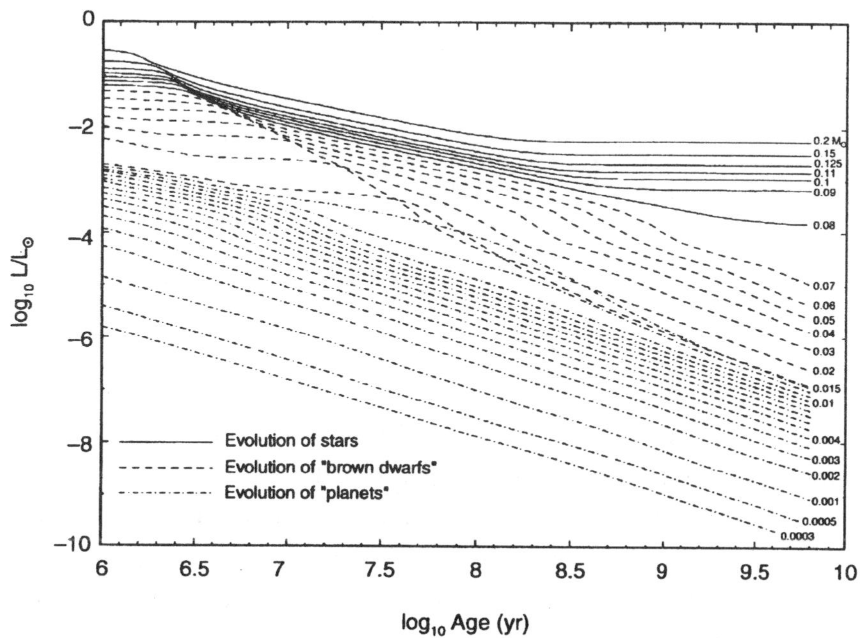

그림10.3 적색왜성(실선), 갈색왜성(장점) 그리고 행성(장점-단점)의 광도변화. 갈색왜성은 여기서 중소소가 연소된 천체로 확인되었다. 곡선들에 질량에 따라 표식을 붙였는데, 가장 낮은 세 개의 질량은 목성질량, 목성질량의 절반 그리고 토성의 질량이다[A. Burrows et al.(1997), Astrophys. J., 491]

다. $(\log T, \log \rho_c)$도에서, 그들은 다른 별들이 그렇게 하듯이 수축하고 가열하면서 시작하지만, 그들의 궤적은 수소연소 한계값에 도달하기 전에 축퇴로 휘어지게 된다. 결과적으로 그들은 거대행성처럼 행동한다. 그러나 행성들은 다른 방법으로 형성이 된다 : 그들은 아주 젊은 별을 둘러싸고 있는 항성주변원반으로부터, 더 커지는 입자들이 모여짐과 가스의 물질모임에 의해, 분리되어 나온다.

그래서 갈색왜성은 항성과 행성사이의 과도기적 천체들이다: 그들은 별처럼 탄생되었지만, 행성처럼 진화한다. 사실, 이들은 중수소를 빨리 연소하게 때문에 항성의 지위를 요구할 수도 있다(모든 별의 초기 화학성분에는 탄생초기부터 존재하는 아주 작은 양의 중수소가 있다). 0.0003-0.2$M_{\odot}$ 질량영역에 놓은 천체들의 모델계산에서 얻어지는 광도변화를 그림 10.3에 제시하였다. $10^6 yr$과 $10^8 yr$사이에 놓인 궤적의 편평한 부분은 중수소연소에 기인한다. 이 과정은 질량이 큰 별에서 아주 짧지만, 중수소 연소의 질량하한값인 $\sim 0.01 M_{\odot}$의 천체에서 $10^8 yr$이상 지속되게 된다. $10^8 yr$ 이후에는 이런 천체들 중에서 별들은 주계열에 자리 잡으면서 광도가 변하지 않는다. 이와 반대로 행성의 경우에는 광도가 끊임없이 감소한다. 갈색왜성은 일정한 광도의 짧은

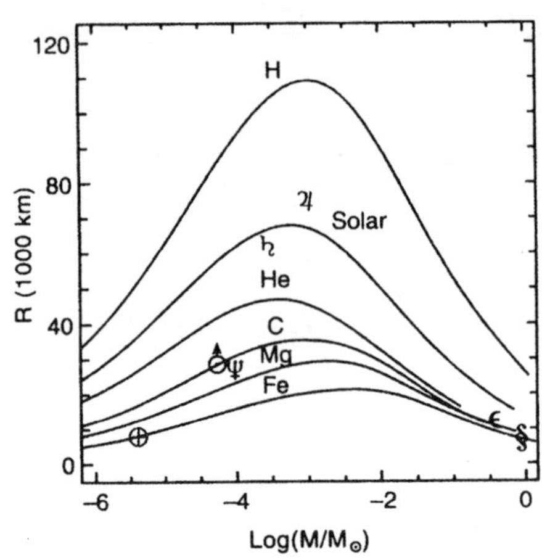

그림10.4 낮은 질량천체에 대한 질량-반경관계[H.S. Zapolsky & E.E. Salpeter(1969), Astrophys. J., 158]. 서로다른 곡선들은 표시된바와 같이 서로 다른 화학성분비이다. 여러 행성들(지구, 목성, 토성, 천왕성과 해왕성)의 위치들이 행성기호로 표시되었다. 또한 두 개의 백색왜성(Sirius B는 ξ, 40 Eridani B는 ϵ)의 위치도 표시되었다[D. Loester(1987), Astrophys. J., 322].

주기를 보이며, 중간 위치에서 약해지게 되면서 종말을 맞이하게 된다.

그래서 갈색왜성과 행성사이에 또 다른 차이점이 존재하는데, 이는 탄생에 의한 것이 아니라 핵연료를 연소시켰는지의 여부에 따라 생기는 차이점이다. 두 가지 천체에 대한 정의 모두(서로 관계없다 할지라도) 갈색왜성의 질량에 대해 비슷한 하한값, $0.01 \pm 0.003 M_{\odot}$을 제공해주는 것은 이상할정도이다. 이제 구조에 대한 차이점을 알아보자. 아주 작은 질량의 별들과 갈색왜성에서 내부 압력은 주로 전자의 축퇴압에 의해 공급되는데, 백색왜성이 완전축퇴에 훨씬 더 가깝고, 그래서 어떤 면에서는, 모델을 세우기에 더 간단하고, 그래서 수소보다는 더 무거운 원소들로 구성되어있다는 점을 제외하곤 백색왜성과 비슷하다. 축퇴압이 우세한 천체에서 반경은 질량이 감소되면서 증가한다는 것은 이미 살펴본바와 같다(5.4절). 그러나 그런 행동은 무제한적으로 일어날 수 없다. 예를 들어, 아주 더 복잡한 상태방정식에 의해 기술되는 지구형 행성에 대해 반경은 질량이 증가하면서 감소한다는 것을 우리는 안다. 그래서 질량의 함수로서 반경이 최대에 도달할 때의 질량이 존재한다. 자세한 상태방정식에 기인한 낮은 질량의 구에 대한 질량-반경관계가 그림 10.4에 나타내었다. 최대반경에 상응하는 질량은 목성의 질량과 아주 비슷하다는 것이 알려졌다. 그래서 목성의 질량, $M_J \approx 0.001 M_{\odot}$이 이들 두 천체들 사이의 경계로 간주될 수 있다. 실제 갈색왜성질량은 M_J의 단위로 제시되는데, 그 영역 $80 M_J$에서 시작하여 $10 M_J$아래까지(또는 그

아래까지) 낮아진다.

그러나 갈색왜성을 행성과 구분하는 위에 언급된 판단기준 중 어떠한 것도 관측적으로 적용될 수는 없다. 이들은 모두 역사에 근거하거나 또는 내부구조에 근거하고 있다. 갈색왜성을 확인하기위해, 우리는 스펙트럼 특징같은 표면특징을 명확하게 규명할 필요가 있다. 낮은 온도에서 불투명도가 분자와 티끌입자들의 형성에 의해 복잡하기 때문에, 이런 특징들을 결정하기가 어렵다. 사실, 이런 작고 희미한 천체들에 대한 관심은 행성과의 연관관계에 의해 일어나기 시작했는데, 외계생명에 대한 흥미 있는 질문에 대한 해답을 찾기 위한 시도 속에서, 현재 천문학연구의 초점에 놓여있다. 우리는 다양한 종류의 항성하위부류들을 분류하고 완전히 이해할 때까지, 무리가 생명의 근원에 대해 다루기 이전에, 이제 갈색왜성의 성질, 거대행성, 그리고 별과 행성의 형성에 대해 많은 것을 배워야 한다. 갈색왜성에 대한 관심이 증가하는 또 다른 이유는 이들이 "암흑"물질을 형성하면서 은하의 질량 대차대조에 잠정적으로 기여하고 있다는 것이다. 이런 기여가 상당히 크게 되기 위해, 그들의 숫자들이 상당해야 한다. 이것은 항성의 질량분포에 대한 문제를 야기시킨다.

암흑물질은 우리가 보지는 못하지만(어떤 파장에서도), 그러나 우리는 그들이 존재한다는 증거는 가지고 있다. 이 증거들은 주로 블랙홀의 경우에서와 마찬가지로, 그런 물질이 생성하는 중력장으로부터 나온다. 은하규모에서, 은하원반을 회전하고 있는 중심에서 먼 가장자리에 있는 빨리 움직이는 항성과 가스구름들에 의해 제공되는데, 만일 중력장이 보이는 물질로만 결정된다고 하면, 이들 물질의 케플러속도가 훨씬 작아야 한다. 그런 속도에서 이들 항성과 구름들은, 보이지 않는 물질 헤일로의 중력장에 의해 끌려지지 않는다면, 오래전에 흩어져 버렸어야 한다. 더 큰 규모에서, 비슷한 현상이 1930년에 Zwicky에 의해 지적되었듯이, 은하단에서 관측이 되었다. 은하단내에서 은하들의 임의의 운동들은 은하들을 흩어지게 하는 경향이 있는 반면, 상호 중력적 인력은 그들이 중심으로 떨어지게 할 것이다. 그래서 은하단 질량에 관계되는 임의의 속도에서 균형이 형성 된다(자체중력이 작용하는 가스에 빌리얼 이론이 적용되듯이, 2.4절 참조). 은하단 구성원에 대해 관측된 속도(도플러 편이에 의해 유도된)는 보이는 물질들로 유도한 속도를 훨씬 크게 능가함이 밝혀졌다. 그들을 은하단에 묶어놓기 위해 그들 자신의 질량보다 큰 질량이(10배 이상 큰) 요구된다. 그래서 "암흑"물질 문제라고 부른다.

10.4 초기질량함수

끊임없는 항성생성은 질량이 크고, 밝은 항성들의 수를 끊임없이 감소하게 하는 결과를 초래한다. 이들 별들이 은하시간규모에서 짧은 생애를 살고 사라지기 때문에, 이들의 상대 개수는 각 순간에 은하 내 가스양의 분수로 주어지는 양과 관련이 있다. 그래서 이들이 낮은 질량의 별과 같은 확률로 생성되었다할지라도, 질량이 큰 별들은 은하가 진화되면서 점차 드물어지게 된다. 질량이 큰 별이 탄생될 확률이 낮은 별이 탄생확률보다 작다면 이런 드물어지는 현상은 더 심화될 텐데, 이미 확률이 작다는 것이 밝혀졌다.

별탄생율이 은하의 나이나 위치와 상관없다고 가정하면, 주어진 체적내에 주어진 시간에 별이 탄생하는 수는, 주어진 질량영역 내에서, (M, M+dM), 단지 M의 함수가 된다 :

$$dN=\Phi(M)dM. \tag{10.6}$$

탄생율 $\Phi(M)$은 1955년에 이미 Salpeter에 의해 유도되었고,

$$\Phi(M)\propto M^{-2.35} \tag{10.7}$$

이 성립하기에 거의 변하지 않는다. 이와 관련된 초기 질량함수 $\xi(M)$은 다음과 같이 정의된다. (M, M+dM)내의 질량을 지닌 별에서 묶여있는 질량의 양은, 주어진 체적 내의 주어진 시간에 대해

$$MdN=\xi(M)dM, \tag{10.8}$$

이 되고, 식(10.6)-식(10.8)까지를 조합하면,

$$\xi(M)\propto\left(\frac{M}{M_\odot}\right)^{-1.35} \tag{10.9}$$

을 얻는다. 식(10.7)에 대한 반 경험적 유도는 태양주변에서 주계열별의 광도를 관측한 결과에 기인한다. 이때 주계열 별들의 광도영역을 여러 간격으로 나누고, 식(1.6)을 이용하여, 각 간격에서 광도를 지닌 별들의 수를 세어보고, 최종적으로 주계열과정에 머무는 시간이 M/L에 비례한다고 가정한다. 이 가정은 항성진화이론에서 나타내었듯이 별의 전체질량의 일정부분을 연소하자마자 주계열에서 떠난다는 것을 의미한다. 1950년대 초부터 관측자료들이 엄청나게 증가하고, 항성진화이론이 더 자세해졌음에도 불구하고, 결론은 크기의 멱급수지수가 2 이상 퍼진 질량영역, $\sim 0.3M_\odot - \sim 60M_\odot$, 에서 탄생율은 $\Phi(M)\propto M^{-1-\gamma}$의 형태가 되고, 여기서 $\gamma\approx 1.5\pm 0.3$이 된다는 것이

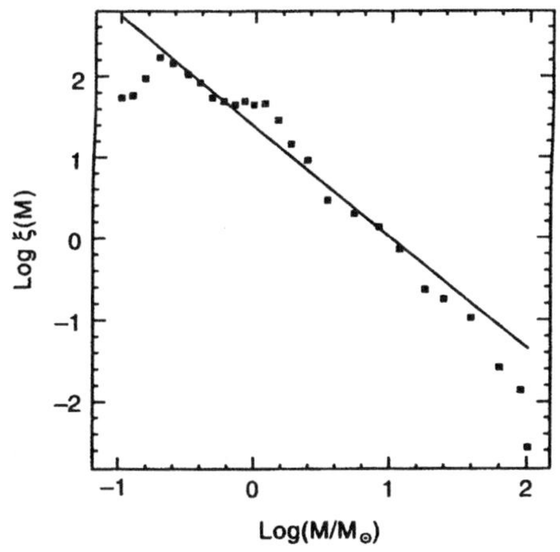

그림10.5 태양주변의 주계열별들에 대한 초기질량함수. Salpeter 기울기는 수직선으로 표시되었다 [자료출처 : N.C. Rana(1987), Astron. Astrophys., 184].

다. 태양주변의 은하원반 종족의 주계열별을 기초로 한 예가 그림 10.5에 제시되었다. 이런 경험적 별탄생율을 설명하려는 여러 이론들이 있지만, 일반적으로 받아들여진 이론은 없다.

낮은 질량의 끝에서 초기질량함수는 역 멱급수법칙이 식(10.9)와 상당히 달라져서, 거의 편평해졌다가, 질량에 따라 감소한다는 것에 주목해보자. 낮은 질량의 어두운 별들과 갈색왜성을 관측하여서 완전한 표본을 완성하는데 있어 어려운 점들은 이 영역의 탄생율을 더 불확실하게 만든다. 그러나 $M \leq 0.3M_\odot$인 천체들의 전체질량은 $M \geq 0.3M_\odot$인 별들의 전체질량의 20%도 안 된다는 사실은 이미 확실하다. 그래서 잃어버린 질량문제의 해답은 아마 다른 곳에서 찾아져야 할 것이다. 우리는 또한 최근의 관측들이 갈색왜성과 행성사이의 중간질량주변에 초기질량함수의 기울기가 뚜렷하게 변한다는 것을 보여준다는 사실을 언급해야 한다. 이는 이들 두부류의 천체들이 아주 다른 물리과정을 통해 형성되었나는 가성을 지지해준다.

초기질량함수의 도움으로, 별들과 그 주변 사이의 질량교환, 그리고 은하 내에서 항성분포에 대한 대략적인 추정이 가능하다. 예를 들어, 은하의 어떤 부분에서 주어진 시간에 형성된 별의 한 세대를 고려해보자. 이런 별이 한 세대를 지내는 동안 은하매질에 공급되는 질량의 양은 다음과 같이 계산되어질 수 있다. $M_{min} < M < M_{max}$ 영역의 질량을 지닌 별들에 초기에 묶여있는 질량을 ζ라 하면 다음관계가 성립된다.

$$\zeta = \int_{M_{min}}^{M_{max}} M dN = \int_{M_{min}}^{M_{max}} \xi(M) dM. \tag{10.10}$$

이 별이 진화과정도안 방출하는 질량의 초기질량과의 비를 R이라 표시한다. 9장에서 살펴본바와 같이, 초신성폭발로 그 삶을 끝내는 별들은 그들 질량의 80%이상을 방출해버린다. 대략 추정을 하기 위해, $M_{SN} \geq 10M_{\odot}$ 이상의 초기질량을 지닌 별들은 그들 전체 질량을 은하매질로 내놓는다고 가정한다. $M_{MS} \approx 0.7M_{\odot}$ 이하 초기질량을 지닌 별들은, 8.2절에서 우리가 본바와 같이 아직 주계열 단계에 놓여 있다. 이런 별들은 그래서 그들 초기질량의 아주 무시할 정도로 작은 부분만 질량손실 한다. 중간영역의 질량, $M_{MS} < M < M_{SN}$의 별들은, 주계열 단계와 백색왜성단계사이에 흐르는 시간이 아주 짧기 때문에(8.4절 - 8.7절), 즉시 백색왜성으로 변한다고 여겨질 수 있다. 이들 별들은 그래서 백색왜성질량의 잔해($M_{WD} \sim 0.6M_{\odot}$)를 제외한 모든 물질을 방출하게 된다. 결과적으로

$$R \approx \begin{Bmatrix} 1 & ; & M \geq M_{SN} \\ (M - M_{WD})/M & ; & M_{MS} < M < M_{SN} \\ 0 & ; & M \leq M_{MS} \end{Bmatrix}, \quad (10.11)$$

이 되고, 이런 과정을 통해 성간매질로 되돌려지는 질량은 다음과 같다.

$$\eta = \int_{M_{\min}}^{M_{\max}} \xi(M) R(M) dM = \int_{M_{MS}}^{M_{\max}} \xi(M) dM - \int_{M_{MS}}^{M_{SN}} \frac{M_{WD}}{M} \xi(M) dM. \quad (10.12)$$

성간매질로 방출되는 질량비는 식(10.12)을 식(10.10)으로 나누어주면 얻어지는데,

$$\frac{\eta}{\zeta} = \frac{\int_{M_{MS}}^{M_{\max}} M^{-1.35} dM - M_{WD} \int_{M_{MS}}^{M_{SN}} M^{-2.35} dM}{\int_{M_{\min}}^{M_{\max}} M^{-1.35} dM}, \quad (10.13)$$

이는 $M_{\min} = 0.1M_{\odot}$과 $M_{\max} = 60M_{\odot}$에 대해 $\sim 1/3$정도 된다.

연습문제 10.2

$M_{\min} = 0.05$, $0.2M_{\odot}$, 그리고 $120M_{\odot}$의 모든 조합에 대한 계산을 반복함을 통해, 항성 질량영역에서 η/ζ에 대해 위에 언급한 추정의 민감도를 시험해보라.

우리는 또한 성단같이 주어진 시간에 형성된 항성종족에서 주계열별의 수에 대한 백색왜성의 수를 추정해볼 수 있다. 성단의 H-R도에서 주계열의 위쪽 끝에 해당하는 질량, 전향점에서의 질량 M_{tp}만 알면 된다. 주계열별의 수는

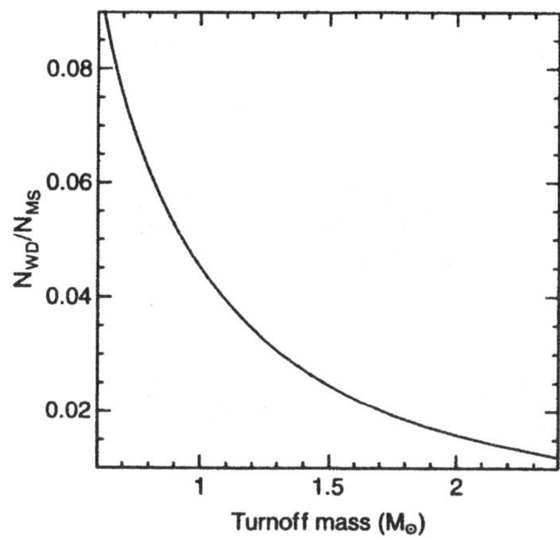

그림10.6 주어진 나이에 있는 별들에 대해, 백색왜성의 수의 주계열별의 수에 대한 비로서 나이는 H-R도에서 주계열별의 전향점에 해당하는 질량에 의해 주어진다(그림 8.5와 비교하라).

$$N_{MS}=\int_{M_{\min}}^{M_{tp}} dN=\int_{M_{\min}}^{M_{tp}} \Phi(M)dM. \tag{10.14}$$

으로 주어진다. 백색왜성의 수는 이전과 같이 주계열 상태에서 백색왜성으로 변화하는 것이 순간적으로 빨리 일어난다고 하는 가정을 통해 얻어진다.

$$N_{WD}=\int_{M_{tp}}^{M_{SN}} dN=\int_{M_{tp}}^{M_{SN}} \Phi(M)dM. \tag{10.15}$$

그래서 개수비는

$$\frac{N_{WD}}{N_{MS}}=\frac{M_{tp}^{-1.35}-M_{SN}^{-1.35}}{M_{\min}^{-1.35}-M_{tp}^{-1.35}}, \tag{10.16}$$

이 되는데, 이는 그림 10.6에 보여진바와 같이 수 %정도밖에 되지 않는데, M_{tp}의 함수 또는 성단 나이의 함수이다.

연습문제 10.3

성단의 밝기가 주로 주계열별이 합쳐진 광도에 의해 주어진다고 가정하자. 주계열에서 $1.3M_\odot$로부터 $0.85M_\odot$로 전향점이 이동할 때 성단의 밝기는 어느 정도 감소하는가 계산해보라.

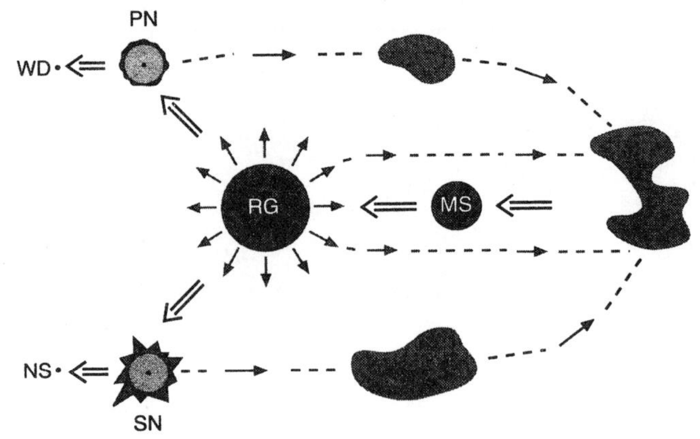

그림10.7 항성진화 사이클의 개략도

주계열 별의 개수에 대한 초신성(또는 이와 동등하게 중성자별)의 개수비에 대한 비슷한 추정은 10배보다 더 낮은 비율을 제공한다. 그러나 초신성은 성단의 초기진화동안 (항성질량이 M_{SN}인 별의 주계열 생활시간동안까지만)에만 보여질 수 있고, 그래서 만일 더 이상 항성탄생이 일어나지 않는다면 더 이상 항성의 폭발도 그 후에는 관측되지 않는 다는 사실을 명심하자. 항성질량에 기인한 변화뿐만 아니라 서로 다른 나이에 기인한 변화를 모두 설명하는 항성통계학는 훨씬 더 복잡한 계산을 포함하면서, 새로운 별개의 연구영역을 펼치게 되었다. 이는 아주 중요한 연구영역인데, 항성진화 이론들에 대한 많은 검토들이 통계적인 성질을 지닌다.

10.5 전체적인 항성진화의 순환

거시규모에서는, 항성진화 과정은 순환적인 과정이다. 별은 은하내의 가스성운에서 태어나서, 그 삶을 살아가는 동안 은하매질질에 그들이 일시적으로 잡고 있던 물질의 상당량을 방출한다. 이런 물질들이 성간물질과 혼합되어, 또다시 새로운 세대의 별 형성에 기여한다. 그런 과정이 그림 10.7에 보여 졌다. "새로운 세대"라는 개념은 약간 오류가 있는데, 왜냐면 우리는 항성의 생애가 초기 질량에 따라 크기의 4등급 정도 차이가 난다는 것을 보았기 때문이다. 그래서 질량이 큰 별의 아주 많은 세대들의 연속적으로 일어나는 것은 단지 낮은 질량의 별의 한 세대가 진행되는 시간과 같을 수 있다. 별들이 물질들을 성간매질로 보내는 여러 방법들이 그림 10.8의 사진들에 의해 보여지는데, 이 그림에는 신성분출에 의해 방출되는 껍질(신성은 6.2절에 간단히 언급되었다)이 질량이 큰 별에서 생기는 잘 알려진 항성풍, 또 다른 행성상 성운의 예, 그리고 초신성 SN1987A에 의해 방출된 껍질(9.3절)들에 추가되었다. 크기규모와 시간규모가 엄청나게 다름에도 불구하고, 이런 영상들이 뚜렷하게 비슷한 모습을 보이는 것을 볼 수 있다. 그러나 방출된 물질들은 물리적 과정들을 거치게 되면서, 그들의 화학적 성분비가 은하가스에 일반적인 화학성분비와 달라진다. 그래서 별들의 후기 세대들은, 태어날 때, 중원소(또는 금속)의 함량이 더욱 커지게 된다. 전체적인 진화과정의 생존자들은 밀도가 높은 밀집성(백색왜성, 중성자별, 그리고 블랙홀) 뿐만 아니라 갈색왜성과 낮은 질량의 주계열별들인데, 이들의 주계열별에서의 삶은 우주의 나이를 초과한다. 전체가스 보존양이 이런 조그맣고 아주 희미한 별들에 잡혀지는 마지막에, 별의 탄생은 멈추게 된다.

개별 항성진화의 결과로서 은하규모로 일어나는 주된 진화과정들은 다음과 같이 정리될 수 있다.

1. 자유가스의 양이 감소한다. 성운과 가스구름들은 드문드문 해진다.
2. 질량이 큰 별들의 상대적인 숫자가 어둡고 밀집된 별이 계속 형성되면서 감소하기 때문에 은하광도(개별 항성질량의 합)은 감소한다.
3. 화학성분비에 있어서는 중원소가 풍부해지는데, 이들은 별들에서 생성되었는데, 다양한 질량방출과정에 의해 은하로 되돌려졌다.

연습문제 10.4

우리은하내 가스의 상대적인 양을 시간의 함수로 나타낸 양을 $Y(t)$라 할때, 초기조건 $Y(0)=1$이 성립한다. 별탄생의 결과로 생기는 자유가스의 감소율이 Y^2에 비례한다고 가정하자. 만일 현재, $t=t_p$일때 가스가 전체 은하질량의 0.05를 구성하고 있다면, 이때의 $Y(t)$를 구해보라. 과거 언제 (t_p의 분수로) 자유가스의 질량이 전체질량의 절반이 되었었는가? 전체질량의 0.1배되었던 시간은 언제였는가? 가스질량이 현재값의 절반으로 감소하는 시간은 앞으로 언제인가?

은하물질에서 끊임없이 중원소함량이 풍부해지기 때문에, 새로 탄생한 별에서 이런 원소들의 상대 함량은 은하형성이 일어나고 지나온 시간에 따라 증가한다. 그들의 상당히 낮은 탄생율에도 불구하고, 중원소를 풍부하게 하는 지배적인 기여를 하는 것은

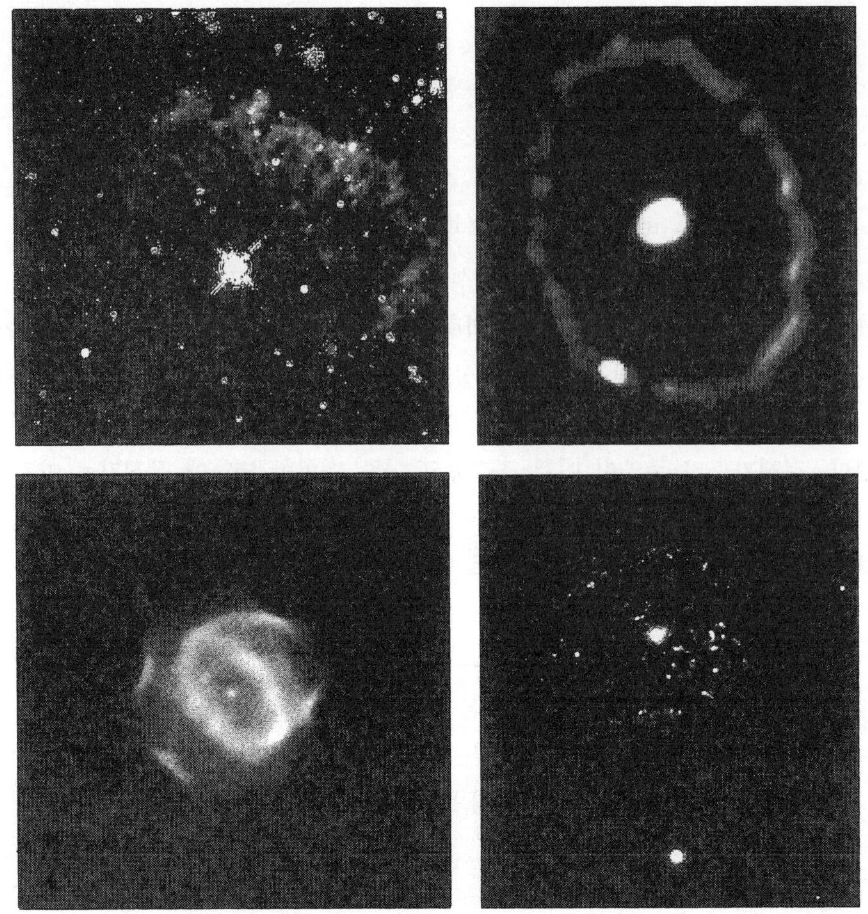

그림10.8 NASA허블 우주망원경으로 찍은 영상들이 보여주는 질량손실들. 왼쪽위 : 반경이 $\sim 4ly$ 까지 퍼지는 질량이 큰별($100M_\odot$으로 추정됨)에 의해 방출되는 성운[사진 : D.F. Figer, UCLA] ; 오른쪽 위 : SN1987A에 의해 방출되는 물질. 약 1.5ly정도 직경을 지닌 가스 고리가 초신성폭발전 $2\times10^4 yr$에 원조별에 의해 발출되었다. 그 중심에는 폭발 때 방출된 뜨겁게 달궈진 가스가 $3000km/s$의 속도로 팽창하고 있다[자신 : P. Garnavich, 하버드대 CfA] ; 왼쪽 아래 : 지금까지 알려진 가장 젊은 행성상 성운(Henize 1357)으로 0.1광년보다 작은 반경으로 팽창하고 있다[사진 : M. Bobrowsky, Orbital Science Corp.] ; 오른쪽 아래 : 신성 T Pyxidis에 의해 방출된 질량껍질들로 1광년 정도 직경을 가진 가스덩어리가 2000개 이상으로 구성되었다[사진 : M. Shara, R. Williams, & D. Zurㄷ, Space Telescope Science Institute ; R. Gilmozzi, ESO ; D. Prialnik, TelAviv University].

바로 질량이 큰 별들이다. 그 이유는 첫째 그들이 낮은 질량의 별들보다 초기질량에서 방출하는 비율이 높기 때문이고, 둘째, 그래서 이 높은 방출비는 상당히 큰 양의 질량이 되기 때문이며, 셋째 그 질량은 실제적으로 즉시 방출되기 때문이다. 서로 다른 질량의 별들이 성간 헬륨에 기여를 하고 다른 물리과정에 의해 금속함량이 풍부해지는 것을 그림 10.9에 나타내었다. 이는 은하 화학적 진화를 잘 유도하기 위해 초기질량함수에 의해 조정되어져야 한다. 은하매질의 중원소함량비는 일정하지 않다. 함량의 대부분은 초기에 풍부해지는데, 그래서 풍부해지는 비율은 시간이 지나면서 급격히 감소된다. 하나의 예로서, 우리는 태양의 나이는 우리은하 나이의 1/3정도 되는데, 중원소함량에 대한 질량비(금속함량비) Z는 0.02 정도 된다. 젊은 별들의 금속함량비는 0.04정도 되고, 가장 늙은 별들의 금속함량비는 0.0003 정도이다. 그래서 Z는 은하생애의 처음 2/3동안 100배정도 증가하고, 나머지 1/3동안 2배 정도만 증가한다.

초기 함량비의 변화는 점차적으로 일어남에도 불구하고, 화학성분비와 나이에 의해 별들을 두 개의 종족으로 나누는 것이 일반화 되었다 : 종족 I(Pop. I)과 종족 II(Pop. II). Pop I 별들은 젊고 금속이 풍부한 별들이다. Pop II별들은 늙었고 금속이 희박한 별들이다. 우리가 현재로부터 거꾸로 시간화살을 돌려간다면, 우리는 처음으로 Pop I 별들을 만나게 될 것이고, 그리고 Pop II에 속한 별들을 만나게 된다. 이는 종족을 구분하는 것에 대한 논리적 이유로 받아들일 수 있었다. 그래서 늙은 Pop I별은 Pop I과 Pop II사이에 형성된 별들이다. 때로는 종족 III 별에 대한 참고문헌들이 발견되는데, 이는 시간화살을 더 과거로 돌려서, 은하진화의 아주 초기쪽을 향하였을 때 발견되는 극한의 Pop II을 의미한다. 이때 Z는 감소하는데, 더 늙은 종족에서는 낮은 Z값이 해당된다.

그러나 별들은 상이한 종족으로 초기에 분류하는 것은, Baade에 의해 처음으로 도입된 1994년부터 시작되었는데, 초기 화학성분비를 근거로 한 것도 아니고 나이를 근거로 한 것도 아니다. 우리은하와 같이 전형적인 나선은하는 중심에 벌지(팽대부), 은하헤일로 그리고 평평한 원반분포로 구성된 구형의 항성분포를 이루는데, 이는 균일하지 않지만, 두 개의 나선팔로 나누어진다. 원반에 있는 별들은 Pop I별로 구성되어 있는 반면, 은하의 중심영역과 은하 헤일로를 구성하고 있는 구상성단내에 있는 별들은 Pop II로 구성된다. 위치, 나이, 그리고 화학적 성분비는 그래서 서로 연관이 지어진다. 대부분의 자유가스와 티끌들을 구성하고 있는 은하원반은 아직도 별탄생의 장소를 제공해주고 있다. 그래서 젊은 별들이 은하원반에 많이 분포되는 것이 이상하지 않다. 헤일로는 대부분의 물질들이 원반을 형성하기 전에 은하물질의 원래분포의 정보를 지니고 있는 유적이다. 여기에는 낡고 빠른 속도의 별들과 원반 형성 전에 탄생하여 아직도 높은 운동에너지를 지니고 있는 구상성단들이 있다. 서로 다른 종족의 별들에 대한 H-R도는 그들의 상대적인 나이에 대한 추론을 가능케 한다.

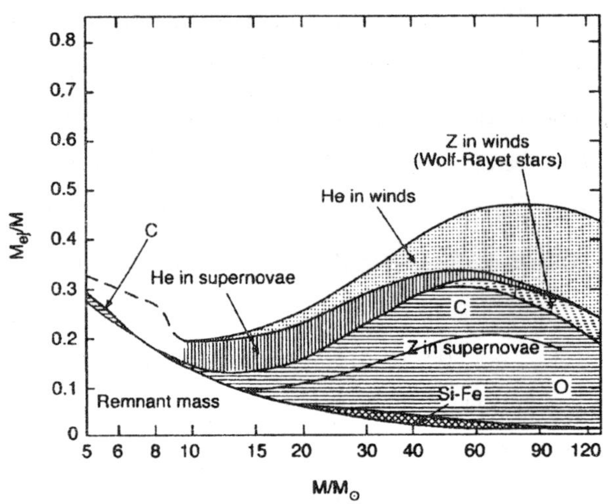

그림10.9 서로 다른 형태의 별들이 성간물질의 헬륨과 중원소양에 상대적으로 기여하는 정도 [C.Chiosi & A. Maeder (1986), Ann. Rev. Astron. Astrophys., 24 에서 발췌].

그러나 젊은 별에서라 할지라도, 중원소의 질량함량비는 몇 %정도밖에 되지 않는다. 반면, H-R도에서 서로 다른 금속도를 지닌 별들에 의해 나타내지는 진화경로가 약간 달라진다 할지라도, 이렇게 작은 양은 항성진화에 상당한 영향을 미치기에는 너무 작다. 반면에, 항성에 존재하는 중원소의 전체 양은 오히려 꽤 될 수 있다 ; 예를 들어, 태양에서 중원소의 양은 행성, 위성, 혜성, 소행성과 다른 별탄생잔재들을 포함한 전체 태양계의 질량보다 클 수 있다. 우리가 어디에 있든 이 양은 무시될 수 없다.

사실 상당량의 (원래)가스를 지니고 있는 거대행성을 제외하고는, 태양계에서 모든 다른 천체들은 원시태양계성운에 존재했던 중원소의 아주 작은 양으로 구성되어있다. 이런 원소들의 에너지원으로 핵연소라고 하는 것을 회상해볼 때, 우리는 우리 몸의 대부분의 원소들, 우리가 숨쉬고 있는 공기에 있는 원자들, 그리고 우리주변의 모든 물체를 구성하고 있는 원소들이 과거 언젠가는 하나의 별에 속해있었는데, 아마 십중팔구는 거대한 항성폭발을 경험하였다는 무시무시한 결론에 도달하게 된다.

부록 01

복사전달방정식

별의 중심에서 r떨어져 있고, 길이가 dl이며 단면적이 dS인 작은 실린더를 생각해 보자. 그 축은 반경벡터에 대해 θ의 각도를 지니고 있다. 이 실린더를 투영한 길이는 그래서 $dr = dl\cos\theta$가 된다(그림 A1.1 참조). 실린더 내에서의 복사는 에너지 보존이 된다. 우리는 $I(r,\theta)d\omega$가 θ방향주위에 입체각 $d\omega = 2\pi\sin\theta\ d\theta$에 의해 정의되는 깔때기 내부로 이동하는(단위시간당 단위면적당 에너지인) 에너지 흐름양으로 복사강도 $I(r,\theta)$를 정의한다. 복사는 서로 다른 주파수를 지닌 광자로 구성되어 있고, 물질과 복사간의 상호작용은 그 주파수에 의존하기 때문에, 우리는 단색복사강도 $I_\nu(r,\theta)$를

$$I(r,\theta)=\int_0^\infty I_\nu(r,\theta)d\nu \tag{A1.1}$$

로 정의하고, 각 주파수에 에너지 보존법칙을 적용한다.

dt의 시간간격동안에 복사에너지에 기여하는 성분들은 다음과 같다 :

1. 바닥에서 실린더에 입사하는 에너지 ;

$$dQ_{\in} = I_\nu(r,\theta)d\omega dSdt$$

2. 위쪽에서 실린더를 떠나는 에너지 ;

$$dQ_{out} =- I_\nu(r+dr,\theta)d\omega dSdt$$

사실, 실린더를 따라, 축과 복사방향사이의 각도는 감소하고, 그래서 꼭대기와 바닥사이에는 $d\theta$의 차이가 존재하게 된다. 간단하게 하기 위해, 우리는 이 차이를 무시하면, 이는 평면평행 어림과 비슷하게 된다(일반적인 경우에, 똑같은 기본 관계가 여기서 얻어지는 것과 똑같이 얻어지게 되는데, 논리적으로는 비슷하지만, 수학적으로는 약간 더 복잡하다).

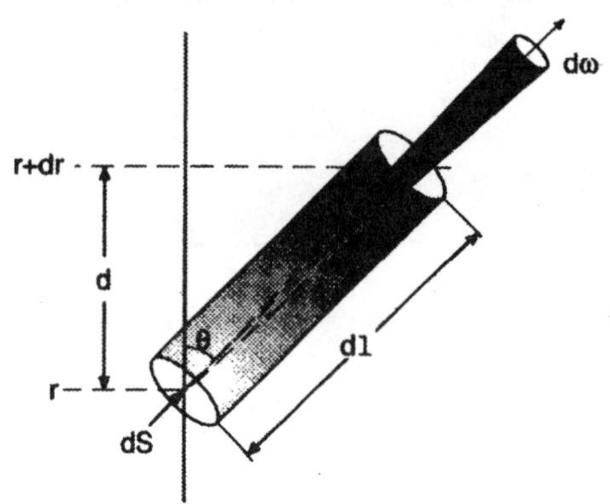

그림A1.1　항성 내에서 실린더형태의 체적소. 이 안에서의 복사에너지가 보존된다는 것으로부터 복사전달 방정식이 유도된다.

3. 실린더 내에서 흡수된 복사는

$$dQ_{abs} = -\kappa_\nu \rho I_\nu(r,\theta) d\omega dS dl\, dt$$

이 된다. 우리는 실제흡수와 산란에 의해 야기된 흡수를 구별하여서, 거기에 따른 불투명도 계수의 표식을 붙인다 ; 그래서 $\kappa_\nu = \kappa_{a,\nu} + \kappa_{s,\nu}$.

4. 실린더내에서 질량에 의해 방출되는 복사는

$$dQ_{em} = \rho j_\nu d\omega dS dl\, dt$$

여기서 j_ν는 단위시간당 단위질량당 방출되는 전체복사이다. 우리는 이 항에 실린더 내에 질량에 의해 방출되는 복사항, $j_{em,\nu}$ 뿐만 아니라 실린더로 산란되어 들어오는 복사, $j_{s,\nu}$까지도 포함하였다. 후자는 산란과정이 광자의 주파수를 변화시키지 않는다고 가정하고, 실린더 안으로 산란되는 광자가 지니는 모든 각도 θ'에 대한 $\kappa_{s,\nu} I_\nu(r,\theta')$적분으로 얻어진다. 이는 일반적으로 아주 복잡한 작업이다. 간단한 등방의 경우에는, 즉, 산란된 복사가 똑같은 양으로 같은 입체각으로 방출이 될 때는 $j_{s,\nu} = \kappa_{s,\nu} \int I_\nu' d\omega' / 4\pi$가 성립된다.

에너지 보존법칙은

$$\sum dQ = 0$$

을 요구하고, 그래서

$$[-I_\nu(r+dr,\theta)+I_\nu(r,\theta)-\kappa_\nu\rho I_\nu(r,\theta)dl+\rho j_\nu dl]\,dSd\omega dt=0 \qquad \text{(A1.2)}$$

이 성립한다. 치환을 하면

$$I_\nu(r+dr,\theta)-I_\nu(r,\theta)=\frac{\partial I_\nu(r,\theta)}{\partial r}dr=\frac{\partial I_\nu(r,\theta)}{\partial r}dl\cos\theta$$

을 얻고, 식(A1.2)를 $dldSd\omega dt$로 나누어주면, 우리는 복사전달방정식을

$$\frac{1}{\rho}\frac{I_\nu(r,\theta)}{r}cos\theta+\kappa_\nu I_\nu(r,\theta)-j_\nu=0 \qquad \text{(A1.3)}$$

의 형태로 얻는다. 산란항 $j_{s,\nu}$는 전달방정식을 미분적분방정식으로 전환시켰다는 것에 주목하자. 이 방정식을 풀기위해, 우리는 $j_{em,\nu}$를 풀어야하는데, 스스로 I_ν의 함수로 풀어야 하는 것이다.

열역학적 평형에서, 복사장은 플랑크 (흑체복사)분포인

$$B_\nu(T)=\frac{2h\nu^3}{c^2}\frac{1}{e^{h\nu/kT}-1} \qquad \text{(A1.4)}$$

로 주어지는데, 이는 등방이고, 그래서 복사의 흡수와 방출사이에 완전한 평형을 이루고 있다(키르히호프법칙으로 알려졌다) ; 우리는 이제 $I_\nu(r)=B_\nu(T)$와 $j_{em,\nu}=\kappa_{a,\nu}B_\nu(T)$를 얻었다. 그러나 별에서는, 복사장이 완전히 등방이 아니고, 그래서 우리는 복사방출에 대한 다른 성분을 고려해야 한다. 이런 성분들이 두 종류 있다는 것을 알아차린 사람은 아인쉬타인이었다 : 온도에 의해 결정되는 자발방출과, 복사장 자신에 의해 방출되는 유도 (자극)방출이 있다. 이들 간의 관계와 또 방출과 흡수와의 관계는 두 개의 에너지준위 1과 2가 있어서, $E_2=E_1+h\nu$인 간단한 경우를 고려해봄으로 쉽게 이해될 수 있다. 에너지상태 E_1과 E_2에 존재하는 입자들의 수를 각각 n_1과 n_2라고 하자. 열역학적 평형상태에서는 두 번째 조건이 만족된다 : 입자밀도는

$$\frac{n_2}{n_1}=\frac{g_2}{g_1}e^{-(E_2-E_1)/kT}=\frac{g_2}{g_1}e^{-h\nu/kT} \qquad \text{(A1.5)}$$

라는 볼쯔만 공식과 관계되는데, 여기서 $g_{1,2}$는 에너지준위의 통계가중치이다(기본적으로 같은 에너지준위에 상응하는 서로 다른 양자수를 지닌 상태들의 수이다). 에너지준위 2에서 에너지 준위 1로 입자가 전이하는 것은 $h\nu$에너지를 지닌 광자의 방출을 포함한다 ; 이와 비슷하게 역전이는 같은 광자의 흡수에 의해 일어나는데, 그림 A1.2에 개략적으로 보여 졌다. 자발방출율은 높은 에너지 상태에 있는 입자의 수 n_2과 복사장 $B_\nu(T)$에 비례한다. 마지막으로 흡수율은 낮은 에너지상태에 있는 입자의 수 n_1

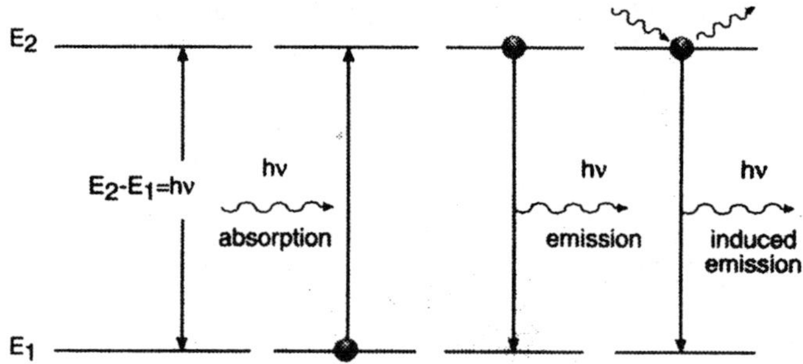

그림A1.2　두 개의 에너지준에서 일어나는 방출과 흡수의 개략적 표현

과 복사장에 비례한다. 적당한 계수들을 도입하고(자발방출에 대해 A_{21}, 유도방출에 대해 B_{21} 그리고 유도흡수에 대해 B_{12}), 키르히호프 법칙을 적용하면,

$$A_{21}n_2 + B_{21}n_2B_\nu(T) = B_{12}n_1B_\nu(T) \tag{A1.6}$$

라는 아인쉬타인 방정식을 얻게 되는데, 여기서 우리는 오른쪽 항이 $B_{12}n_1 = \kappa_{a,\nu}$임을 확인한다. $(e^{h\nu/kT}-1)$을 곱하고, $\alpha_\nu = 2h\nu^3/c^2$을 정의하고, 식(A1.5)에서 n_2를 치환하면

$$g_2A_{21}\left(e^{h\nu/kT}-1\right) + g_2B_{21}\alpha_\nu = g_1B_{12}\alpha_\nu e^{h\nu/kT} \tag{A1.7}$$

을 얻는다. 이방정식은 광자의 주파수에 관계없이 어느 온도에든 성립 한다 ; 그래서 온도-종속항과 온도-무관항이 서로 균형을 이루고 있다. 그래서 이들 3개 계수들 사이에

$$g_2A_{21} = g_1B_{12}\alpha_\nu \tag{A1.8.1}$$

$$g_2B_{21} = g_1B_{12} \tag{A1.8.2}$$

라는 아인쉬타인 관계를 얻는다(두 번째 식은 첫 번째 식으로 부터 유도되며, $A_{21} = B_{21}\alpha_\nu$가 성립한다). 이제 단지 하나의 독립계수만 남았다.

이제 토론의 중요한 부분이 시작된다 : 이들 관계는 시스템이 열적평형에 놓이거나 놓이지 않거나 항상 성립해야 한다. 그들이 시스템의 미시적인 상태(방출체과 흡수체의 개별적 성질)와 관련되어있기 때문에 그렇다. 반면 열역학적 평형은 거시적인 성질이다. 개개 입자들은 시스템의 일반적 상태에 대해 이전에 어떤 상태였는지 알아차리지 못한다. 결과적으로 어떤 복사장 강도 I_ν에 대해, 방출은

$$j_{em,\nu} = A_{21}n_2 + B_{21}n_2I_\nu = \frac{g_1}{g_2}B_{12}\alpha_\nu n_2 + \frac{g_1}{g_2}B_{12}n_2I_\nu = \frac{g_1}{g_2}B_{12}n_1\frac{n_2}{n_1}(\alpha_\nu + I_\nu) \tag{A1.9}$$

로 주어진다. 식(A1.5)와 식(A1.4)를 식(A1.9)로 대입해주면,

$$j_{em,\nu} = \kappa_{a,\nu}(1 - e^{-h\nu/kT})B_\nu(T) + \kappa_{a,\nu}e^{-h\nu/kT}I_\nu \tag{A1.10}$$

을 얻고, 열역학적 평형의 경우에 이 관계는 $j_{em,\nu} = \kappa_{a,\nu}B_\nu(T)$로 간단하게 표시되는 것을 쉽게 보일수가 있다. 왜냐면 $I_\nu = B_\nu(T)$가 성립하기 때문이다.

흡수불투명 환산계수를

$$\kappa^*_{a,\nu} = \kappa_{a,\nu}(1 - e^{-h\nu/kT}) \tag{A1.11}$$

로 정의하고, 식 (A1.10)을 식(A1.3)에 대입해 보면, 전달방정식은

$$\frac{1}{\rho}\frac{\partial I_\nu(r,\theta)}{\partial r}cos\theta + \kappa^*_{a,\nu}[I_\nu(r,\theta) - B_\nu(T)] + \kappa_{s,\nu}I_\nu(r,\theta) - j_{s,\nu} = 0 \tag{A1.12}$$

의 형태로 얻어진다. 이식은 모든 복사주파수에서 주어진 불투명계수에 대해 풀어질 수 있다.

해를 구하기 위해, Legend 다항식 $P_n(\cos\theta)$에서 $I_\nu(r,\theta)$를 전개해보면,

$$I_\nu(r,\theta) = I_{\nu,0}(r)P_0 + I_{\nu,1}(r)P_1(\cos\theta) + I_{\nu,2}(r)P_2(\cos\theta) + \ldots \tag{A1.13}$$

이 되는데, $P_0 = 1$이고, $P_1 = \cos\theta$가 성립한다. 물질과 복사는 별 내부에서 국부적인 열적평형에 놓여있기 때문에(2.1절을 보라), 우리는 전개식의 첫 번째(등방)항은 플랑크 분포 $B_\nu(T)$와 다를 바 없다는 것을 안다. 이 항을 전달방정식 (A1.12)에 대입해보면,

$$\frac{1}{\rho}\frac{dB_\nu(T)}{dr}P_1 + \frac{1}{\rho}\frac{dI_{\nu,1}}{dr}cos\theta\ P_1 + \ldots + \kappa^*_{a,v}I_{v,1}P_1 + \kappa^*_{a,\nu}I_{\nu,2}P_2 + \ldots + \kappa_{s,\nu}B_\nu(T) + \kappa_{s,\nu}I_{\nu,1}P_1 + \ldots - j_{s,\nu} = 0 \tag{A1.14}$$

이 된다. 우리는 이제 Legend 다항식의 회귀관계

$$\cos\theta\ P_n = \frac{n}{2n+1}P_{n-1} + \frac{n+1}{2n+1}P_{n+1}$$

를 이용하면

$$\frac{1}{\rho}\frac{dB_\nu(T)}{dr}P_1 + \frac{1}{\rho}\sum_{n=1}^{\infty}\frac{dI_{\nu,n}}{dr}\left(\frac{n}{2n+1}P_{n-1} + \frac{n+1}{2n+1}P_{n+1}\right)$$
$$+ (\kappa^*_{a,\nu} + \kappa_{s,\nu})\sum_{n=1}^{\infty}I_{\nu,n}P_n + \kappa_{s,\nu}B_\nu(T) - j_{s,\nu} = 0 \tag{A1.14'}$$

이 얻어진다. 상응하는 다항식들의 계수를 계산해보면 다음과 같은 일련의 방정식을 얻게 된다 :

$$\frac{1}{3}\frac{1}{\rho}\frac{dI_{\nu,1}}{dr}+\kappa_{s,\nu}B_\nu(T)-j_{s,\nu}=0 \tag{A1.15}$$

등방의 산란을 가정하면, 즉, $j_{s,\nu}$가 θ와 무관하게 되어,

$$\frac{1}{\rho}\frac{dB_\nu(T)}{dr}+\frac{2}{5}\frac{1}{\rho}\frac{dI_{\nu,2}}{dr}+(\kappa^*_{a,\nu}+\kappa_{s,\nu})I_{\nu,1}=0 \tag{A1.16,1}$$

$$\frac{2}{3}\frac{1}{\rho}\frac{dI_{\nu,1}}{dr}+\frac{3}{7}\frac{1}{\rho}\frac{dI_{\nu,3}}{dr}+(\kappa^*_{a,\nu}+\kappa_{s,\nu})I_{\nu,2}=0 \tag{A1.16,2}$$

이 되거나, 또는 $n \geq 1$에 대해,

$$\frac{n}{2n-1}\frac{1}{\rho}\frac{dI_{\nu,n-1}}{dr}+\frac{n+1}{2n+3}\frac{1}{\rho}\frac{dI_{\nu,n+1}}{dr}+(\kappa^*_{a,\nu}+\kappa_{s,\nu})I_{\nu,n}=0 \tag{A1.16.n}$$

이 성립한다.

식(A1.16.n)의 방정식들에서 $dI_{\nu,n-1}$을 $I_{\nu,n-1}$으로, dr을 R로 치환하고, 1정도 되는 계수들을 무시해보면 전개식들의 다음 차 항들 사이의 비를 계산할 수 있다. 그래서, 크기대로 정리해보면,

$$\frac{1}{\kappa\rho R}(B_\nu(T)+I_{\nu,2})\approx I_{\nu,1} \tag{A1.17.1}$$

$$\frac{1}{\kappa\rho R}(I_{\nu,1}+I_{\nu,3})\approx I_{\nu,2} \tag{A1.17.2}$$

이 되고, 일반적으로 $n \geq 1$에 대해

$$\frac{1}{\kappa\rho R}(I_{\nu,n-1}+I_{\nu,n+1})\approx I_{\nu,n} \tag{A1.17.n}$$

이 성립된다. 등방성이 어긋나는 현상은 항성내부에서는 아주 미미하기 때문에, 모든 $n \geq 1$에 대해 $I_{\nu,n} < \epsilon B_\nu(T)$가 성립하는 $\epsilon < 1$이 존재한다. 문제는 전개식에서 얼마나 많은 항들까지 사용할수 있을까하는 것이다. 다음의 논증은 에딩턴의 연구에 기인한 것이다. $n \geq 2$에 대한 식(A1.17.n)의 모든 방정식들에서, 1정도 되는 계수들을 무시해보면, 왼쪽항은 $\epsilon B_\nu(T)/(\kappa\rho R)$보다 작다. 그러나 평균불투명도 κ, 전형적인 항성밀도와 반경에 대해,

$$\frac{1}{\kappa\rho R}\approx\frac{R^2}{\kappa M}\approx 10^{-10}$$

이 성립하고, 그래서 $I_{\nu,2}$와 모든 계속되는 계수들에 대해,

$$I_{\nu,n\geq 2} < 10^{-10}\epsilon B_\nu(T)$$

을 얻게 된다. 이제 우리는 $n \geq 3$에 대해 관계식 (A.1.17.n)에 이 결과를 사용하여 논

증을 반복하여서, $I_{\nu,n\geq 3} < 10^{-20}\epsilon B_\nu(T)$을 얻게 되고, 또다시 $I_{\nu,n\geq 4} < 10^{-30}\epsilon B_\nu(T)$, 등등을 얻게 된다. $I_{\nu,1}$에서처럼, 식(A1.17.1)로부터 $10^{-10}B_\nu(T)$정도 크기가 된다는 것을 알 수 있다.

분명, 식(A1.13)의 멱급수는

$$\left|\frac{I_{\nu,n}}{I_{\nu,n-1}}\right| \approx 10^{-10}$$

로 아주 급속도로 수렴하게 되는데, 이는 등방에서 어긋남이 실제 아주 작고, 그래서 우리가 전개식에서 처음 두 개항 외에는 모든 항을 무시할 수 있다는 것을 의미한다. (두 번째 항마저 무시할 수는 없음이 분명한데, 왜냐면 그렇게 되면 종합흐름량 (net flux)이 0이 되는 등방복사장이 되기 때문이다). 이런 어림을 확산어림이라 부른다. 전달방정식 (A1.12)의 해는 그래서

$$I_\nu(r,\theta) = B_\nu(T) + I_{\nu,1}(r)\cos\theta = B_\nu(T) - \frac{1}{(\kappa^*_{a,\nu}+\kappa_{s,\nu})\rho}\frac{dB_\nu(T)}{dr}cos\theta \qquad \text{(A1.18)}$$

이 된다. 여기서 우리는 식(A1.16)에서 $I_{\nu,1}$을 소거하였다. 결국 다음 식을 얻는다:

$$\frac{dB_\nu(T)}{dr} = \frac{dB_\nu}{dT}\frac{dT}{dr} \qquad \text{(A1.19)}$$

항성구조이론에서, $I_\nu(r,\theta)$를 아는 것으로는 충분하지는 않다; 우리는 $H(r)$에 관심이 있다(3.7절에 소개됨, 방사방향에서 모든 주파수에 걸쳐 나오는 전체 복사흐름양). θ종속성을 소거하기위해, 우리는 복사강도 $I(r,\theta)$의 모멘트를 고려하는데, 이는 이미 우리가 다루었던 물리량들과 관계가 된다. 흐름양 $H(r)$은,

$$H(r) = \int I(r,\theta)\cos\theta d\omega \qquad \text{(A1.20)}$$

으로 주어진다. 정의 (A1.1)에 식(A1.18)을 대입하고, $\int\cos\theta d\omega = 0$임을 주목해보면,

$$H(r) = -\frac{4\pi}{3\rho}\frac{dT}{dr}\int_0^\infty \frac{1}{\kappa^*_{a,\nu}+\kappa_{s,\nu}} - \frac{dB_\nu(T)}{dT}d\nu \qquad \text{(A1.20')}$$

을 얻는다. 복사압 P_{rad}(3.4절에 소개됨)은 각 광자가 $h\nu/c$의 운동량을 수반한다는 사실에 기인한다. 그래서 θ방향에서 표면 면적소 dS를 가로지르는 복사흐름양은 방사방향으로 $I(r,\theta)\cos\theta/c$만큼의 운동량을 전달하는데, 이 때 거기에 수직으로 입사되는 면적소는 $dS\cos\theta$가 된다. 방사방향에서 결과적으로 생기는 압력은 $I(r,\theta)$의 다음 모멘트로 주어진다:

$$P_{rad}(r)=\frac{1}{c}\int I(r,\theta)\cos^2\theta d\omega \tag{A1.21}$$

여기에 식(A1.18)과 $\int \cos^3\theta d\omega = 0$을 이용하면 다음과 같은 복사압을 얻는다 :

$$P_{rad}(r)=\frac{1}{c}\int_0^\infty \frac{4\pi}{3}B_\nu(T)d\nu=\frac{1}{3}aT^4. \tag{A1.21'}$$

마지막으로, P_{rad}를 r에 대해 미분하면,

$$\frac{dP_{rad}}{dr}=\frac{4\pi}{3c}\frac{dT}{dr}\int_0^\infty \frac{dB_\nu(T)}{dT}d\nu, \tag{A1.22}$$

이 되고, 식(A1.20')을 식(A1.21')로 나누어보면,

$$H=-\frac{c}{\bar{\kappa}\rho}\frac{dP_{rad}}{dr}, \tag{A1.23}$$

을 얻게 되는데, 여기서,

$$\frac{1}{\bar{\kappa}}=\frac{\int_0^\infty \frac{1}{\kappa_{a,\nu}(1-e^{-h\nu/kT})+\kappa_{s,\nu}}\frac{dB_\nu(T)}{dT}d\nu}{\int_0^\infty \frac{dB_\nu(T)}{dT}d\nu} \tag{A1.24}$$

은 처음으로 이 개념을 도입한 학자의 이름을 따서 Rosseland 평균 불투명도라 부른다. 식(A1.21')로부터 P_{rad}를 치환하면, 최종적으로 복사에 대한 확산방정식을

$$H=-\frac{4acT^3}{3\bar{\kappa}\rho}\frac{dT}{dr}. \tag{A1.25}$$

의 형태로 얻게 된다. 이 식은 식(3.67)과 마찬가지로 아주 간단한 논증으로부터 유도되었지만, 물질과 복사사이의 상호작용에 대한 정밀한 처리를 포함하고 있는데, 이는 항성물질의 태도를 나타내주는 기본이 되는 $\bar{\kappa}$로 표현된다. Rosseland 평균의 주기적 조화 성질은 더 낮은 불투명도에 대한 최고 높은 가중치를 준다는 것에 주목해본다. 동시에, 가중인자 dB_ν/dT는 아주 낮은 주파수와 아주 높은 주파수에서는 작아진다 ; $\nu=4kT/h$에서 피이크를 보인다. 예를 들어 태양에서는, $T\approx 6000K$인 표면에서 상응하는 파장, $\lambda=c/\nu$이 6000 Å (광학영역)이 되고, $T\approx 1.5\times 10^7 K$ 정도 되는 중심에서는 2.4 Å (X-선 영역)이 된다. 최적의 복사전달 효율은 가장 낮은 불투명도가 $\nu=4kT/h$부근의 주파수에서 일어날 때 형성된다. 그러나 이는 꼭 필요한 경우가 아니다.

연습문제 정답

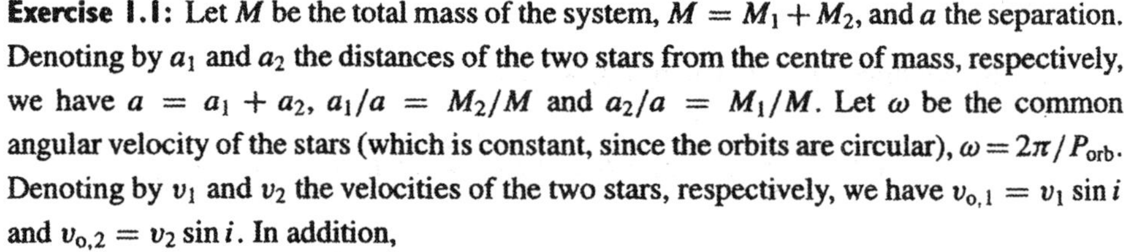

Exercise 1.1: Let M be the total mass of the system, $M = M_1 + M_2$, and a the separation. Denoting by a_1 and a_2 the distances of the two stars from the centre of mass, respectively, we have $a = a_1 + a_2$, $a_1/a = M_2/M$ and $a_2/a = M_1/M$. Let ω be the common angular velocity of the stars (which is constant, since the orbits are circular), $\omega = 2\pi/P_{\text{orb}}$. Denoting by v_1 and v_2 the velocities of the two stars, respectively, we have $v_{\text{o},1} = v_1 \sin i$ and $v_{\text{o},2} = v_2 \sin i$. In addition,

$$\frac{2\pi a_1}{v_1} = \frac{2\pi}{\omega} \qquad \text{and} \qquad \frac{2\pi a_2}{v_2} = \frac{2\pi}{\omega}$$

and hence

$$\frac{M_2}{M_1} = \frac{a_1}{a_2} = \frac{v_1}{v_2} = \frac{v_{\text{o},1}}{v_{\text{o},2}},$$

which provides one relation between the desired masses and observables. Another relation is obtained from the equations of motion of the two stars,

$$M_1\omega^2 a_1 = \frac{GM_1M_2}{a^2} \qquad \text{and} \qquad M_2\omega^2 a_2 = \frac{GM_2M_1}{a^2},$$

which we may add to obtain Kepler's third law:

$$\omega^2 = \frac{GM}{a^3}.$$

Substituting $a = a_1 + a_2 = v_1/\omega + v_2/\omega = (v_{\text{o},1} + v_{\text{o},2})/(\omega \sin i)$, we have

$$M_1 + M_2 = \frac{P_{\text{orb}}}{2\pi G}\frac{(v_{\text{o},1} + v_{\text{o},2})^3}{\sin^3 i}.$$

Exercise 1.2: Consider a mass element Δm containing 10 000 hydrogen atoms and let the mass unit be the mass of a hydrogen atom. Then

$$\Delta m \approx 10\,000 \times 1 + 1000 \times 4 + 8 \times 16 + 4 \times 12 + 1 \times 14 + 1 \times 20,$$

according to the data given in the text (since elements heavier than neon are neglected, a small error is introduced). Now, by definition,

$$X = \frac{10\,000 \times 1}{\Delta m} = 0.7037$$
$$Y = \frac{1000 \times 4}{\Delta m} = 0.2815,$$

and similarly, $Z_C = 0.0034$, $Z_N = 0.0010$, $Z_O = 0.0090$, and $Z_{Ne} = 0.0014$.

Exercise 1.3:

(a) Substituting $\rho(r)$ in equation (1.5) we have

$$m(r) = \int_0^r 4\pi r^2 \rho(r)\,dr = 4\pi\rho_c\left[\int_0^r r^2\,dr - \frac{1}{R^2}\int_0^r r^4 dr\right]$$
$$= 4\pi\rho_c\left(\frac{r^3}{3} - \frac{r^5}{5R^2}\right).$$

(b) $M = m(R) = 8\pi\rho_c R^3/15$.

(c) By definition, $\bar{\rho} = \frac{M}{(4\pi/3)R^3}$ and substituting (b) for M, we obtain $\bar{\rho} = 0.4\rho_c$.

Exercise 2.1:

(a) For a uniform density, $\rho = \bar{\rho}$ and

$$m(r) = \frac{4\pi r^3}{3}\bar{\rho} = M\left(\frac{r}{R}\right)^3.$$

Substituting $m(r)$ in the hydrostatic equation (2.14) and integrating from the centre ($P = P_c$) to the surface ($P = 0$), we have

$$P_c = G\bar{\rho}\int_0^R \frac{m(r)}{r^2}dr = \frac{3GM^2}{8\pi R^4} > \frac{GM^2}{8\pi R^4}.$$

(b) Using $\rho(r)$, $m(r)$ and $M(R)$ from Exercise 1.3, we integrate equation (2.14) to obtain

$$P_c = G\int_0^R \rho\frac{m}{r^2}dr = 4\pi G\rho_c^2\int_0^R\left[1 - \left(\frac{r}{R}\right)^2\right]\left(\frac{r}{3} - \frac{r^3}{5R^2}\right)dr$$
$$= \frac{15GM^2}{16\pi R^4} > \frac{GM^2}{8\pi R^4}.$$

Exercise 2.2: If we imagine the star compressed into a sphere of uniform density ρ_c, the new central pressure P_c' must exceed P_c, since by bringing the matter closer together we increase the gravitational attraction between its parts, that is, the force to be balanced by this pressure. The new central pressure is obtained, as in *Exercise 2.1*, by integrating the hydrostatic equation (2.14), with $m = 4\pi r^3 \rho_c/3$, up to $R = (3M/4\pi\rho_c)^{1/3}$, which yields

$$P_c' = \tfrac{1}{2}(4\pi/3)^{1/3} G M^{2/3} \rho_c^{4/3}.$$

In conclusion, $P_c < P_c'$ leads to

$$P_c < (4\pi)^{1/3} 0.347 G M^{2/3} \rho_c^{4/3}.$$

Exercise 2.3:

(a) Inserting $m(r) = 4\pi r^3 \bar{\rho}/3$ and $dm = 4\pi r^2 \bar{\rho} dr$ into equation (2.20) and performing the integration, we obtain, after eliminating $\bar{\rho}$,

$$\Omega = -\frac{3}{5}\frac{GM^2}{R},$$

whence $\alpha = 0.6$

(b) Using $m(r)$ from *Exercise 1.3* and $dm = \rho(r) 4\pi r^2 dr$ in equation (2.20), we obtain

$$\Omega = -4\pi G \rho_c^2 \int_0^R \left(\frac{r^3}{3} - \frac{r^5}{5R^2}\right)\left[1 - \left(\frac{r}{R}\right)^2\right] 4\pi r dr = -\frac{5}{7}\frac{GM^2}{R},$$

whence $\alpha = 0.71$.

Exercise 2.4: The rate of change of the energy, as given by equation (2.43), is $\dot{E} = -L$. Assuming hydrostatic equilibrium, we have from the virial theorem $E = \frac{1}{2}\Omega$ [equation (2.44)] with $\Omega = -\alpha GM^2/R$ [equation (2.27)]. Hence

$$\dot{E} = -\tfrac{1}{2}\alpha G M^2 \left(\frac{1}{R}\right)^{\cdot} = -L.$$

Setting $t = 0$ and $R = R_0$ at the beginning of contraction, we obtain by integration

$$\frac{1}{R} - \frac{1}{R_0} = \frac{2L}{\alpha G M^2} t,$$

which yields

$$\dot{R} = -\frac{R_0/\tau}{(t/\tau + 1)^2}, \qquad \tau = \frac{\alpha G M^2}{2 R_0 L}.$$

For $t \gg \tau$, $\dot{R} \to -R_0 \tau / t^2$.

Exercise 3.1: For a degenerate electron gas to be considered perfect, the Coulomb energy per particle, ϵ_C, must be smaller than the kinetic energy, in this case, $p_0^2/2m_e$, where p_0 is given by equation (3.32). The average distance between electrons is $n_e^{-1/3}$, where n_e is the electron number density. Hence $\epsilon_C \approx e^2 n_e^{1/3}/4\pi\varepsilon_0$ and the condition is

$$\frac{e^2 n_e^{1/3}}{4\pi\varepsilon_0} < \frac{h^2}{2m_e}\left(\frac{3n_e}{8\pi}\right)^{2/3}.$$

Thus the electron number density must satisfy

$$n_e > \frac{8}{9\pi}\left(\frac{m_e e^2}{\varepsilon_0 h^2}\right)^3 \approx 6 \times 10^{28}\ \mathrm{m}^{-3}.$$

Exercise 3.2: By definition [equations (3.11) and (3.12)], $P_{gas} = \beta P$ and $P_{rad} = (1-\beta)P$, and β is assumed constant throughout the star. The specific energy of a (nonrelativistic) gas, whether ideal or degenerate, is given by equation (3.44),

$$u_{gas} = \frac{3}{2}\frac{P_{gas}}{\rho} = \frac{3}{2}\beta\frac{P}{\rho},$$

and the specific energy of radiation is given by equation (3.47),

$$u_{rad} = 3\frac{P_{rad}}{\rho} = 3(1-\beta)\frac{P}{\rho}.$$

Hence

$$u_{gas} + u_{rad} = \frac{3}{2}(2-\beta)\frac{P}{\rho} \quad \Longrightarrow \quad \frac{P}{\rho} = \frac{2}{3(2-\beta)}(u_{gas} + u_{rad}).$$

Using the virial theorem in the form (2.23), we have

$$\Omega = -3\int \frac{P}{\rho}dm = -\frac{2}{(2-\beta)}\int (u_{gas} + u_{rad})dm = -\frac{2}{(2-\beta)}U.$$

Now, $E = U + \Omega$ and, substituting the relation between Ω and U, we finally obtain

$$E = \frac{\beta}{2}\Omega = -\frac{\beta}{2-\beta}U,$$

which tends to zero when the radiation pressure predominates ($\beta \to 0$) and to the well-known relations $E = \Omega/2 = -U$, when radiation pressure is negligible ($\beta \to 1$).

Exercise 3.3: The hydrostatic equation (2.14) may be written in the form

$$\frac{dP}{dr} = -\rho g,$$

where we have used the definition of the local gravitational acceleration, $g = Gm/r^2$. Dividing both sides by $\kappa\rho$ and using the definition of optical depth $d\tau = -\kappa\rho dr$, we obtain the desired equation.

Exercise 4.1: Consider a mass element Δm of helium, half of which turns into carbon and half into oxygen, by nuclear processes that can be expressed as $3\alpha \rightarrow {}^{12}\mathrm{C}$ and $4\alpha \rightarrow {}^{16}\mathrm{O}$. The energy released in the first process is $Q_{3\alpha} = 7.275$ MeV (see text), while the energy released in the second is given by adding to it the energy released by α capture on a ${}^{12}\mathrm{C}$ nucleus, 7.162 MeV (see text), amounting to $Q_{4\alpha} = 14.437$ MeV. The number of ${}^{12}\mathrm{C}$ nuclei produced is given by

$$n({}^{12}\mathrm{C}) = \frac{0.5\Delta m}{12m_{\mathrm{H}}}$$

and, similarly,

$$n({}^{16}\mathrm{O}) = \frac{0.5\Delta m}{16m_{\mathrm{H}}}.$$

Hence the total energy released per unit mass is

$$Q = \frac{n({}^{12}\mathrm{C})Q_{3\alpha} + n({}^{16}\mathrm{O})Q_{4\alpha}}{\Delta m} = \frac{Q_{3\alpha}/24 + Q_{4\alpha}/32}{m_{\mathrm{H}}} = 7.3 \times 10^{13}\ \mathrm{J\,kg^{-1}}.$$

Exercise 4.2: Using the results of *Exercises 1.3* and *2.1*, in which the same density distribution is assumed, we have

$$\rho_{\mathrm{c}} = \frac{15M}{8\pi R^3} \quad \text{and} \quad P_{\mathrm{c}} = \frac{15GM^2}{16\pi R^4}.$$

Combining these results, and using the equation of state for an ideal gas (3.28), we obtain the central temperature

$$T_{\mathrm{c}} = \frac{1}{2}\frac{\mu G}{\mathcal{R}}\frac{M}{R}, \tag{Ex. 4.2.1}$$

where $\mu = 0.61$ for a solar composition (see Section 3.3). The assumption of nondegeneracy implies that for the electrons, the ideal gas pressure (3.27) is higher than the degeneracy pressure (3.34),

$$\frac{\mathcal{R}}{\mu_{\mathrm{e}}}\rho_{\mathrm{c}}T_{\mathrm{c}} > K_1'\left(\frac{\rho_{\mathrm{c}}}{\mu_{\mathrm{e}}}\right)^{5/3}, \tag{Ex. 4.2.2}$$

where $\mu_{\mathrm{e}} \approx 1.17$ for a solar composition (see Section 3.3). Using (Ex. 4.2.1), we express

ρ_c in terms of T_c and M,

$$\rho_c = \frac{15}{\pi}\left(\frac{\mathcal{R}}{\mu G}\right)^3 \frac{T_c^3}{M^2},$$

and insert the expression into inequality (Ex. 4.2.2). We thus obtain an upper limit for T_c, given the stellar mass M:

$$T_c < \left(\frac{\pi}{15}\right)^{2/3} \frac{\mu^2 \mu_e^{2/3} G^2}{\mathcal{R} K_1'} M^{4/3}.$$

The desired lower limit for the stellar mass required for each nuclear burning process is obtained by reversing this relation and substituting for T_c the appropriate threshold temperatures given in Table 4.1.

Exercise 5.1: If we adopt r as the independent space variable, the Taylor expansion near $r = 0$ for any function $f(r)$ is

$$f = f_c + \left(\frac{df}{dr}\right)_c r + \frac{1}{2}\left(\frac{d^2 f}{dr^2}\right)_c r^2 + \frac{1}{6}\left(\frac{d^3 f}{dr^3}\right)_c r^3 + \cdots$$

and we retain only the first nonvanishing term besides f_c. For the mass $m(r)$ we have $m_c = 0$ (boundary condition) and from equation (5.2) on the left,

$$\left(\frac{dm}{dr}\right)_c = 4\pi(r^2\rho)_c = 0$$

$$\left(\frac{d^2 m}{dr^2}\right)_c = 4\pi\left(2r\rho + r^2\frac{d\rho}{dr}\right)_c = 0$$

$$\left(\frac{d^3 m}{dr^3}\right)_c = 4\pi\left(2\rho + 4r\frac{d\rho}{dr} + r^2\frac{d^2\rho}{dr^2}\right)_c = 8\pi\rho_c.$$

Therefore near the centre

$$m(r) = \tfrac{4}{3}\pi\rho_c r^3,$$

as if the density were uniform and equal to the central value. For the pressure $P(r)$ we have from equation (5.1) on the left and the result obtained for $m(r)$

$$\left(\frac{dP}{dr}\right)_c = -\left(\rho\frac{Gm}{r^2}\right)_c = -\left(\frac{4\pi G\rho^2 r}{3}\right)_c = 0$$

$$\left(\frac{d^2 P}{dr^2}\right)_c = -\left(\frac{d\rho}{dr}\frac{Gm}{r^2} + \rho\frac{G}{r^2}\frac{dm}{dr} - 2\rho\frac{Gm}{r^3}\right)_c = -\frac{4\pi G\rho_c^2}{3}.$$

Therefore near the centre

$$P(r) = P_c - \tfrac{2}{3}\pi G\rho_c^2 r^2.$$

For the luminosity $F(r)$ we have $F_c = 0$ (boundary condition) and from equation (5.4) on the left

$$\left(\frac{dF}{dr}\right)_c = 4\pi(r^2\rho q)_c = 0$$

$$\left(\frac{d^2F}{dr^2}\right)_c = 4\pi\left(2r\rho q + r^2\frac{d\rho}{dr}q + r^2\rho\frac{dq}{dr}\right)_c = 0$$

$$\left(\frac{d^3F}{dr^3}\right)_c = 4\pi[2\rho q + r(\ldots) + r^2(\ldots)]_c = 8\pi\rho_c q_c.$$

Therefore near the centre

$$F(r) = \tfrac{4}{3}\pi\rho_c q_c r^3.$$

For the temperature $T(r)$ we have from equation (5.3) on the left and the result obtained for $F(r)$

$$\left(\frac{dT}{dr}\right)_c = -\frac{3}{16\pi ac}\left(\frac{\kappa\rho}{T^3}\frac{F}{r^2}\right)_c = -\frac{1}{4ac}\left(\frac{\kappa\rho^2 q}{T^3}r\right)_c = 0$$

$$\left(\frac{d^2T}{dr^2}\right)_c = -\frac{3}{16\pi ac}\left[\frac{\kappa\rho}{T^3}\frac{d}{dr}\left(\frac{F}{r^2}\right) + \frac{F}{r^2}\frac{d}{dr}\left(\frac{\kappa\rho}{T^3}\right)\right]_c = -\frac{1}{4ac}\frac{\kappa_c\rho_c^2 q_c}{T_c^3}.$$

Therefore near the centre

$$T(r) = T_c - \frac{1}{8ac}\frac{\kappa_c\rho_c^2 q_c}{T_c^3}r^2.$$

Note that these relations hold regardless of the functional dependences $P(\rho, T)$, $q(\rho, T)$, and $\kappa(\rho, T)$.

Exercise 5.2:

(a) For $n = 0$, the Lane–Emden equation (5.17) becomes

$$\frac{d}{d\xi}\left(\xi^2\frac{d\theta}{d\xi}\right) = -\xi^2.$$

Integrating, we obtain

$$\xi^2 \frac{d\theta}{d\xi} = -\frac{1}{3}\xi^3 + C,$$

where C is an integration constant. Dividing by ξ^2 and integrating again, we obtain the solution

$$\theta = -\frac{1}{6}\xi^2 - \frac{C}{\xi} + D,$$

where D is a second integration constant. Since we cannot accept solutions that are singular at the origin, we must assume $C = 0$, and since $\theta = 1$ at the origin (by definition), $D = 1$. The solution for $n = 0$ is therefore

$$\theta(\xi) = 1 - \tfrac{1}{6}\xi^2.$$

Obviously, $\xi_1 \equiv \xi(\theta = 0) = \sqrt{6}$ and $(d\theta/d\xi)_{\xi_1} = -\xi_1/3 = -\sqrt{2/3}$. Substituting into equation (5.20) and using equation (5.18) to eliminate α, we obtain $M = 4\pi R^3 \rho_c/3$ (and $D_0 = 1$), which shows that an $n = 0$ polytrope describes a configuration of uniform density.

(b) For $n = 1$ and a variable χ defined as $\chi = \xi\theta$, the Lane–Emden equation (5.17) becomes

$$\frac{d^2\chi}{d\xi^2} = -\chi,$$

whose general solution is

$$\chi = C\sin(\xi - \delta),$$

where C and δ are constants of integration. Hence

$$\theta = \frac{C\sin(\xi - \delta)}{\xi}.$$

We must assume $\delta = 0$, for otherwise the solution is singular at the origin, and since $\theta = 1$ at the origin, $C = 1$. The solution for $n = 1$ is therefore

$$\theta(\xi) = \frac{\sin\xi}{\xi},$$

which has its first zero at $\xi_1 = \pi$ [and is monotonically decreasing in the interval $(0, \pi)$]. Differentiating, we obtain

$$\left(\frac{d\theta}{d\xi}\right)_{\xi_1} = \left(\frac{\cos\xi}{\xi} - \frac{\sin\xi}{\xi^2}\right)_{\xi=\pi} = -\frac{1}{\pi}.$$

We now use equations (5.18) and (5.20) to obtain $M = 4R^3\rho_c/\pi$ (noting that $D_1 = \pi^2/3$, consistent with the entry in Table 5.1).

Exercise 5.3: For given M and P_c, we have from equation (5.28)

$$\frac{\rho_{c,1.5}}{\rho_{c,3}} = \left(\frac{B_3}{B_{1.5}}\right)^{3/4}.$$

For given M, we obtain the ratio of radii $R(n)$ from equation (5.21) and Table 5.1:

$$\frac{R(1.5)}{R(3)} = \left(\frac{D_{1.5}}{D_3}\frac{\rho_{c,3}}{\rho_{c,1.5}}\right)^{1/3} = \left(\frac{D_{1.5}}{D_3}\right)^{1/3}\left(\frac{B_{1.5}}{B_3}\right)^{1/4} = \left(\frac{5.991}{54.81}\right)^{1/3}\left(\frac{0.206}{0.157}\right)^{1/4} < 1$$

and therefore

$$R(3) > R(1.5).$$

Exercise 5.4: The central density is readily given by equation (5.21): $\rho_c = 1.2 \times 10^2\,\mathrm{kg\,m^{-3}}$. In order to obtain the central pressure as a function of M and R, we eliminate ρ_c between equations (5.21) and (5.28):

$$P_c = \frac{GM^2}{4\pi R^4}\left[(3D_n)^{4/3}B_n\right].$$

The term in square brackets exceeds unity for all n and hence

$$P_c > \frac{GM^2}{4\pi R^4} > \frac{GM^2}{8\pi R^4}.$$

Thus inequality (2.18) is generally satisfied by polytropic models. For *Capella*, with $n = 3$, $P_c = 6.1 \times 10^{12}\,\mathrm{N\,m^{-2}}$.

Exercise 5.5: The critical mass is obtained from the relativistic-degenerate equation of state (3.36). Hence at the stellar centre both equations (5.28) and (3.36) are satisfied, both being of the form $P_c \propto \rho_c^{4/3}$. Equating coefficients and isolating M, we obtain

$$M = \left[B_3^{-3/2}\frac{1}{8^{3/2}}\left(\frac{3}{\pi}\right)^{1/2}\frac{1}{(4\pi)^{1/2}}\right]\left(\frac{hc}{Gm_H^{4/3}}\right)^{3/2}\mu_e^{-2}.$$

The term in square brackets reduces to $B_3^{-3/2}\sqrt{1.5}/32\pi$.

Exercise 5.6: In radiative equilibrium, the radiation pressure gradient is obtained from equations (5.3) and (3.40):

$$\frac{dP_{\rm rad}}{dr} = -\frac{\kappa\rho}{c}\frac{F}{4\pi r^2}.$$

(In the case of convection, this relation is still correct, provided the flux F on the right-hand side is taken to be the radiative flux, rather than the total flux, of which the bulk is due to convection.) Substituting into the hydrostatic equation (5.1) $P = P_{\rm gas} + P_{\rm rad}$, we obtain

$$\frac{dP_{\rm gas}}{dr} = -\rho\frac{GM}{r^2} + \frac{\kappa\rho F}{4\pi r^2 c} = -\rho\frac{GM}{r^2}\left(1 - \frac{\kappa F}{4\pi cGm}\right).$$

So long as condition (5.34) is satisfied, the gas pressure decreases outward. When it is violated, the density is bound to increase outward, if the temperature is decreasing outward. This would lead to instability (of the Rayleigh–Taylor type).

Exercise 5.7:

(a) Equation (5.24) for an $n = 3$ polytrope may be written as

$$M^2 = \frac{(4\pi M_3)^2}{(\pi G)^3}K^3,$$

where M_3 is given in Table 5.1. Substituting K from equation (5.45), we obtain the quartic equation in the form

$$1 - \beta = \left(\frac{M}{M_\star}\right)^2 \mu^4\beta^4,$$

where

$$M_\star = \frac{4M_3\mathcal{R}^2}{\sqrt{\pi a/3}\,G^{3/2}}.$$

With $a = 8\pi^5k^4/(15c^3h^3)$ and $\mathcal{R} = k/m_{\rm H}$, we have

$$M_\star = \frac{3\sqrt{10}M_3}{\pi^3}\left(\frac{hc}{Gm_{\rm H}^{4/3}}\right)^{3/2} = 18.3M_\odot.$$

(b) The Chandrasekhar mass, given by equation (5.31), may be expressed as

$$M_{\rm Ch} = \frac{\pi^2}{8\sqrt{15}}\mu_e^{-2}M_\star.$$

Exercise 6.1:

(a) Assume a white dwarf of mass M and radius $R(M)$ has an outer layer of solar composition and of mass $\Delta m \ll M$ (and negligible thickness). The energy required to expel this layer is equal to the gravitational binding energy $GM\Delta m/R(M)$. If Q is the energy released per unit mass of burnt hydrogen (from Section 4.3, $Q \approx 6 \times 10^{14}$ J kg^{-1}), and the hydrogen mass fraction in the outer layer is $X_\odot \approx 0.7$, then the amount of hydrogen mass burnt is $f \Delta m X_\odot$, satisfying

$$\frac{GM\Delta m}{R(M)} = f \Delta m X_\odot Q.$$

(b) The $R(M)$ relationship for white dwarfs (5.29), appropriate to a nonrelativistic equation of state, that is, for $M < M_{\rm Ch}$, may be calibrated with the aid of the provided data:

$$\frac{R}{0.01 R_\odot} = \left(\frac{M}{M_\odot}\right)^{-1/3}.$$

Combining these results, we have

$$f = \frac{GM_\odot}{0.01 R_\odot X_\odot Q}\left(\frac{M}{M_\odot}\right)^{4/3} \approx 0.045 \left(\frac{M}{M_\odot}\right)^{4/3}.$$

Note that for typical white dwarf masses this fraction is very small, despite the strong gravitational field that must be overcome.

Exercise 6.2: Adiabatic processes satisfy equation (3.48):

$$du + Pd\left(\frac{1}{\rho}\right) = 0 \qquad \Longrightarrow \qquad du = \frac{P}{\rho}\frac{d\rho}{\rho},$$

from which relations may be derived between any two of the thermodynamic functions P, ρ, and T. For gas and radiation we define adiabatic exponents Γ_1 and Γ_2 by

$$\frac{dP}{P} = \Gamma_1 \frac{d\rho}{\rho} \tag{Ex. 6.2.1}$$

$$\frac{dP}{P} = \frac{\Gamma_2}{\Gamma_2 - 1}\frac{dT}{T}, \tag{Ex. 6.2.2}$$

noting that both are equal to the γ_a of conditions (6.26) and (6.28) in the case of gas without radiation. Now, for an ideal gas we have from equations (3.28), (3.44), and (3.47)

$$u = \frac{3}{2}\frac{\mathcal{R}}{\mu}T + \frac{aT^4}{\rho}$$

$$P = P_{\rm gas} + P_{\rm rad} = \frac{\mathcal{R}}{\mu}\rho T + \tfrac{1}{3}aT^4$$

and from equations (3.11) and (3.12),

$$P_{\rm gas} = \beta P \quad \text{and} \quad P_{\rm rad} = (1-\beta)P.$$

Hence

$$du = \frac{3}{2}\frac{\mathcal{R}}{\mu}dT + \frac{4aT^3}{\rho}dT - \frac{aT^4}{\rho^2}d\rho = \frac{3}{2}\beta\frac{P}{\rho}\frac{dT}{T} + 12(1-\beta)\frac{P}{\rho}\frac{dT}{T} - 3(1-\beta)\frac{P}{\rho}\frac{d\rho}{\rho},$$

which, substituted into the condition for adiabaticity, leads to

$$\frac{24-21\beta}{2}\frac{dT}{T} = (4-3\beta)\frac{d\rho}{\rho}. \qquad \text{(Ex. 6.2.3)}$$

For the pressure we have

$$dP = P_{\rm gas}\frac{dT}{T} + P_{\rm gas}\frac{d\rho}{\rho} + 4P_{\rm rad}\frac{dT}{T},$$

leading to

$$\frac{dP}{P} = (4-3\beta)\frac{dT}{T} + \beta\frac{d\rho}{\rho}. \qquad \text{(Ex. 6.2.4)}$$

Eliminating dT/T between equations (Ex. 6.2.3) and (Ex. 6.2.4), we obtain

$$\frac{dP}{P} = \left[\frac{2(4-3\beta)^2}{24-21\beta} + \beta\right]\frac{d\rho}{\rho}.$$

Comparing this result with equation (Ex. 6.2.1), we have

$$\Gamma_1 = \frac{32-24\beta-3\beta^2}{24-21\beta}.$$

Similarly, by eliminating $d\rho/\rho$ between equations (Ex. 6.2.3) and (Ex. 6.2.4) and comparing with equation (Ex. 6.2.2), we obtain

$$\Gamma_2 = \frac{32-24\beta-3\beta^2}{24-18\beta-3\beta^2}.$$

For $\beta = 1$ (pure gas), $\Gamma_1 = \Gamma_2 = 5/3$; for $\beta = 0$ (pure radiation), $\Gamma_1 = \Gamma_2 = 4/3$; for $\beta = \frac{1}{2}$, $\Gamma_1 = 1.43$, while $\Gamma_2 = 1.35$.

Note: The adiabatic exponent Γ_1 for matter and radiation was introduced by Eddington in 1918; Γ_2, as well as a further adiabatic exponent Γ_3, which relates T and ρ, were later introduced by Chandrasekhar.

Exercise 6.3: Let M_c be the mass of the convective core. The temperature gradient at its boundary is given on the one hand by the adiabatic gradient (as in the core),

$$\frac{dT}{dr} = \frac{\gamma_a - 1}{\gamma_a}\frac{T}{P}\frac{dP}{dr} = -\frac{\gamma_a - 1}{\gamma_a}\frac{T}{P}\frac{GM_c\rho}{r^2},$$

after substituting the pressure gradient from the hydrostatic equation, and on the other hand by the radiative diffusion equation (5.3),

$$\frac{dT}{dr} = -\frac{3}{4ac}\frac{\kappa\rho}{T^3}\frac{F}{4\pi r^2}.$$

Continuity of dT/dr (imposed by the continuity of the radiative flux) requires equality of the right-hand sides of these equations:

$$\frac{\gamma_a - 1}{\gamma_a}\frac{T}{P}GM_c = \frac{3}{4ac}\frac{\kappa}{T^3}\frac{F}{4\pi}.$$

Since there are no energy sources outside the core, we may take $F = L$. Substituting

$$\frac{\frac{1}{3}aT^4}{P} = \frac{P_{rad}}{P} = 1 - \beta,$$

dividing by M, and rearranging terms, we obtain

$$\frac{M_c}{M} = \frac{\gamma_a}{4(\gamma_a - 1)(1 - \beta)}\frac{\kappa L}{4\pi cGM}.$$

Now, if κ is constant up to the surface, then $4\pi cGM/\kappa$ is the Eddington luminosity L_{Edd}, and if β is constant, we have from equation (5.42) $L/L_{Edd} = 1 - \beta$, which yields the desired expression for the core mass fraction. Note that the ratio depends indirectly on M through the adiabatic exponent, which depends on β, where $\beta = \beta(M)$.

Exercise 7.1: Inserting relation (7.36) into equation (7.28), on the right we obtain

$$P_\star \propto M^2\left(M^{\frac{n-1}{n+3}}\right)^{-4} \quad \Longrightarrow \quad P_\star \propto M^{\frac{10-2n}{n+3}}.$$

We have $P_\star \propto M^{2/7}$ for $n = 4$ (that is, $P_\star$ increases with M), whereas $P_\star \propto M^{-22/19}$ for $n = 16$ (that is, $P_\star$ decreases with increasing stellar mass).

Inserting relation (7.36) into equation (7.33), we obtain

$$T_\star \propto M^{\frac{4}{n+3}},$$

which yields $T_\star \propto M^{4/7}$ for $n = 4$ and $T_\star \propto M^{4/19}$ for $n = 16$. Note the weak dependence of $T_\star$ on M corresponding to stars that burn hydrogen by the CNO cycle, which means that the main sequence of these stars may be taken to represent a line of constant central temperature.

Exercise 7.2: The effective temperature of a star of known L and R is obtained from equation (1.3):

$$L = 4\pi R^2 \sigma T_{\text{eff}}^4.$$

Using relation (7.35) for the luminosity at the lower end of the main sequence,

$$\frac{L_{\text{min}}}{L_\odot} = \left(\frac{M_{\text{min}}}{M_\odot}\right)^3,$$

and relation (7.36) for the radius (calibrated to the solar radius, with $n = 4$),

$$\frac{R}{R_\odot} = \left(\frac{M_{\text{min}}}{M_\odot}\right)^{3/7},$$

we obtain

$$L_\odot \left(\frac{M_{\text{min}}}{M_\odot}\right)^3 = 4\pi R_\odot^2 \left(\frac{M_{\text{min}}}{M_\odot}\right)^{6/7} \sigma T_{\text{eff,min}}^4.$$

Substituting $T_{\text{eff},\odot} = [L_\odot/(4\pi R_\odot^2 \sigma)]^{1/4} \approx 5800$ K, and $M_{\text{min}} \approx 0.1 M_\odot$, we have

$$T_{\text{eff,min}} = T_{\text{eff},\odot} \left(\frac{M_{\text{min}}}{M_\odot}\right)^{15/28} \approx 1700 \text{ K}.$$

Exercise 7.3: First, we write the condition $L < 4\pi cGM/\kappa_s$ as

$$\frac{L}{L_\odot} < \frac{4\pi cGM_\odot}{\kappa_s L_\odot} \frac{M}{M_\odot}.$$

Next, we calibrate relation (7.35) between luminosity and mass:

$$\frac{L}{L_\odot} = \left(\frac{M}{M_\odot}\right)^3.$$

Substituting it into the previous relation, we obtain an upper limit for the mass of main-sequence stars,

$$\frac{M}{M_\odot} < \sqrt{\frac{4\pi c G M_\odot}{\kappa_s L_\odot}} = 180,$$

assuming κ_s is the electron scattering opacity $\kappa_{es,o}$ [equation (3.64)]. Using the mass-luminosity relation, we obtain the corresponding upper limit for the luminosity of main-sequence stars: $L < 5.8 \times 10^6\ L_\odot$. The radius of a $180 M_\odot$ star may be obtained from calibrated relation (7.36), taking $n = 16$, appropriate to the upper main sequence. The effective temperature results from $L = 4\pi R^2 \sigma T_{eff}^4$, as in *Exercise 7.2*, which yields $T_{eff} = 3.7 \times 10^4$ K.

Exercise 7.4: Some of the relations between starred quantities [equations (7.28), (7.29), and (7.33)] are independent of the opacity or the nuclear energy generation laws. These are

$$P_* = \frac{GM^2}{R_*^4} \qquad \rho_* = \frac{M}{R_*^3} \qquad T_* = \frac{G\mu}{\mathcal{R}} \frac{M}{R_*}. \qquad \text{(Ex. 7.4.1)}$$

From the Kramers opacity law and $n = 4$ we obtain two additional relations, using equations (7.31) and (7.32):

$$F_* = \frac{ac}{\kappa_0} \frac{T_*^{7.5} R_*^4}{\rho_* M}$$

$$F_* = q_0 \rho_* T_*^4 M.$$

Substituting (Ex. 7.4.1), we have

$$F_* \propto \frac{M^{5.5}}{R_*^{0.5}} \qquad \text{and} \qquad F_* \propto \frac{M^6}{R_*^7},$$

which, combined, yield a relation between radius and mass in the form

$$R_* \propto M^{1/13}.$$

This, in turn, enables the derivation of a mass-luminosity relation, as well as a radius-luminosity relation. With the aid of the latter, the main-sequence slope may be derived as in the text. Thus,

$$L \propto M^{5.46}$$

$$\log L = 4.12 \log T_{eff} + \text{constant}.$$

In conclusion, different opacity laws result in different main-sequence slopes (even assuming the same n), 4.12 for a Kramers opacity law, as compared to 5.6 for a constant opacity [equation (7.39a)].

Exercise 7.5: The set of structure equations in the case of a fully convective star is

$$\frac{dP}{dm} = -\frac{Gm}{4\pi r^4}$$

$$\frac{dr}{dm} = \frac{1}{4\pi r^2 \rho}$$

$$\frac{dF}{dm} = q_0 \rho T^n$$

$$P = K_a \rho^{\gamma_a}$$

$$T = K'_a P^{(\gamma_a - 1)/\gamma_a}.$$

The first three are the same as in the case of a star in radiative equilibrium and lead to the relations

$$P_\star = \frac{GM^2}{R_\star^4} \qquad \text{(Ex. 7.5.1)}$$

$$\rho_\star = \frac{M}{R_\star^3} \qquad \text{(Ex. 7.5.2)}$$

$$F_\star = q_0 \rho_\star T_\star^n M. \qquad \text{(Ex. 7.5.3)}$$

From the last two structure equations, substituting $\gamma_a = 5/3$, we obtain the relations

$$P_\star \propto \rho_\star^{5/3} \qquad \text{(Ex. 7.5.4)}$$

$$T_\star \propto P_\star^{2/5}. \qquad \text{(Ex. 7.5.5)}$$

Substitution of equations (Ex. 7.5.1) and (Ex. 7.5.2) into relation (Ex. 7.5.4) leads to a relation between radius and mass:

$$R_\star \propto M^{-1/3} \qquad \text{(Ex. 7.5.6)}$$

[compare with relation (5.29)]. Inserting it into equations (Ex. 7.5.1) and (Ex. 7.5.2), and using relation (Ex. 7.5.5), we have

$$\rho_\star \propto M^2 \qquad P_\star \propto M^{10/3} \qquad T_\star \propto M^{4/3}.$$

Using the first and last of these relations in equation (Ex. 7.5.3), we get the mass-luminosity relation

$$F_\star \propto M^{3+4n/3} \qquad \Longrightarrow \qquad L \propto M^{3+4n/3}. \qquad \text{(Ex. 7.5.7)}$$

Combining relations (Ex. 7.5.6) and (Ex. 7.5.7), we have for the stellar radius

$$R \propto L^{-1/(9+4n)},$$

which leads to the main-sequence slope (since $T_{\rm eff}^4 \propto L/R^2$):

$$\log L = \frac{36+16n}{11+4n} \log T_{\rm eff} + \text{constant}.$$

We note that for the lower main sequence ($n \approx 4$), where we may indeed expect the stars to be fully convective (see Section 6.6), the slope is 3.7 – less steep than in the case when radiative equilibrium is assumed.

Exercise 7.6:

(a) Assume an amount of mass δm is burnt during a time interval δt (and added to the core). The nuclear energy supplied is $Q\,\delta m$; this energy is radiated by the star at a rate L and hence $Q\,\delta m = L\,\delta t$. Therefore the rate of core growth is $\dot{M}_{\rm c} = L/Q$. Since L and Q are constants, and $M_{\rm c} = 0$ at $t = 0$, we get by integration

$$M_{\rm c}(t) = \frac{L}{Q} t. \qquad \text{(Ex. 7.6.1)}$$

(b) The envelope loses mass at its inner boundary at the same rate as the core gains mass due to nuclear burning. It also loses mass at its outer boundary – at the mass loss rate of the star. Thus

$$\dot{M}_{\rm e} = -\dot{M}_{\rm c} + \dot{M} = -\frac{L}{Q} - \alpha L = -L\left(\frac{1}{Q} + \alpha\right).$$

Integrating and using the initial condition $M_{\rm e} = M_0$ at $t = 0$, we have

$$M_{\rm e}(t) = M_0 - L\left(\frac{1}{Q} + \alpha\right) t. \qquad \text{(Ex. 7.6.2)}$$

(c) The core mass attained when the envelope mass is exhausted is obtained by setting $M_e(t) = 0$ and eliminating t between equations (Ex. 7.6.1) and (Ex. 7.6.2),

$$M_c = \frac{M_0}{1 + \alpha Q}.$$

(d) For the star to become a white dwarf this core mass must satisfy $M_c < M_{Ch}$, which imposes an upper limit on the initial mass of the star:

$$M_0 < M_{Ch}(1 + \alpha Q) \quad \Longrightarrow \quad M_0 < 9\, M_\odot.$$

Exercise 8.1: The wind emanated by the Sun crosses any spherical surface centred on the Sun (just as the radiation emitted by the Sun does); otherwise matter would accumulate at some place; hence $\dot{m}$ = constant. Conservation of mass (in spherical symmetry) requires that an amount of mass δm crossing a spherical surface of radius r during a time interval δt equal the density at r multiplied by the volume of this mass, $\delta V = 4\pi r^2 \delta r$. Since $\delta r = v\delta t$, where v is the (radial) velocity of the wind, we have

$$\delta m = 4\pi r^2 \rho v \delta t.$$

Dividing by δt, we obtain

$$\dot{m} = 4\pi r^2 \rho v.$$

As the contribution of electrons to the mass (density) is negligible, we may assume the wind density to be $\rho \approx n_p m_H$, where n_p is the proton number density. The measurements at Earth ($r = 1$ AU) thus yield $\dot{m} \approx 1.3 \times 10^9$ kg s^{-1} $\approx 2 \times 10^{-14} M_\odot$ yr^{-1}.

Exercise 8.2:

(a) Assume n helium nuclei are produced in the Sun per unit time, of which n_1 are produced by the p–p I chain, n_2 by the p–p II chain, and n_3 by the p–p III chain. Thus $n = n_1 + n_2 + n_3$ and the branching ratios are n_i/n ($1 \le i \le 3$), respectively. The neutrino fluxes intercepted at Earth, $f_{\nu,i}$ ($1 \le i \le 3$) – listed in the second column of Table 8.3 – are a fraction $\alpha = (4\pi d^2)^{-1}$ (where $d = 1$ AU) of those produced per unit time in the Sun. In the production of a helium nucleus by the p–p I chain, two p–p neutrinos are emitted; by the p–p II chain, one p–p neutrino and one ^{7}Be neutrino; and by the p–p III chain, one p–p neutrino and one ^{8}B neutrino (see Section 4.3). Therefore

$$f_{\nu,1} = \alpha(2n_1 + n_2 + n_3)$$

$$f_{\nu,2} = \alpha n_2$$

$$f_{\nu,3} = \alpha n_3$$

$$f_{\nu,1} + f_{\nu,2} + f_{\nu,3} = 2\alpha n.$$

Eliminating n_i from these relations we obtain the branching ratios:

$$\frac{n_1}{n} = \frac{f_{\nu,1} - f_{\nu,2} - f_{\nu,3}}{f_{\nu,1} + f_{\nu,2} + f_{\nu,3}} \approx 0.85 \qquad (p\text{–}p \text{ I})$$

$$\frac{n_2}{n} = \frac{2f_{\nu,2}}{f_{\nu,1} + f_{\nu,2} + f_{\nu,3}} \approx 0.15 \qquad (p\text{–}p \text{ II})$$

$$\frac{n_3}{n} = \frac{2f_{\nu,3}}{f_{\nu,1} + f_{\nu,2} + f_{\nu,3}} \approx 2 \times 10^{-4} \qquad (p\text{–}p \text{ III}).$$

(b) The average energy carried by each neutrino type, $Q_{\nu,i}$ is listed in the last column of Table 8.3. The neutrino luminosity of the Sun is given by the total neutrino energy flux at Earth, multiplied by $4\pi d^2$:

$$L_\nu = 4\pi d^2(f_{\nu,1}Q_{\nu,1} + f_{\nu,2}Q_{\nu,2} + f_{\nu,3}Q_{\nu,3}) = 8.9 \times 10^{24}\ \mathrm{J\ s^{-1}} = 0.023L_\odot.$$

(c) If the branching ratios of the p–p chain were not known, then the neutrino energy lost for each helium nucleus produced would vary between a minimum value of 2×0.263 MeV (corresponding to the p–p I chain) and a maximum value of $(0.263 + 7.2)$ MeV (corresponding to the p–p III chain). The net energy released in the production of a helium nucleus (that would ultimately be radiated by the Sun) would range between $Q_{\max} = 26.73 - 2 \times 0.263 = 26.20$ MeV and $Q_{\min} = 26.73 - 0.263 - 7.2 = 19.27$ MeV. Since the luminosity of the Sun is known, the number of helium nuclei that should be produced per unit time in order to supply it can be calculated in each case. The number of neutrinos emitted is twice as much. Therefore

$$n_{\min} = 2\frac{L_\odot}{Q_{\max}} = 1.84 \times 10^{38}\ \mathrm{s^{-1}}$$

$$n_{\max} = 2\frac{L_\odot}{Q_{\min}} = 2.50 \times 10^{38}\ \mathrm{s^{-1}}.$$

Exercise 8.3: First, we integrate equation (5.2) in order to obtain the core mass M_1:

$$M_1 = \int_0^{R_1} 4\pi r^2 \left[\rho_c - (\rho_c - \rho_1)\left(\frac{r}{R_1}\right)^2\right] dr = \frac{4\pi R_1^3}{5}\left(\tfrac{2}{3}\rho_c + \rho_1\right). \qquad \text{(Ex. 8.3.1)}$$

Next, we integrate equation (5.2) in order to obtain the mass outside the core:

$$M - M_1 = \int_{R_1}^{R} 4\pi r^2 \rho_1 \frac{\left(\frac{R_1}{r}\right)^3 - \left(\frac{R_1}{R}\right)^3}{1 - \left(\frac{R_1}{R}\right)^3} dr = 4\pi R_1^3 \rho_1 \left[\frac{\ln\frac{R}{R_1}}{1 - \left(\frac{R_1}{R}\right)^3} - \frac{1}{3}\right]. \qquad \text{(Ex. 8.3.2)}$$

Dividing equation (Ex. 8.3.2) by equation (Ex. 8.3.1) and substituting $x_1 = \rho_c/\rho_1$ and

$y_1 = M/M_1$, we have

$$\frac{\ln \frac{R}{R_1}}{1 - \left(\frac{R_1}{R}\right)^3} = \tfrac{1}{5}(y_1 - 1)\left(\tfrac{2}{3}x_1 + 1\right) + \tfrac{1}{3}.$$

Now, since $R_1 < R$, we may neglect $(R_1/R)^3$ with respect to 1 in the denominator on the left-hand side; hence exponentiating, we obtain

$$\frac{R}{R_1} \approx e^{[(y_1-1)(2x_1+3)+5]/15},$$

which yields $R/R_1 \approx 3 \times 10^4$ for $x_1 = 10$ and $y_1 = 7.5$. Thus, if the core radius is of the order of a white dwarf's, $R_1 \sim 0.01\ R_\odot$, the resulting stellar radius is $\sim 300\ R_\odot$, illustrating the possibility of having a compact core and a very extended envelope.

Exercise 8.4:

(a) The mass loss timescale may be estimated by $M/\dot{M}$ [equation (2.55)]. The thermal timescale is given by equation (2.59), $\tau_{\rm th} \approx GM^2/RL$. Using equation (8.27) for $\dot{M}$, we obtain

$$\tau_{\rm m-l} = \frac{M}{\dot{M}} = \frac{1}{\phi}\frac{c}{v_{\rm esc}}\frac{GM^2}{RL} \approx \frac{1}{\phi}\frac{c}{v_{\rm esc}}\tau_{\rm th}.$$

Generally, $v_{\rm esc} \ll c$ and certainly $\phi v_{\rm esc} \ll c$; therefore we may conclude that $\tau_{\rm m-l} \gg \tau_{\rm th}$.

(b) The energy required for removing an amount of mass δm from the surface of a star is equal to the gravitational binding energy of this element, $\delta E_{\rm grav} = GM\delta m/R$, and if the mass is removed during a time interval δt, the *rate* of energy supply $(\delta E_{\rm grav}/\delta t)$ is

$$\dot{E}_{\rm grav} = \frac{GM\dot{M}}{R} = \phi\frac{v_{\rm esc}}{c}L,$$

where $\dot{M}$ was substituted from equation (8.27). As argued in (a), $\dot{E}_{\rm grav} \ll L$.

(c) From estimate (2.61), $\tau_{\rm nuc} \approx \epsilon Mc^2/L$, where ϵ amounts to a few times 0.001. Using the result of (a), we have

$$\frac{\tau_{\rm m-l}}{\tau_{\rm nuc}} = \frac{1}{\phi}\frac{1}{v_{\rm esc}c}\frac{GM}{\epsilon R}.$$

Substituting on the right-hand side $GM/R = v_{\rm esc}^2/2$, we obtain

$$\frac{\tau_{\rm m-l}}{\tau_{\rm nuc}} = \frac{1}{\phi}\frac{v_{\rm esc}}{c}\frac{1}{2\epsilon}.$$

If $v_{esc} < 0.001c$ (as is mostly the case) and if ϕ is not a too small fraction (as, indeed, observations indicate), then $\tau_{m-1} < \tau_{nuc}$.

Exercise 8.5: In Section 7.4 we have seen that, for main-sequence stars, global quantities may be expressed as power laws of the stellar mass. These may be easily reverted to power laws of the luminosity. Thus

$$L \propto M^{\alpha_1} \quad \Longrightarrow \quad M \propto L^{1/\alpha_1},$$
$$R \propto M^{\alpha_2} \quad \Longrightarrow \quad R \propto L^{\alpha_2/\alpha_1}.$$

A parametrization of the mass loss rate of the form (8.27) would result in

$$\dot{M} \propto \frac{LR}{GM} \propto L^{(\alpha_1 + \alpha_2 - 1)/\alpha_1}.$$

Using the results of Section 7.4, we have $\alpha_1 = 3$ [relation (7.35)] and $\alpha_2 = (n-1)/(n+3)$ [relation (7.36)], whence

$$\dot{M} \propto L^{(3n+5)/(3n+9)}.$$

We note that this is very close to a linear dependence, particularly for massive stars, which burn hydrogen by means of the CNO cycle ($n \approx 16$).

Exercise 8.6:

(a) In the outer layer of a white dwarf we have by equation (8.36) $P = P(T)$. We may thus write the equation of hydrostatic equilibrium (8.32) as

$$\frac{dP}{dT}\frac{dT}{dr} = -\rho\frac{GM}{r^2}.$$

Using the ideal gas equation of state (appropriate to this layer), we substitute $\rho = (\mu/\mathcal{R})(P/T)$ to obtain

$$\frac{d\ln P}{d\ln T}\frac{dT}{dr} = -\frac{\mu}{\mathcal{R}}\frac{GM}{r^2}. \qquad \text{(Ex. 8.6.1)}$$

From equation (8.36) we have

$$\frac{d\ln P}{d\ln T} = \frac{17}{4},$$

and hence, integrating equation (Ex. 8.6.1) and using the boundary condition $T(R) = 0$, we obtain the required relation (8.42).

(b) We may write this relation for $T_c = T_b \equiv T(r_b)$ in the form

$$\frac{\mathcal{R}}{\mu}T_c = \frac{4}{17}\frac{GM}{R}\frac{R - r_b}{r_b}. \qquad \text{(Ex. 8.6.2)}$$

The left-hand side represents (roughly) the ion energy per unit mass, P_I/ρ. The term GM/R on the right-hand side is, according to the virial theorem, the total energy per unit mass (or P/ρ). Since for degenerate electrons, $P \approx P_e \gg P_I$, we must have

$$R - r_b \ll r_b < R.$$

(c) Since we have shown that $\ell \equiv R - r_b \ll R$, then $r_b \approx R$ and we may write equation (Ex. 8.6.2) as

$$T_c = \frac{4}{17}\frac{\mu}{\mathcal{R}}\frac{GM}{R^2}\ell \qquad \Longrightarrow \qquad T_c \propto \ell.$$

Using relation (8.39) between L and T_c, we obtain $\ell \propto L^{2/7}$, and hence

$$\frac{\ell_1}{\ell_2} = \left(\frac{L_1}{L_2}\right)^{2/7} = 100^{2/7} \approx 3.7.$$

Exercise 9.1: The equation of motion for free fall (a motion governed by the gravitational field without any, or with negligible, opposition exerted by pressure) is, according to equation (2.12),

$$\ddot{r}(m,t) = -\frac{Gm}{r(m,t)^2}.$$

Multiplying both sides by $\dot{r}(m,t)$, we obtain

$$\left[\tfrac{1}{2}\dot{r}^2(m,t)\right]^{\cdot} = Gm[1/r(m,t)]^{\cdot},$$

or, since m and t are independent variables,

$$\left[\tfrac{1}{2}\dot{r}^2(m,t) - Gm/r(m,t)\right]^{\cdot} = 0.$$

Integrating, we have

$$\tfrac{1}{2}\dot{r}^2(m,t) - Gm/r(m,t) = -C,$$

where $-C$ is an integration constant (independent of time). If the collapse starts from rest, that is, $\dot{r}(m,0) = 0$ everywhere, then $C = Gm/r(m,0)$. We choose $C = 0$, implying collapse from a very extended initial configuration. All solutions will converge with time to that corresponding to $C=0$, since the term $Gm/r(m,t)$, which increases with time, will eventually become dominant. For a uniform density, $m=\frac{4\pi}{3}r(m,t)^3\rho$, where $\rho=\rho(t)$, and hence

$$\dot{r}^2(m,t)=\frac{8\pi G\rho(t)}{3}r^2(m,t). \tag{Ex. 9.1.1}$$

Therefore

$$\dot{r}(m,t)=-\sqrt{8\pi G\rho(t)/3}\,r(m,t),$$

where we have chosen the negative root, appropriate to collapse. This shows that at any given time the velocity changes linearly with distance from the centre.

Note: The same equation of motion applies to the universe (in the Newtonian approach) and describes its expansion – when the positive root of equation (Ex. 9.1.1) is chosen. The resulting linear dependence of velocity on distance – describing the relative motion of galaxies – is known as the *Hubble law*, which was first discovered from observations.

Exercise 9.2: We proceed as in Exercise 9.1 to obtain the first integral of the equation of motion,

$$\tfrac{1}{2}\dot{r}^2=Gm\left(\frac{1}{r}-\frac{1}{r_0}\right),$$

where $r\equiv r(m,t)$ and $r_0\equiv r(m,0)$. From the condition of uniform initial density, which we denote by ρ_0, we have

$$m=\frac{4\pi}{3}r_0^3\rho_0.$$

Substituting m in the former relation, we obtain

$$\dot{r}=-\left[\frac{8\pi G\rho_0 r_0^2}{3}\left(\frac{r_0}{r}-1\right)\right]^{1/2}, \tag{Ex. 9.2.1}$$

where we have chosen the negative root to describe the collapse. In order to solve this equation, we introduce a new variable, $x(m,t)$, defined by

$$\cos^2 x=\frac{r}{r_0},$$

noting that $x=0$ at $t=0$. We also define a constant $K=\sqrt{8\pi G\rho_0/3}$. It is easy to see that equation (Ex. 9.2.1) becomes

$$\dot{x}\cos^2 x=\tfrac{1}{2}K,$$

which may be directly integrated to yield

$$x + \tfrac{1}{2}\sin 2x = Kt.$$

Now, the solution $x(t)$, or r/r_0, is the same for all m, meaning that any part of the core will take the same amount of time to contract to a given fraction of its former radial distance from the centre. The density will thus remain uniform. It is noteworthy that the time of collapse is finite: when $r(m,t) = 0$, $x = \pi/2$ and $t = 2K/\pi$ (which is of the order of the dynamical timescale $1/\sqrt{G\rho_0}$). Hence the solution has a singularity, the density becoming infinite at $t = 2K/\pi$.

Exercise 10.1: Consider a cloud of mass equal to the Jeans mass M_J and temperature T. According to equation (10.4), its radius is

$$R = \frac{\alpha}{3}\frac{\mu G M}{\mathcal{R}T}. \qquad \text{(Ex. 10.1.1)}$$

The rate of gravitational energy release in collapse may be estimated by the potential gravitational energy, of the order of GM_J^2/R [equation (2.27)], divided by the free-fall, or dynamical timescale, [equation (2.56)]. Thus,

$$\dot{E}_{\text{grav}} \approx \alpha\frac{GM_J^2}{R}\left(\frac{2GM_J}{R^3}\right)^{1/2} \approx \alpha\sqrt{2}G^{3/2}M_J^{5/2}R^{-5/2}.$$

Since the radiation temperature is lower than the gas temperature T, the rate at which energy is radiated at the cloud's surface, or the cloud's luminosity L, may be taken as

$$L = \epsilon\, 4\pi R^2\sigma T^4,$$

where $\epsilon < 1$. As the radiated energy is supplied by the gravitational energy released in collapse, we have

$$\epsilon\, 4\pi R^2\sigma T^4 = \alpha\sqrt{2}G^{3/2}M_J^{5/2}R^{-5/2}. \qquad \text{(Ex. 10.1.2)}$$

Substituting equation (Ex. 10.1.1) into equation (Ex. 10.1.2) yields

$$M_J \approx \left[\frac{4.0(\mathcal{R}/\mu)^{9/4}}{\sigma^{1/2}G^{3/2}}\right]\frac{T^{1/4}}{\epsilon^{1/2}}.$$

Since $\epsilon < 1$, taking $\epsilon = 1$ on the right-hand side provides a lower limit for M_J.

Exercise 10.2: From equation (10.13) we have

$$\frac{\eta}{\zeta} = \frac{\left(M_{\text{MS}}^{-0.35} - M_{\text{max}}^{-0.35}\right) - M_{\text{WD}}\left(M_{\text{MS}}^{-1.35} - M_{\text{SN}}^{-1.35}\right)\frac{0.35}{1.35}}{M_{\text{min}}^{-0.35} - M_{\text{max}}^{-0.35}}.$$

Substituting $M_{MS} = 0.7M_\odot$, $M_{SN} = 10M_\odot$, and $M_{WD} = 0.6M_\odot$, we obtain

$$\frac{\eta}{\zeta} = \frac{0.89(M_{max}/M_\odot)^{0.35} - 1}{(M_{max}/M_{min})^{0.35} - 1},$$

which yields for $M_{max} = 30M_\odot$

$$\frac{\eta}{\zeta} = 0.23 \qquad (M_{min} = 0.05M_\odot) \qquad \frac{\eta}{\zeta} = 0.40 \qquad (M_{min} = 0.20M_\odot),$$

while for $M_{max} = 120M_\odot$

$$\frac{\eta}{\zeta} = 0.26 \qquad (M_{min} = 0.05M_\odot) \qquad \frac{\eta}{\zeta} = 0.45 \qquad (M_{min} = 0.20M_\odot).$$

In conclusion, the ratio η/ζ is far more sensitive to M_{min} than to M_{max}.

Exercise 10.3: As we have seen in Section 1.4, and again in Section 7.4, the luminosity of main-sequence stars is a function of the stellar mass in the form of a power law, $L \propto M^\nu$. If the cluster's luminosity L_C is the sum of the luminosities of its main-sequence stars, which have masses in the range $M_{min} \le M \le M_{tp}$, then

$$L_C = \int_{M_{min}}^{M_{tp}} L(M)dN = \int_{M_{min}}^{M_{tp}} L(M)\Phi(M)dM \propto \int_{M_{min}}^{M_{tp}} M^{\nu-2.35}dM.$$

The relative change in L_C from $L_{C,1}$, say, to $L_{C,2}$, as the turning point off the main sequence decreases from $M_{tp,1} = 1.3M_\odot$ to $M_{tp,2} = 0.85M_\odot$, is given by

$$\frac{L_{C,2}}{L_{C,1}} = \frac{\int_{M_{min}}^{M_{tp,2}} M^{\nu-2.35}dM}{\int_{M_{min}}^{M_{tp,1}} M^{\nu-2.35}dM} = \frac{(M_{tp,2}/M_{min})^{\nu-1.35} - 1}{(M_{tp,1}/M_{min})^{\nu-1.35} - 1} \approx \left(\frac{M_{tp,2}}{M_{tp,1}}\right)^{\nu-1.35}.$$

Thus the cluster's luminosity decreases by a factor of ~ 2, if we adopt $\nu = 3$, and by a factor of ~ 5, if $\nu = 5$.

Exercise 10.4: The function $\Upsilon(t)$ satisfies the equation

$$\dot{\Upsilon} = -\alpha\Upsilon^2,$$

where α is a constant to be determined from the given data. Integrating and using the initial condition $\Upsilon(0) = 1$, we have

$$\frac{1}{\Upsilon} - 1 = \alpha t.$$

Substituting $\Upsilon(t_p) = \Upsilon_p = 0.05$, we may eliminate α to obtain

$$\Upsilon(t) = \frac{\Upsilon_p}{\Upsilon_p + \frac{t}{t_p}(1 - \Upsilon_p)}.$$

Substituting $\Upsilon = 0.5$ yields $t/t_p = 0.053$, meaning that when the Galaxy was ~5% of its present age, the gas content amounted to half the galactic mass. It decreased to a tenth of the galactic mass when the Galaxy reached about half its present age. Decreasing further, it will reach half its present mass (that is, $\Upsilon = 0.025$) when the Galaxy will be about twice its present age.

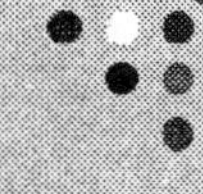

물리상수 및 천문상수들

표 A3.1 기본상수들

Constant	Symbol	Value	Units	
			SI	cgs
Speed of light	c	2.99792458	$10^{8} m\, s^{-1}$	$10^{10} cm s^{-1}$
Permittivity	ε_0	$1/4\pi$	$10^{7}/c^{2} C^{2} N^{-1} m^{-2}$	1
Permeability	μ_0	4π	$10^{-7} C^{-2} N s^{2}$	1
Gravitational	G	6.67259	$10^{-11} m^{3} kg^{-1} s^{-2}$	$10^{-8} cm^{3} g^{-1} s^{-2}$
Planck	h	6.6260755	$10^{-34} Js$	$10^{-27} ergs$
Boltzmann	k	1.380658	$10^{-23} JK^{-1}$	$10^{-16} ergK^{-1}$
Stefan-Boltzmann	σ	5.67051	$10^{-8} Jm^{-2} s^{-1} K^{-4}$	$10^{-5} ergcm^{-2} s^{-1} K^{-4}$
Radiation	a	7.5646	$10^{-16} Jm^{-3} K^{-4}$	$10^{-15} ergcm^{-3} K^{-4}$
Wien		2.897756	$10^{-3} mK$	$10^{-1} cmK$
Avogadro	N_A	6.0221367	$10^{23} mol^{-1}$	$10^{23} mol^{-1}$
Atomic mass unit	m_H	1.6605402	$10^{-27} kg$	$10^{-24} g$
Ideal gas	$\mathcal{R}$	8.314510	$10^{3} Jkg^{-1} K^{-1}$	$10^{7} erg\, g^{-1} K^{-1}$
Electron charge	e	1.60217733	$10^{-19} C$	$10^{-20} c\, esu$
Electron mass	m_e	9.1093897	$10^{-31} kg$	$10^{-28} g$
Proton mass	m_p	1.6726231	$10^{-27} kg$	$10^{-24} g$
Neutron mass	m_n	1.6749286	$10^{-27} kg$	$10^{-24} g$
Angström	Å	1	$10^{-10} m$	$10^{-8} cm$

노트 : $a = 4\sigma/c, m_H = 1/N_A$, $\mathcal{R} = k/m_H$. Fundamental constants re from E. R. Cohen & B. N. Taylor.(1987), rev. Mod Phys, 59, p 1121 ; CODATA Bullein (1986), 63, Nov; physics Today(1995), Part 2, BG9, Aug

표 A3.2 천문상수들

Constant	Symbol	Value	Units	
			SI	cgs
Solar mass	$M_\odot$	1.9891	$10^{30} kg$	$10^{23} g$
Solar radius	$R_\odot$	6.9598	$10^{8} m$	$10^{10} cm$
Solar luminosity	$L_\odot$	3.8515	$10^{26} J s^{-1}$	$10^{33} erg\ s^{-1}$
Year (solar)	yr	3.1558	$10^{7} s$	$10^{7} s$
Light-year	ly	9.463	$10^{15} m$	$10^{17} cm$
Parsec	pc	3.086	$10^{16} m$	$10^{18} cm$
Astronomical Unit	AU	1.496	$10^{11} m$	$10^{13} cm$
Earth mass	$M_\odot$	5.976	$10^{24} kg$	$10^{27} g$
Earth radius	$R_\odot$	6.378	$10^{6} m$	$10^{4} cm$

노트 : Astronomical constants are from C. Caso et al. (1998), European Physical Journal, C3, p. 1.

표 A3.3 에너지환산인수

Units	*erg*	*eV*	s^{-1}	cm^{-1}	*K*
erg	1	1.60217733(-12)	6.6260755(-27)	1.9864475(-16)	1.380658(-16)
eV	6.2415064(11)	1	4.1356692(-15)	1.23984244(-4)	8.617385(-5)
s^{-1}	1.50918897(26)	2.41798836(14)	1	2.99792458(10)	2.083674(10)
cm^{-1}	5.0341125(15)	8.0655410(3)	3.335640952(-11)	1	6.950387(-1)
K	7.242924(15)	1.160445(4)	4.799216(-11)	1.438769	1

표 A3.4 질량초과

Z	Element	A	$\Delta M(MeV)$
0	n	1	8.071
1	H	1	7.289
	D	2	13.136
2	He	3	14.931
		4	2.425
3	Li	6	14.086
		7	14.908
4	Be	9	11.348
5	B	10	12.051
		11	8.668
6	C	12	0
		13	3.125
7	N	14	2.863
		15	0.101
8	O	16	-4.737
		17	-0.809
		18	-0.782
9	F	19	-1.487
10	$\neq$	20	-7.042
		21	-5.732
		22	-8.024
11	Na	23	-9.530
12	Mg	24	-13.933
		25	-13.193
		26	-16.215
13	Al	27	-17.197
14	Si	28	-21.493
		29	-21.895
		30	-24.433
15	P	31	-24.441
16	S	32	-26.016
		33	-26.586
		34	-29.932
26	Fe	56	-60.601
27	Co	59	-62.224
28	$\ni$	58	-60.223
		60	-64.468

참고문헌

논문들

Arnett, W. D., Bahcall, J. N., Kirshner, R. P., Woosley, S. E. (1989), Ann. *Rev. Asrton. Astrophys.*, 27, pp. 629-700.

Atkinson, R. d'E., Houtermans, F. G. (1929), Zeit. f. *Physik*, 54, pp. 656-665.

Audouze, J., Tinsley, B. M. (1976), *Ann. Rev. Astron. Astrophys.*, 14, pp. 43-79.

Baade, W. (1944), *Astrophys. J.*, 100, pp. 137-150.

Baade, W,. Zwicky, F. (1934), *Phys. Rev.*, 45, p. 138.

Bahcall, J. N. (1964), *Phys. Rev.* letters, 12, pp. 300-302.

Barbon, R., Ciatti, F., Rosino, L. (1973), *Astron. Astrophys.*, 25, pp. 241-248.

Bergeron, P., Saffer, R. A., Liebert, J. (1992), *Astrophys. J.*, 394, pp. 228-247.

Bertout, C. (1989), Ann. Rev. *Astron. Astrophys.*, 27, pp. 351-395.

Bethe, H. A. (1939), *Phys. Rev.*, 55, pp. 434-456.

Bethe, H. A., Critchfield, C. H.(1938), *Phys. Rev.*, 54, pp. 248-254.

Biermann, L. (1932), *Zeits. Astrophys.*, 5, pp. 117-139.

Biermann, L. (1935), *Astron. Nachr.*, 257, pp. 269-294.

Burbidge, E. M., Burbidge, G. R., Fowler, W. A., Hoyle, F. (1957), *Rev. Mod. Phys.*, 29, pp. 547-650.

Burrows, A., Marley, M., Hubbard, W. B., Lunine, J. I., Guillot, T., Saumon, D., Freedman, R., Sudarsky, D., Sharp, C. (1997), *Astrophys.* J., 491, pp. 856-875.

Chandrasekhar, S. (1931), *Astrophys.* J., 74, pp. 81-82.

Chiosi, C., Bertelli, G., Bressan, A. (1992), Ann. *Rev. Astron. Astrophys.*, 30, pp. 235-285.

Chiosi, C., Meder, A. (1986), Ann. *Rev. Astron. Astrophys.*, 24, pp. 329-375.

Colgate, S. A., White, R. H. (1966), *Astrophys.* J., 143, pp. 626-681.

Cook, C. W., Fowler, W. A., Lauritsen, C. C., Lauritsen, T. (1957), *Phys. Rev.*, 107, pp. 508-515.

Cowling, T. G. (1930), *Mon. Not. Roy. Astron. Soc.*, 91, pp. 92-108.

Cowling, T. G. (1934), *Mon. Not. Roy. Astron. Soc.*, 94, pp. 768-782.

Cowling, T. G. (1935), *Mon. Not. Roy. Astron. Soc.*, 96, pp. 15-20.

Cowling, T. G. (1935), *Mon. Not. Roy. Astron. Soc.*, 96, pp. 42-60.

Cowling, T. G. (1966), Quart. J. Roy. Astron. Soc., 7, pp. 121-137.

D'Antona, F., Mazzitelli, I. (1986), *Astron. Astrophys.*, 162, pp. 80-86.

Davis, R. Jr. (1964), *Phys. Rev. Lett.*, 12, pp. 302-305.

Doggett, J. B., Branch, D. (1985), *Astron. J.*, 90, pp. 2303-2311.

Dunbar. D.N.F., Pixley,R.E., Wenzel, W.A., Whaling, W.(1953), *Phys. Rev.*, 92, pp.649-650.

Eddington, A. S. (1916), *Mon, Not. Roy. Astron. Soc.*, 77, pp 16-35.

Edddington, A.S (1932), *Mon. Not. Roy. Astron. Soc.*, 92, PP. 471-481.

Eggleton, P.P., Cannon, R.C (1991), *Astrophys. J.*, 383, pp.757-760.

Eggleton, P.P., Faulkner, J., Cannon, R.C.(1998), *Mon. Not. Roy. Astron. Soc.*, 298,PP. 831-834.

Faulkner,J.(1966), *Astronphys. J.*, 144, PP 978-994.

Fowler, R.H., Guggenheim, E.A. (1925), *Mon. Not. Roy. Astron. Soc.*, 85, PP.939-960, 961-970.

Gamow, G. (1928), *Zeit. F. Physik,* 52, pp. 510-515.

Gamow, G ., Teller, E. (1938), *Phys. Rev.*, 53,pp. 608-609.

Gautschy, A., Saio, H.(1996), *Ann. Rev. Astron. Astrophys.*, 34, pp. 551-606.

Gold, T.(1968), *Nature,* 218,pp 731-732.

Gold, T.(1969), *Nature,* 221, pp. 25-27.

Hamada,T., Salpeter, E.E(1961), *Astrophys. J.*, 145,pp.683-698.

Härm, R., Schwarzschild, M (1966), *Astrophys. J.*, 145, pp496-504.

Haselgrove, C.B., Hoyle, F.(1956), *Mon. Not. Roy. Astron. Soc.*, 116. pp. 515-526.

Haxton, W.C. (1995), *Ann Rev. Astron. Astrophys.*, 33, pp. 459-503.

Hayashi, C., Hoshi,R., Suugimoto, D. (1962), *Progr. Theor. Phts.Suppl.*, 22, pp.1-183.

Henyey, L. G., Forbes, J. E., Gould N, L, (1964), *Astrophts. J.*, 139, pp. 306-317.

Hewish, A., Bell, S.J., Pilkington, J. D. H., Scott, P. F., Collins, R. A. (1968), *Nature,* 217, pp. 709-713.

Hoyle, F.(1946), *Mon. Not. Roy. Astron. Soc.*, 106, pp. 343-383.

Hoyle, F.(1953), *Astrophys. J.*, 118, pp. 513-528.

Hoyle, F.(1954), *Astrophys. J. Suppl.*, 1, pp. 121-146.

Hoyle, F.(1960), *Mon. Not. Roy. Astron. Soc.*, 120, pp. 22-32.

Hoyle, F., Lyttleton, R. A. (1939), *Proc. Camb.Phil. Soc.*, 35, pp. 592-609.

Hoyle, F., Lyttleton, R. A. (1948), *Occ. Notes Roy. Astron. Soc.*, 12,pp. 89-108.

Hoyle, F., Schwarzsvhild, M (1955), *Astrophys. J. Suppl.*, 2,pp. 1-40.

Iben, I .(1965), *Astrophys. J.*, 141, pp. 993-1018

Iben, I .(1967), *Ann. Rev. Astron. Astrophys.*, 5,pp. 571-626.

Iben, I .(1974), *Ann. Rev. Astron. Astrophys.*, 12, pp. 215-256.

Iben, I .(1985), *Quart. J. Roy. Astron. Roc.*, 26, pp. 1-39.

Iben, I .(1991), *Astrophys. J. Suppl.*, 76, pp. 55-114.

Iglesias, C.A., Rogers, J. (1996), *Astrophys. J.*, 464, pp. 943-953.

Jeans, J. H (1902), *Phil. Trans. Roy. Soc.*, 199, pp. 1-5.

Johnson, H. L. (1952), *Astrophys. J.*, 116, pp. 272-282.

Johnons, H.L., Morgan, W.W. (1953), *Astrophys. J.*, 117, pp. 313-352.

Johnons, H.L., Sandage, A.R. (1956), *Astrophys. J.*, 124, pp. 379-389.

Kaniel, S., Kovetz, A. (1967), *Phys. Fluids,* 10, pp. 1186-1193.

Kippenhahn, R. Thomas, H,-C., Weigert, A. (1965), *Zeits. Astrophys.*, 61, pp. 241-267.

Koester, D. (1987), *Astrophys. J.*, 322, pp. 852-855.

Kovetz, A. (1969), *Mon. Not. Roy. Astron. Soc.*, 144, pp. 459-460.

Kovetz, A. (1969), *Astrophys. Sp. Sci.*, 4, pp. 365-369.

Kovetz, A., Shaviv, G (1970), *Astron. Astrophys.*, 8, pp. 398-403.
Kovetz, A., Shaviv, G (1970), *Astron. Astrophys.*, 52, pp. 403-407.
Kramers, H. A. (1923), *Phil. Mag.*, 46. pp. 836-871.
Kroupa,P., Tout, C.a, Gilmore, G. (1990), *Mon. Not. Roy. Astron. Soc.*, 244, pp. 76-85.
Kudritzki, R.P., Reimers, D.(1978), Astron. Astrophys., 70, pp2274-239.
Landau, L. D. (1932), *Soviet Physics,* 1. pp. 285-287.
Landau, L. D. (1938), *Nature,* 141, pp. 333-334.
Lee, T.D (1950), *Astrophys. J.*, 111, pp. 625-640.
Low, C., Lynden-Bell, D. (1976), *Mon. Not. Roy Astron. Soc.*, 176, pp. 367-390.
Maeder, A., Conti, P.S.,. (1994), *Ann. Rev. Astron. Astrophys.* 32, pp. 227-275.
McCray, R. (1993), *Ann. Rev. Astron. Astrophys.*, 31, pp. 175-216.
McCrea, W.H. (1939), *Occ Notes Roy. Astron. Soc.*, 1, pp. 78-88.
McCrea, W.H. (1957), *Mon. Not. Roy. Astron. Soc.*, 117, pp. 562-578
Mestel, L. (1952), *Mon. Not. Roy. Astron. Soc.*, 112, pp. 583-597.
Mestel, L. (1952), *Mon. Not. Roy. Astron. Soc.*, 112, pp. 598-605.
Mestel, L. (1965), *in Stars and Stellar Ststems,* Vol Ⅷ, pp. 297-325.
Mestel, L. (1965), *Quart. J. Roy. Astron. Soc.*, 6, pp. 161-198.
Mestel, L., Ruderman, M.A (1967), *Mon. Not. Roy. Astron. Soc,* 136, pp. 27-38.
Meynet, G., Maeder, A. (1992), *Astron. Astrophys. Suppl. Ser.*, 96, pp. 269-331.
O'Dell, C.R. (1963), *Astrophys. J.*, 138, pp. 67-68.
Oppenheimer, J. R., Volkoff, G. M (1939), *Phys. Rev.*, 55, pp. 374-381.
Pacini, F. (1967), *Nature,* 216, pp. 567-568.
Paczyński, B. (1971), *Acta Astron.*, 21, pp. 271-288.
Parker, D., Bahcall, J.N., Fowler, W.A(1964), *Astrophys. J.*, 139, pp. 602-621.
Prialnik, D., Shaviv, G. (1980), *Actron. Astrophys.*, 88, pp. 127-134.
Rakavy, G. Shaviv, G. (1968), *Astrophys, Sp. Sci.*, 1, pp.429-441.
Rakavy, G. Shaviv, G., Zinamon, Z. (1967), *Astrophys, J.*, 150, pp. 131-162.
Rana, N. C. (1987), *Astron. Astrophys.*, 184, pp. 104-118.
Reimers, D. (1975), *Mem. Soc. Rot. Sci. Liège,* 8, pp. 369-382.
Renzini, A., Fusi Pecci, F. (1988), *Ann. Rev. Astron. Astrophys.*, 26, pp. 199-244.
Rosseland, S. (1924), *Mon. Not. Roy. Astron. Soc.*, 84, pp. 525-528.
Salpeter, E. E. (1952), *Astrophys. J.*, 115, pp. 326-432.
Salpeter, E. E. (1952), *Astrophys. J.*, 121, pp. 161-167.
Salpeter, E. E. (1957), *Phys. Rev.*, 107, pp. 516-525.
Salpeter, E. E. (1961), *Astrophysj.*, 134, pp. 669-682.
Salpeter, E. E. (1966), *in Perspectives in Modern Physics, Essays in Honor of Hans A. Bethe , de. R. E. Marshak, Interscience, New York,* pp. 463-475
Salpeter, E. E. (1974), *Astrophys. J.*, 193, pp. 585-592.
Sandage, A. R., Schwarzschild, M. (1952), *Astrophys, J.*, 116, pp. 463-476.
Sandage, A., Tammann, G. A. (1968), *Astrophys. J.*, 151, pp. 531-545.
Schönberg, M., Chandrasekhar, S. (1942), *Astrophys. J.*, 96, pp. 161-172.
Schwarzschild, K (1906), *Göttinger Nachr.*, 195, pp. 41-53.

Schwarzschild, M., Härm, R. (1965), *Astrophys. J.,* 142, pp. 855-867
Shaviv, G., Kvetz, A. (1972), *Astron. Astrophys.,* 16, pp. 72-76.
Shaviv, G., Kvetz, A. (1976), *Astron. Astrophys.,* 51, pp. 383-391.
StevenSon, D. (1991), *Ann, Rev. Astron. Astrophys.,* 29, pp. 163-193.
Strömgren, B. (1932), *Zeit. Astrophys.,* 4, pp. 118-152.
Strömgren, B. (1933), *Zeit. Astrophys.,* 7, pp. 222-248.
Sweeney, M. A. (1976), *Astron. Astrophys.,* 49, pp. 375-385.
Tayler, R. J. (1952), *Mon. Not. Roy. Astron. Soc.,* 112, pp. 387-398.
Tayler, R. J. (1954), *Astrophys. J.,* 120, pp. 332-341.
Tayler, R. J. (1956), *Mon. Not. Roy. Astron. Soc.,* 116, pp. 25-37.
Weaver, T. A., Woosley, S. E. (1980), *Ann, NY Acad. Sci.,* 336.pp 335-357.
Weidemann, V. (1990), *Ann, Rev. Astron. Astrophys.,* 28, pp. 103-137.
Weidemann, V., Koester, D. (1984), *Astron Astrophys.,* 132, pp. 195-202.
Weizäcker, C. F. VON (1937), *Physik. Zeit.,* 38, pp. 176-191.
Weizäcker, C. F. VON (1938), *Physik. Zeit.,* 39, pp. 633-646.
Wheeler, J. A. (1966), *Ann. Rer. Astron, Astrophys.,* 4, pp. 393-432.
Winger, D. E., Hansen, C. J., Liebert, J., Van Horn, H, M., Fontaine, G., Nather, R. E. Kepler, S. O., (1987), *Astrophys. J.,* 315, pp. L77-L81.
Woosley, S, E., Weaver, T. A. (1986), *Ann. Rev. Astron. Astrophys.,* 24, pp. 205-253.
Zapolski, H. S., Salpeter, E. E. (1969), *Astrophys. J.,* 158, pp. 809-813.

서적들

Arnett, D. (1996), *Supernovae and Nucleosynthesis: An Investigation of the History of Matter, from the Big Bang to the Present,* Princeton University Press, Princeton.
Bahcall, J. N. (1989), *Neutrino Astrophysics,* Cambridge University press, Cambridge.
Barnes, C. A., Clayton, D. D. and Schramm, D. D., eds. (1982), *Essays in Nuclear Astro-physics,* Cambridge University Press, New York.
Chandrasekhar, S. (1939), *An Introduction to the Study of Stellar Structure,* Dover, New York.
Clayton, D.D. (1968), *Principles of Stellar Evolution and Nucleosynthesis,* McGraw-Hill, Press, Cambridge.
Kippehahn, R. (1983), *100 Billion Suns: The Birth, Life and Death of the Stars,* Princeton University Press, Princeton.
Kippenhahn, R. and Weighert, A. (1990), *Stellar Structure and Evolution,* Springer-Verlag, Berlin.
Menzel, D. H., Bhatnagar, P. L. and Sen, H. K. (1963), *Stellar Interiors,* Wiley, New York.
Novotny, E. (1973), *Introduction to Stellar Atmospheres and Interiors,* Oxford University press, New York.
Rybicki, G. B. and Lightman, A. P. (1979), *Radiation Processes in Astrophysics,* Wiley, New York.

Schatzman, E. L. (1958), *White Dwarfs,* Interscience, New York.

Schatzman, E. L. and Praderie, F. (1993), *The Stars,* Springer-Verlag, Berlin.

Schwarzschild, M. (1958), *Structure and Evolution of the Stars,* Princeton University, Press, Princeton.

Shapiro, S. L. and Teukolsky, S. A. (1983), *Black Holes, White Dwarfs and Neutron Stars,* Wiley, New York.

Stein, R. F. and Cameron, A. G. W., eds. (1966), *Stellar Evolution,* Plenum, New York.

Tayler, R. J. (1994), *The stars: Their Structure and Evolution,* Cambridge University, Press, Cambridge (first Published 1970).

Tayler, R. J. (1997), *The Sun as a Star,* Cambridge University Press, Cambridge.

Tinney, C. G., ed. (1994), *The Bottom of the Main Sequence-and Beyond,* Springer-Verlag, Berlin.

항성내부구조 및 진화

2007년 3월 10일 초판인쇄
2007년 3월 20일 초판발행

저 자 Dina Prialnik
역 자 김용기
발행인 연규산
발행처 청범출판사(등록1991년 8월 13일 No. 5-282)
주 소 서울시 노원구 공릉1동 598-7
TEL : 971-5385
FAX : 977-8967

ISBN 978-89-88247-30 93440 가격 15,000원